Computer Control Technology

计算机控制技术

（第二版）

主　编　刘德胜

副主编　王超阳　陈晓伟

　　　　孔德权

主　审　史庆军

U0395335

中国人口出版社
China Population Publishing House
全国百佳出版单位

东北大学出版社
Northeastern University Press

图书在版编目（CIP）数据

计算机控制技术 / 刘德胜主编. —2 版. —沈阳：
东北大学出版社；北京：中国人口出版社，2022.8
ISBN 978-7-5517-3073-0

Ⅰ. ①计… Ⅱ. ①刘… Ⅲ. ①计算机控制 Ⅳ.
①TP273

中国版本图书馆 CIP 数据核字（2022）第 150807 号

出 版 者：中国人口出版社　　　　　　东北大学出版社
　　　　　北京市西城区广安门南街 80 号　沈阳市和平区文化路三号巷 11 号
　　　　　010-83519392，83519401　　024-83683655，83687331
印 刷 者：沈阳市第二市政建设工程公司印刷厂
发 行 者：中国人口出版社　东北大学出版社
幅面尺寸：185mm×260mm
印　　张：18
字　　数：449 千字
出版时间：2022 年 8 月第 2 版
印刷时间：2022 年 8 月第 2 次印刷
责任编辑：郭爱民　　　　　　　　　　　责任校对：米　戎
封面设计：潘正一　　　　　　　　　　　责任出版：唐敏志

ISBN 978-7-5517-3073-0　　　　　　　　　　定　价：48.00 元

前 言

当前，人工智能、物联网、大数据、5G等新一代电子信息技术与制造业深度融合，正在发生着以智能制造为代表的第四次工业革命，即全面智能化的工业4.0时代。工业4.0将从根本上改变生产范式、生产方式及生活方式，在更深层面、更大范围促进全社会生产力发展与转型。计算机控制技术是一门以电子技术、自动控制技术、计算机应用技术为基础，以计算机控制技术为核心，综合可编程控制技术、单片机技术、计算机网络技术，从而实现生产技术精密化、生产设备信息化、生产过程自动化和机电控制系统最佳化的专门学科。企业对于具备较强的计算机控制技术应用能力的专门人才需求很大，未来必然朝着数字化、集成化、网络化、智能化方向发展。

随着计算机技术迅速发展和日益普及，特别是目前很多性能优良、性价比高的嵌入式控制器的发展，计算机控制器的成本不断降低，性能得到很大的提高，促进了计算机在控制系统中的应用。通过软件编程可以实现各种复杂的控制算法，因而计算机控制技术能够广泛运用于工业生产、现代农业建设及日常生活等各个领域，并取得很好的经济效益和社会效益。

本书以微型计算机为控制工具，结合校企合作实际工程案例，较为深入地介绍了计算机控制系统的基础知识和基本应用技术。全书共分9章。内容包括：计算机控制系统及其组成，计算机控制系统的典型形式、发展概况和趋势，计算机控制系统硬件技术，I/O接口与过程通道，计算机控制系统理论基础，数字控制器设计，计算机控制系统软件设计技术，工业控制网络技术，抗干扰技术，计算机控制系统设计与实现等。全书内容丰富、体系新颖，理论联系实际，系统性和实践性强。

本书可作为高等院校电气工程及其自动化、机器人工程、农业电气化、测控技术与仪器、自动化、智能制造工程、机械电子工程、智慧农业等专业本科生教材，也可供从事计算机控制技术相关领域应用和设计开发的研究人员、工程技术人员参考。

本书由刘德胜教授统筹撰稿，王超阳、陈晓伟、孔德权、梁秋艳、史晗、陈文平、徐志如、张玲玉共同编写。其中第1章和第9章由刘德胜编写，第2章由陈晓伟编写，第3章由史晗编写，第4章由梁秋艳编写，第5章5.1和5.3节由王超阳编写，第5章5.2和5.4节由孔德权编写，第6章由陈文平编写，第7章由徐志如编写，第8章由张玲玉编写。

本书的编著得到黑龙江省教育科学规划重点课题、全国自动化专业教育教学改革研究课题、教育部产学合作协同育人项目的资助。

计算机控制技术内容丰富、应用广泛、发展迅速，新工科背景下的教材内涵建设任重而道远。本书以创新严谨的态度，坚持立德树人，深化新工科建设。由于作者水平所限，加之时间仓促，书中难免有错误或不妥之处，恳请广大读者批评指正。本教材配有电子课件，可供选择该教材的教师在教学时使用，可通过E-mail索取：liudesheng1@163.com。

编 者

2022年8月

目　录

第1章 绪 论

【本章重点】

- 计算机控制系统的组成；
- 计算机控制系统、实时性、在线和离线的概念；
- 计算机控制系统的典型应用形式；
- 计算机控制系统的发展趋势。

【课程思政】

2020年11月6日，中国华能集团有限公司自主研发的国内首套全部国产化分散控制系统（DCS）在福州电厂成功投入使用，标志着我国发电领域工业控制系统完全实现自主可控。国产系统越来越受到国人的认同，引领学生了解国情和工业行业发展现状，增强同学们的创新精神和艰苦奋斗精神。中国特色社会主义道路坚持科学社会主义基本原则，遵循人类社会历史发展的一般规律，符合先进生产力发展要求和人类文明进步趋势，是对社会主义建设规律、人类社会发展规律的深刻把握。

计算机控制系统是当前自动控制系统的主流方向。它利用计算机的硬件和软件代替了自动感知系统的控制器，以自动控制技术、计算机技术、检测技术、计算机通信与网络技术为基础，利用计算机快速强大的数值计算、逻辑判断等信息加工能力，使得计算机控制系统除了可以实现常规控制策略外，还可以实现复杂控制策略和其他辅助功能。如今，计算机控制系统已经被广泛地应用于国防、农业、工业、交通和其他民用领域。

计算机技术、先进控制技术、检测与传感技术、现场总线智能仪表、通信与网络技术的高速发展，使得计算机控制水平大大提高。现在的计算机控制已经从简单的单回路、单机控制发展到复杂的集散型控制系统、计算机集成制造系统等。另外，随着计算机的微型化、网络化、性价比的上升和软件功能的日益强大，计算机控制系统不再是一种昂贵的系统，它几乎可以用于任何场合：实时控制、实时监控、数据采集、信息处理等。在化工、电力、冶金、建材、制药、机电、纺织、食品和公用事业工程等行业中，各类先进的计算机控制设备正在发挥着巨大的作用。

自动控制系统通常由被控对象、检测传感装置、控制器等组成。控制器既可以由模拟控制器构成，也可以由数字控制器构成，数字控制器大多是用计算机实现的。因此，计算机控制系统指的是采用了数字控制器的自动控制系统。在计算机控制系统中，用计算机代替自动控制系统中的常规控制设备，对动态系统进行调节与控制，实现对被控对象的有效控制。

1.1 一般概念

计算机控制系统由控制计算机（包括硬件、软件和网络）和生产过程（包括被控对象、检测传感器、执行机构）两大部分组成。典型计算机闭环控制系统如图1-1所示，该系统的过程（被控对象）输出信号 $y(t)$ 是连续时间信号，用测量传感器检测被控对象的被控参数（如温度、压力、流量、速度、位置等物理量），通过变送器将这些量变换为一定形式的电信号，由模/数（A/D）转换器转换成数字量反馈给控制器。控制器将反馈信号对应的数字量与设定值比较，控制器根据误差产生控制量，经过数/模（D/A）转换器转换成连续控制信号来驱动执行机构工作，力图使被控对象的被控参数值与设定值保持一致。这就构成了计算机闭环控制系统。

如将图1-1中具有变送器和测量元件的反馈通道断开，这时被控对象的输出与系统的设定值之间没有联系，这就是计算机开环控制。它的控制是直接根据给定信号去控制被控对象，这种系统在本质上不会自动消除控制系统误差。它与闭环控制系统相比，控制结构简单，但性能较差，通常用于对控制要求不高的场合。

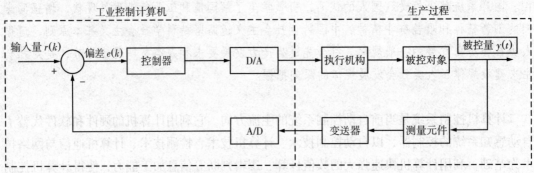

图1-1 计算机控制系统的工作原理

计算机控制系统可以充分发挥计算机强大的计算、逻辑判断与记忆等信息加工能力。只要运用微处理器的各种指令，就能编写出相应的控制算法的程序，微处理器执行该程序，就能实现对被控参数的控制。由于计算机处理的输入/输出信号都是数字量，因此，在计算机控制系统中，需要具有将模拟信号转换为数字信号的 A/D 转换器，以及将数字控制信号转换为模拟信号的 D/A 转换器。除了这些硬件外，计算机控制系统的核心是控制程序。计算机控制系统执行控制程序的过程如下：

① 实时数据。采集对被控参数按照一定的采样时间间隔进行检测，并将结果输入计算机。

② 实时计算。对采集到的被控参数进行处理后，按照预先设计好的控制算法进行计算，决定当前的控制量。

③ 实时控制。根据实时计算得到的控制量，通过 D/A 转换器将控制信号作用于执行机构。

④ 实时管理。根据采集到的被控参数和设备的状态，对系统的状态进行监督与管理。

由以上可知，计算机控制系统是一个实时控制系统。计算机实时控制系统要求在一定的时间内完成输入信号采集、计算和控制输出；如果超出这个时间，也就失去了控制时机，控制也就失去了意义。上述测、算、控、管过程不断重复，使整个系统按照一定的动态品质指标进行工作，并且对被控参数或设备状态进行监控，及时监督异常状态并迅速作出处理。由上面的分析可见，在计算机控制系统中，存在两种截然不同的信号，即模拟（连续）信号和数字（离散）信号。以计算机为核心的控制器的输入/输出信号和内部处理都是数字信号，而生产过程的输入/输出信号都是模拟信号，因而对于计算机控制系统的分析和设计就不能完全采用连续控制理论，需要运用离散控制理论对其进行分析和设计。

1.2 计算机控制系统的特征与工作原理

将模拟自动控制系统中的控制器的功能用计算机来实现，就组成了一个典型的计算机控制系统，如图1-2所示。

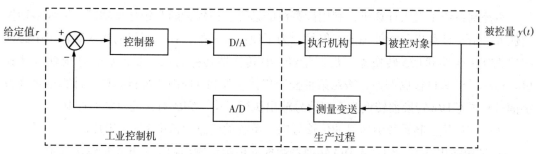

图1-2 计算机控制系统基本框图

计算机控制系统由两个基本部分组成，即硬件和软件。硬件是指计算机本身及其外部设备，软件是指管理计算机的程序及生产过程应用程序。只有软件和硬件有机地结合，计算机控制系统才能正常运行。计算机控制系统的构成如图1-3所示。

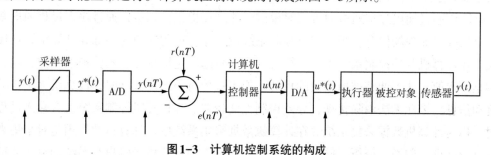

图1-3 计算机控制系统的构成

1.2.1 结构特征

模拟连续控制系统中均采用模拟器件，而在计算机控制系统中，除测量装置、执行机构等常用的模拟部件外，其执行控制功能的核心部件是计算机。所以，计算机控制系统是模拟和数字部件的混合系统。

模拟控制系统的控制器由运算放大器等模拟器件构成。控制规律越复杂，所需要的硬件往往越多、越复杂，模拟硬件的成本几乎和控制规律复杂程度成正比。并且，若要修改控制规律，一般必须改变硬件结构。而在计算机控制系统中，控制规律是用软件实现的，修改控制规律，无论是复杂的还是简单的，只需修改软件，一般不需修改硬件结构。因此，便于实现复杂的控制规律和对控制方案进行在线修改，使系统具有很大的灵活性和适应性。

在模拟控制系统中，一般是一个控制器控制一个回路，而在计算机控制系统中，由于计算机具有高速的运算处理能力，所以，可以采用分时控制的方式，同时控制多个回路。

计算机控制系统的抽象结构和作用在本质上与其他控制系统没有什么区别，因此，同样存在计算机开环控制系统、计算机闭环控制系统等不同类型的控制系统。

1.2.2 信号特征

模拟控制系统中各处的信号均为连续模拟信号，而计算机控制系统中除仍有连续模拟信号外，还有离散模拟、离散数字等多种信号形式，计算机控制系统的信号流程如图1-3所示。

在控制系统中引入计算机，利用计算机的运算、逻辑判断和记忆等功能，完成多种控制任务。由于计算机只能处理数字信号，为了使信号匹配，在计算机的输入和输出中必须配置 A/D 转换器和 D/A 转换器。反馈量经 A/D 转换器转换为数字量以后，才能输入计算机。然后，计算机根据偏差，按照某种控制规律（如 PID 控制）进行运算，计算结果（数字信号）再经 D/A 转换器转换为模拟信号输出执行机构，完成对被控对象的控制。

按照计算机控制系统中信号的传输方向，系统的信息通道由 3 部分组成。

① 过程输出通道。包含由 D/A 转换器组成的模拟量输出通道和开关量输出通道。

② 过程输入通道。包含由 A/D 转换器组成的模拟量输入通道和开关量输入通道。

③ 人-机交互通道。系统操作者通过人-机交互通道向计算机控制系统发布相关命令，提供操作参数，修改设置内容等；计算机则可通过人-机交互通道向系统操作者显示相关参数、系统工作状态、对象控制效果等。

计算机通过输出过程通道向被控对象或工业现场提供控制量，通过输入过程通道获取被控对象或工业现场信息。当计算机控制系统没有输入过程通道时，称为计算机开环控制系统。在计算机开环控制系统中，计算机的输出只随给定值变化，不受被控参数影响，通过调整给定值，达到调整被控参数的目的。但当被控对象出现扰动时，计算机无法自动获得扰动信息，因此无法消除扰动，导致控制性能较差。当计算机控制系统仅有输入过程通道时，称为计算机数据采集系统。在计算机数据采集系统中，计算机的作用是对采集来的数据进行处理、归类、分析、储存、显示与打印等，而计算机的输出与系统的输入通道参数输出有关，但不影响或改变生产过程的参数，所以这样的系统被认为是开环系统，但不是开环控制系统。

1.2.3 控制方法特征

由于计算机控制系统除了包含连续信号外，还包含数字信号，从而使计算机控制系统与连续控制系统在本质上有许多不同，需采用专门的理论来分析和设计。采用的设计方法有两种，即模拟调节规律离散化设计法和直接设计法。

1.2.4 功能特征

与模拟控制系统比较，计算机控制系统的重要功能特征表现如下。

（1）以软件代替硬件

以软件代替硬件的功能主要体现在两方面：一方面是当被控对象改变时，计算机及其相应的过程通道硬件只需作少量的变化，甚至不需作任何变化，而面向新对象重新设计一套新控制软件便可；另一方面是可以用软件来替代逻辑部件的功能实现，从而降低系统成本，减小设备体积。

（2）数据存储

计算机具备多种数据保持方式，如脱机保持方式有软盘、U盘、移动硬盘、磁盘、光盘、纸质打印、纸质绘图等；联机保持方式有固定硬盘、EEPROM、RAM等，工作特点是系统断电不会丢失数据。正是由于有了这些数据保护措施，人们在研究计算机控制系统时，可以从容地应对突发问题；在分析解决问题时可以大大地减少盲目性，从而提高了系统的研发效率，缩短了研发周期。

（3）状态、数据显示

计算机具有强大的显示功能。显示设备类型有CRT显示器、LED数码管、LED矩阵块、LCD显示器、LCD模块、LCD数码管、各种类型打印机、各种类型绘图仪等；显示模式包括数字、字母、符号、图形、图像、虚拟设备面板等；显示方式有静态、动态、二维、三维等；显示内容涵盖给定值、当前值、历史值、修改值、系统工作波形、系统工作轨迹仿真图等。人们通过显示内容，可以及时地了解系统的工作状态、被控对象的变化情况、控制算法的控制效果等。

（4）管理功能

计算机都具有串行通信或联网功能，利用这些功能，可以实现多套微机控制系统的联网管理、资源共享、优势互补；可构成分级分布集散控制系统，以满足生产规模不断扩大、生产工艺日趋复杂、可靠性更高、灵活性更好、操作更简易的大系统综合控制的要求；实现生产进行过程（状态）的最优化和生产规划、组织、决策、管理（静态）的最优化的有机结合。

（5）计算机控制系统的工作原理

根据图1-2所示计算机控制系统基本框图，计算机控制过程可归结为如下4个步骤。

① 实时数据采集。对来自测量变送装置的被控量的瞬时值进行检测并输入。

② 实时控制决策。对采集到的被控量进行分析和处理，并按照已定的控制规律决定将要采取的控制行为。

③ 实时控制输出。根据控制决策，适时地对执行机构发出控制信号，完成控制任务。

④ 信息管理。随着网络技术和控制策略的发展，信息共享和管理也是计算机控制系统必须完成的功能。

上述过程不断重复，使整个系统按照一定的品质指标进行工作，并对控制量和设备本身的异常现象及时作出处理。

1.3 系统组成

计算机控制系统由控制计算机和生产过程两大部分组成。控制计算机是计算机控制系统中的核心装置，是系统中信号处理和决策的机构，相当于控制系统的神经中枢。生产过程包含被控对象、执行机构、测量变送等装置。从控制的角度看，可以将生产过程看作广义对象。虽然计算机控制系统中的被控对象和控制任务多种多样，但是就系统中的计算机而言，计算机控制系统其实也就是计算机系统，系统中的广义被控对象可以看成计算机外部设备。计算机控制系统和一般计算机系统一样，也是由硬件和软件两部分组成的。

1.3.1 系统硬件

计算机控制系统的硬件主要由外部设备、主机、过程输入/输出通道和生产过程组成，如图1-4所示。现对各部分作出简要说明。

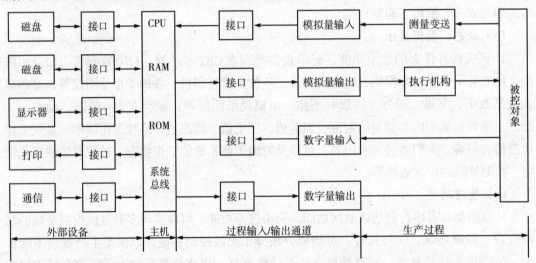

图1-4 计算机控制系统硬件组成框图

（1）主机

由CPU和内存储器（RAM和ROM）通过系统总线连接而成，是整个控制系统的核心。它按照预先存放在内存中的程序指令，由过程输入通道不断地获取反映被控对象运行工况的信息，并按照程序中规定的控制算法，或操作人员通过键盘输入的操作命令自动地进行信息处理、分析和计算，作出相应的控制决策，并通过过程输出通道向被控对象及时地发出控制命令，以实现对被控对象的自动控制。

（2）常规外部设备

计算机的常规外部设备有4类：输入设备、输出设备、外存储器和网络通信设备。

① 输入设备。最常用的有键盘，用来输入（或修改）程序、数据和操作命令。鼠标也是一种常见的图形界面输入装置。

② 输出设备。通常有CRT、LCD或LED显示器、打印机和记录仪等。它们以字符、

图形、表格等形式反映被控对象的运行工况和有关的控制信息。

③ 外存储器。最常用的是磁盘（包括硬盘和软盘）、光盘和磁带机。它们具有输入和输出两种功能，用来存放程序、数据库和备份重要的数据，作为内存储器的后备存储器。

④ 网络通信设备。用来与其他相关计算机控制系统或计算机管理系统进行联网通信，形成规模更大、功能更强的网络分布式计算机控制系统。

以上的常规外部设备通过接口与主机连接便构成通用计算机，若要用于控制，还需要配备过程输入/输出通道构成控制计算机。

过程输入/输出通道，简称过程通道。被控对象的过程参数一般是非电物理量，必须经过传感器（又称一次仪表）变换为等效的电信号。为了实现计算机对生产过程的控制，必须在计算机与生产过程之间设置信息的传递和变换的连接通道。过程输入/输出通道分为模拟量和数字量（开关量）两大类型。过程通道的详细内容将在第2章重点介绍。

1.3.2 生产过程

生产过程包括被控对象及其测量变送仪表和执行装置。测量变送仪表将被控对象需要监视和控制的各种参数（如温度、流量、压力、液位、位移、速度等）转换为电的模拟信号（或数字信号），而执行机构将过程通道输出的模拟控制信号转换为相应的控制动作，从而改变被控对象的被控量。在设计计算机控制系统过程中，检测变送仪表，电动和气动执行机构，电气传动的交流、直流驱动装置是需要熟悉和掌握的内容，读者可以查阅相关的书籍和资料。

1.3.3 系统软件

计算机控制系统的硬件是完成控制任务的设备基础，而计算机的操作系统和各种应用程序是执行控制任务的关键，统称为软件。计算机控制系统的软件程序不仅决定其硬件功能的发挥，而且决定控制系统的控制品质和操作管理水平。软件通常由系统软件和应用软件组成。

系统软件是计算机的通用性、支撑性的软件，是为用户使用、管理、维护计算机提供方便的程序的总称。它主要包括操作系统、数据库管理系统、各种计算机语言编译和调试系统、诊断程序、网络通信等软件。系统软件通常由计算机厂商和专门软件公司研制，可以从市场上购置。计算机控制系统的设计人员一般没有必要自行研制系统软件，但是需要了解和学会使用系统软件，才能更好地开发应用软件。

应用软件是计算机在系统软件支持下，实现各种应用功能的专用程序。计算机控制系统的应用软件是设计人员针对某一具体生产过程而开发的各种控制和管理程序。其性能优劣直接影响控制系统的控制品质和管理水平。计算机控制系统的应用软件一般包括过程输入和输出接口程序、控制程序、人-机接口程序、显示程序、打印程序、报警和故障联锁程序、通信和网络程序等。一般情况下，应用软件应由计算机控制系统设计人员根据所确定的硬件系统和软件环境来开发编写。

计算机控制系统中的控制计算机与通常用作信息处理的通用计算机相比，它要对被控对象进行实时控制和监视，其工作环境一般都较恶劣，且需要长期、不间断、可靠地工作，这就要求计算机系统必须具有实时响应能力、很强的抗干扰能力和很高的可靠性。除了选用高可靠性的硬件系统外，在选用系统软件和设计编写应用软件时，还应该满足对软件的实时性和可靠性的要求。

1.4 系统的典型结构

工业控制计算机系统与所控制的生产过程的复杂程度密切相关，不同的控制对象和不同的控制要求有不同的控制方案。下面从应用特点、控制目的出发，介绍几种典型的结构。

1.4.1 操作指导控制系统

计算机操作指导控制系统结构如图1-5所示。计算机根据一定的算法，根据检测仪表测得的信号数据，由数据处理系统对生产过程的大量参数做巡回检测、处理、分析、记录和参数的超限报警等。通过对大量参数的积累和实时分析，可以对生产过程进行各种趋势分析，为操作人员提供参考，或者计算出可供操作人员选择的最优操作条件及操作方案，操作人员则根据计算输出的信息去改变调节器的给定值或者直接操作执行机构。这种系统也称为计算机数据采集与检测系统。

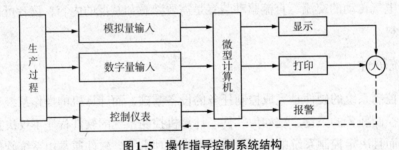

图1-5 操作指导控制系统结构

1.4.2 直接数字控制系统

直接数字控制（direct digital control）系统，简称DDC系统，其系统结构如图1-6所示。

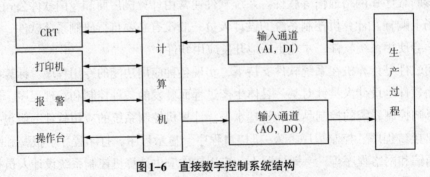

图1-6 直接数字控制系统结构

在DDC系统中，计算机代替常规模拟控制器，直接对被控对象进行控制。很明显，

DDC系统是闭环控制。实际上，在操作指导控制系统里，将人的决策用计算机来代替，并加入过程输出通道，就构成了DDC系统。DDC系统工作过程是计算机首先通过过程输入通道实时地采集被控对象运行参数，然后按照给定值和预定的控制规律计算出控制信号，并由过程输出通道直接控制执行机构，使被控量达到控制要求。

1.4.3　计算机监督控制系统

在DDC方式中，被控对象的给定值是预先设定的，它不能根据生产过程工艺信息和生产条件的改变及时得到修正，所以DDC系统不能使生产过程处于最优工况。

在计算机监督控制（supervisory process computer control，SCC）系统中，计算机按照生产过程的数学模型计算出最佳给定值，送给模拟调节器或者DDC计算机，模拟调节器或DDC计算机控制生产过程，从而使生产过程始终处于最优工况。SCC系统较DDC系统更接近生产变化的实际情况，它不仅可以进行给定值控制，而且可以进行顺序控制、自适应控制和最优控制等。这类系统有两种结构形式：一种是SCC+模拟调节器控制系统；另一种是SCC+DDC控制系统。

（1）SCC+模拟调节器控制系统

该系统原理图如图1-7（a）所示。在此系统中，由计算机系统对各物理量进行巡回检测，按照一定的数学模型计算出最佳给定值，并送给模拟调节器，此给定值在模拟调节器中与检测值进行比较，偏差值经过模拟调节器运算，产生控制量，然后输出到执行机构，以达到调节生产过程的目的。SCC出现故障时，可由模拟调节器独立完成操作。

（2）SCC+DDC控制系统

该系统原理图如图1-7（b）所示。这实际上是一个两级控制系统，一级为监督级SCC，另一级为控制级DDC。SCC的作用是完成车间或工段级的最优化分析和计算，并给出最佳给定值，送给DDC级计算机直接控制生产过程。

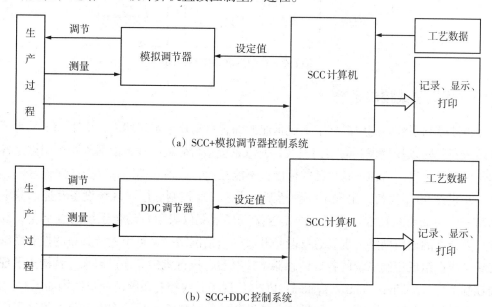

（a）SCC+模拟调节器控制系统

（b）SCC+DDC控制系统

图1-7　计算机监督控制系统结构

1.4.4　集散控制系统

计算机控制发展初期，采用的是中小型计算机，它的价格昂贵。为充分发挥计算机的功能，对复杂的生产对象的控制都采用集中控制方式。一台计算机控制多台设备，多个回路，以便充分利用计算机。计算机的可靠性对整个生产过程的影响举足轻重，一旦计算机出现故障，生产过程将受到极大的影响。若采用冗余技术，需增加备用计算机，投资太大。20世纪70年代中期，随着功能完善而价格低廉的微处理器、微型计算机的出现，分散控制和集中管理的控制思想与网络化的控制结构的提出，用分散在不同地点的若干台微型计算机分担原先由一台中小型计算机完成的控制与管理任务，并用数据通信技术把这些计算机互连，便构成网络式计算机控制系统。这种系统具有网络分布结构，所以称为分散式（或分布式）控制系统（distributed control system，DCS）。但在自动化行业，更多地将其称为集散控制系统，简称DCS。集散控制反映了分散式控制系统的重要特点：操作管理功能的集中和控制功能的分散。集散控制系统的典型结构如图1-8所示。

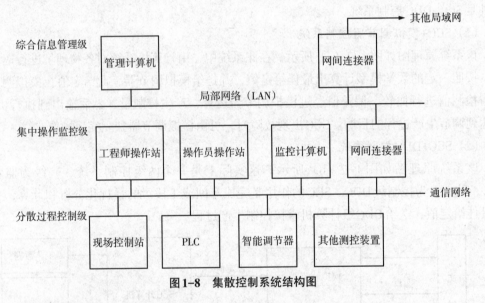

图1-8　集散控制系统结构图

1.4.5　现场总线控制系统

集散控制系统的应用提高了工业企业的综合自动化水平。然而，由于DCS采用了"操作站-控制站-现场仪表"的结构模式，所以系统造价较高。DCS的另外一个弱点是各个自动化仪表公司生产的DCS有自己的标准，不能互连，设备互换性和互操作性较差。

20世纪90年代初，出现了一种新型的用于工业控制底层的现场设备互连的数字通信网络——现场总线技术。现场总线是连接现场智能仪表与自动化系统的数字化、双向传输、多分支的通信网络。现场总线既是开放的通信网络，又可组成全分布的控制系统，用现场总线把组成控制系统的各种传感器、控制器、执行机构等连接起来，就构成了现场总线控制系统（fieldbus control system，FCS）。现场总线控制系统的简单结构如图1-9所示。

FCS有两个显著特点：一是系统内各设备的信号传输实现了全数字化，提高了信号传输的速度、精度，增加了信号传输的距离，使系统的可靠性提高；二是实现了控制功能的彻底分散，即把控制功能分散到各现场设备和仪表中，使现场设备和仪表成为具有综合功能的智能设备和仪表。FCS的结构模式是"工作站-现场智能仪表"，比DCS的三层结构模式少了一层，降低了系统成本，提高了系统可靠性。在统一的国际标准下，可以实现真正的开放式互连系统结构。

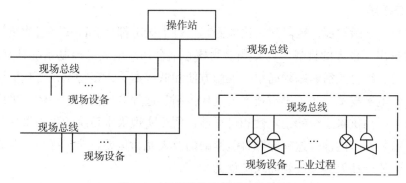

图1-9 现场总线控制系统结构图

1.4.6 工业过程计算机集成制造系统

随着工业生产过程规模的日益复杂与大型化，现代化工业要求计算机系统不仅要完成直接面向过程的控制和优化任务，而且要在获取全部生产过程中尽可能多信息的基础上，进行整个生产过程的综合管理、指挥调度和经营管理。随着自动化技术、计算机技术、数据通信等技术的发展，已经完全可以满足上述要求，能实现这些功能的系统被称为计算机集成制造系统（computer integrated manufacture system，CIMS）。当CIMS用于流程工业时，简称为流程CIMS或CIPS（computer integrated processing system）。流程工业计算机集成制造系统按照其功能，可以自下而上地分为若干层，如直接控制层、过程监控层、生产调度层、企业管理层和经营决策层等。

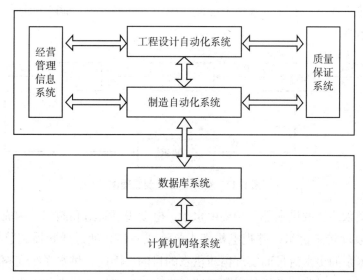

图1-10 计算机集成制造系统

1.5 计算机控制系统应用实例

1.5.1 变频恒压供水系统

1.5.1.1 系统概述

随着科技的不断发展，楼房建筑拔地而起。每个城市都会有许多高层建筑，对水管网的供水问题提出了极大的挑战。以变频器为核心结合PLC组成的控制系统具有高可靠性、强抗干扰能力、组合灵活、编程简单、维修方便和低成本等诸多特点，变频恒压供水系统集变频技术、电气技术、防雷避雷技术、现代控制、远程监控技术于一体。采用该系统进行供水，可以提高供水系统的稳定性和可靠性，便于实现供水系统的集中管理与监控。同时，系统具有良好节能性。这在能源日益紧缺的今天尤为重要，对于提高企业效率及人民生活水平、降低能耗等具有重要的现实意义。

变频恒压控制系统以供水出口管网水压为控制目标，在控制上实现出口总管网的实际供水压力跟随设定的供水压力。设定的供水压力可以是一个常数，也可以是一个时间分段函数，而在每个时段内是一个常数。所以，在某个特定时段内，恒压控制目标就是使出口总管网的实际供水压力维持在设定的供水压力。

1.5.1.2 系统构成与工作原理

从图1-11中可以看出，在系统运行过程中，如果实际供水压力低于设定压力，控制系统将得到正的压力差。这个差值经过计算和转换，计算出变频器输出频率的增加值，该值就是为了减小实际供水压力与设定压力的差值，将这个增量和变频器当前的输出值相加，得出的值即为变频器当前应该输出的频率。该频率使水泵机组转速增大，从而使实际供水压力提高。在运行过程中，该过程将被重复，直至实际供水压力和设定压力相等为止。如果运行过程中实际供水压力高于设定压力，情况刚好相反，变频器的输出频率将会降低，水泵的转速减小，实际供水压力因此而减小。同样，最后调节的结果是实际供水压力和设定压力相等。

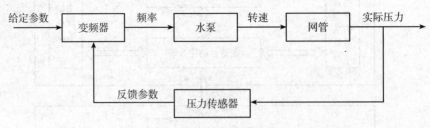

图1-11 变频恒压控制原理图

变频恒压供水系统的供水部分主要由水泵、电动机、管道和阀门等构成。通常由异步电动机驱动水泵旋转来供水，并把电机和水泵连成一体，通过变频器调节异步电机的转速，从而改变水泵的出水流量而实现恒压供水的目的。因此，供水系统变频的实质是异步电动机的变频调速。异步电动机的变频调速，是通过改变定子供电频率来改变同步转速而实现调速的。

水压由压力传感器的 4～20mA 信号送入变频器内部的 PID 模块，与用户设定的压力值进行比较，并通过变频器内置 PID 运算将结果转换为频率调节信号，以调整水泵电机的电源频率，从而实现控制水泵转速。由于变频器内部自带的 PID 调节器采用了优化算法，所以使水压的调节十分平滑、稳定。同时，为了保证水压反馈信号值的准确、不失值，可对该信号设置滤波时间常数，同时还可对反馈信号进行换算，使系统的调试更为简单、方便。

1.5.2 变电站电力巡检机器人控制系统

1.5.2.1 系统概述

随着变电站的规模越来越大，电力系统的安全、平稳、可靠运行也面临着越来越多的挑战，而电力系统的巡检工作更是面临着严峻的考验。目前，在变电站中，大约40%的作业都是巡检工作，而现在最常用的作业方法就是人工作业，根据作业人员的视觉和主观感受，来判定设备的故障。而且，每天都要进行海量的数据录入，不仅花费大量的时间和精力，还很难确保工作的准确性和有效性。特别是夜间，雷雨、高温；有时又会受到浓雾的影响，检修作业的工作量也会加大，而且在用电高峰时段还要进行专门的巡视，使得现场的巡视工作更加棘手。在面临繁杂、重复、高强度工作时，工作人员难免会出现松懈或不良的心理，这些都会在一定程度上影响到巡视工作的顺利进行。从这一点可以看出，常规的人工巡检方法有很多缺陷，无法保证现代化变电站的安全和稳定。

电网的安全和稳定直接影响着整个社会和人民生活的安全，其中变电站又是整个电网的关键部分，是重中之重。因此，在电网监控方面，变电巡检机器人的使用对电网的自动化水平有着非常重大的影响，可以降低操作工人的劳动强度，使现场设备巡视工作得到大大改善。

1.5.2.2 系统结构和工作原理

变电站电力巡检机器人视觉系统采用红外成像或可见光摄像头。常规的人工巡检方法主要针对变电站的主变压器、闸刀开关等关键开关，以及对变电站设备和高压电线的周围进行检测。常规的人工作业方式不但耗时耗力、易出差错，还会出现工作人员技能水平低、工作状态不稳定、耐受性低等问题。智能化的机器人具有快速、高效、高频率的特点，能够胜任各类检查工作，不会有任何疏忽。在此基础上，研制了一套以红外测温传感器为核心的智能巡检机器人系统。利用了嵌入式技术，完成了整个测试过程。配备红外成像摄像机，对变压器绕组、油冷系统、高压断路器进行精确的探测；通过隔离开关、电容器、母线等器件的表面温度，及时发现高温情况，并及时发出警报，从而大大提升了设备巡检工作的效率。

机器人主体由控制系统、搭载 OpenMV 的视频云台、雷达防撞、循迹识别路线、电池供电、独立驱动、Wifi 通信和其他辅助设备组成。利用远程控制方法，可以替代变电站的人工维护工作，及时检测出设备缺陷和故障，为操作人员对设备安全隐患和问题进行判断。在高温、暴雨、台风、冰雪和严寒的气候条件下，这种智能巡检机器人可以发挥很大的作用。

选择STM32F103RC8T6单片机作为主处理器，采用OLED12864液晶屏幕显示面板，采用L298N电机驱动板作为电机驱动核心部件，选择带编码器的编码电机作为巡检机器人的手脚，采用ESP8266搭载的Wifi模块无线局域网作为巡检小车的通信设备，采用Open-MV摄像头作为巡检机器人的"眼睛"。

系统硬件架构图如图1-12所示。

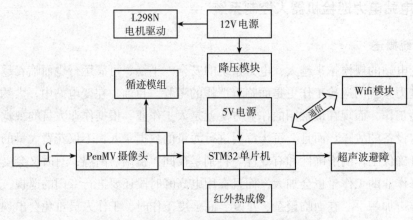

图1-12　变电站电力巡检机器人硬件架构图

1.5.3　中央空调自动控制系统

1.5.3.1　系统概述

随着国民经济发展越来越快、人民生活水平越来越好，中央空调慢慢地为大家所熟知，例如学校、酒店、办公楼等场所的必备设备就是中央空调。中央空调因对温度控制很灵活，故得到了广泛应用，在人们的生活中必不可少。但是，中央空调系统的能源消耗占学校、办公楼、超市中总能耗的比例分别为50%、46%、32%、30%，且上升趋势明显。虽然我国是资源大国，但是长期不合理的资源利用导致资源紧张。因此，现代社会倡导节能减排，当前的中央空调节能问题是重中之重。

1.5.3.2　系统结构和工作原理

中央空调机体的构造大体上相似，它包含冷气和暖气2个工作方式。中央空调控制系统硬件结构，通常包括冷水机组、冷水循环系统、冷却水循环系统、风机盘管系统、冷却塔及相应控制系统。如图1-13所示，中央空调由以下几部分构成：

（1）冷水机组

制冷剂通过冷凝器后会发生液化，通过蒸发器后会发生汽化，通过系统循环不断发生形态和状态的变化。低温制冷剂吸收冷水热量，使冷水温度在蒸发器一侧降低；高温制冷剂受到冷却水的作用，使冷水温度在冷凝器这一侧降低。为保证制冷剂能够顺利循环，通过制冷压缩机和电子膨胀阀控制制冷剂状态按人们的要求变化。

（2）冷水循环系统

冷水循环系统通过冷水泵将冷量输送到相关的区域，各个区域的空调末端分配一定的流量，通过室内风机，可以在运行过程中把冷空空气吹入进风管道，人们感受到的室内温度就会随之降低。

（3）冷却水循环系统

冷却水一直在系统中循环，循环的过程发生热交换。冷水机组在运行过程中，冷却水会吸收部分制冷剂热量，同时冷凝器将制冷剂由高压气体变为低压液体。

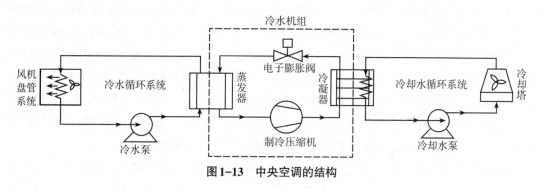

图1-13 中央空调的结构

中央空调的运行原理，简单来说就是液化放热和汽化吸热两个过程。

制冷剂的压力会发生变化。它一开始是常温常压的制冷剂，经过蒸发器后变成了常温低压的制冷剂气体，再通过压缩机后变成了高温高压的气体。根据制冷器温度和压力的变化，定义冷凝器这一侧为制冷系统的高压侧，在这一侧会发生热交换，制冷剂从高温变为常温，从原来的气态变为液态，不变的是它的高压状态。然后，通过电子膨胀阀的作用，系统会让这些液态高压的制冷剂变成液态低压的制冷剂（因为蒸发器需要低压的制冷剂）。蒸发器这一侧是制冷系统的低压侧，在这一侧同样会发生热交换，制冷剂从常温的液态又变为气态，这个汽化的过程会吸收系统中大量的热，使温度迅速降低。空调系统会有相应的装置输出这些冷空气，人们感受到的温度就会很舒适，空调就因而实现了制冷功能。

空调系统中的两个系统，分别为冷水循环系统和冷却水循环系统。在冷水循环系统中，常温水先经过蒸发器，再与制冷剂发生热交换，以此来实现冷量输出。然后冷水主机制造的冷风会经过末端风机系统。制冷剂经过这一循环之后，又变成常温气体，进入制冷压缩机。通过周而复始，空调室内温度就会降至设定的温度。循环冷却水系统中的冷却水会带走冷凝器中制冷剂放出的热量。为了获得常温冷却水以使其重新进入水循环系统，冷却塔会通过各种方法（例如与大气充分接触）让温度升高的冷却水降温。

1.6 发展趋势

1.6.1 计算机控制系统发展过程

工业过程的计算机控制在20世纪经历了50年代起步期、60年代试验期、70年代推广期、80年代和90年代成熟期及发展期。

1946年，世界上第一台数字电子计算机在美国诞生。起初计算机用于科学计算和数据处理，之后人们开始尝试将计算机用于导弹发射和飞机飞行控制。从20世纪50年代开始，首先在化工生产领域实现了计算机自动测量和数据处理。1954年，人们开始在工厂实现计算机的开环控制。1959年3月，世界上第一套工业过程计算机控制系统被应用于美国德克萨斯州一家炼油厂的聚合反应装置。该系统实现了对26个流量、72个温度、3个压力和3个成分检测及其控制，控制目标是使反应器的压力最小，确定5个反应器进料量最佳分配，根据催化剂活性测量结果来控制热水流量以及确定最优循环。

1960年，美国的一家合成氨厂实现了计算机监督控制。1962年，英国帝国化学工业公司利用计算机代替了原来的模拟控制。该计算机控制系统检测224个参数变量和控制129个阀门。因为计算机直接控制过程变量，完全取代了原来的模拟控制，所以称其为直接数字控制（简称DDC）。DDC是计算机控制技术发展的一个重要阶段，此时的计算机已成为闭环控制回路的一个组成部分。与模拟控制系统相比，DDC系统在应用中所呈现的优点使人们看到了其广阔的应用前景，看到了它在控制系统中的重要地位，从而对计算机控制理论研究与发展起到了推动作用。不过，由于整个系统中仅有一台计算机，因而控制集中，便于各种运算集中处理，各通道或回路间的耦合关系在控制计算中可以得到很好的反映，且因系统没有分层，所有的控制规律均可直接实现。但是，如果生产过程复杂，那么在实现对几十、几百个回路控制时，可靠性难以保证，系统危险性过于集中，一旦计算机发生故障，整个系统就会"停摆"，从而影响了该系统进一步推广应用。

随着大规模集成电路技术在20世纪70年代的发展，1972年生产出了微型计算机，过程计算机控制技术随之进入崭新的发展阶段，出现了各类计算机和计算机控制系统。另外，现代工业的复杂性，生产过程高度连续化、大型化的特点，使得局部范围的单变量控制难以提高整个系统的控制品质，必须采用先进控制结构和优化控制等来解决。这就推动了计算机控制系统结构发生变化，从传统的集中控制为主的系统逐渐转变为集散型控制系统（DCS）。它的控制策略是分散控制、集中管理，同时配合友好、方便的人-机监视界面和数据共享。集散式控制系统或计算机分布式控制系统，为工业控制系统水平提高奠定了基础。DCS成功地解决了传统集中控制系统整体可靠性低的问题，从而使计算机控制系统获得了大规模的推广和应用。1975年，世界上几个主要计算机和仪表公司几乎同时推出计算机集散控制系统，如美国Honeywel公司的TDC-2000，后来新一代的TDC-3000，日本横河公司的CENTUM等。如今，DCS在工业上已得到广泛的应用，但是DCS不具备开放性、互操作性，同时布线复杂且费用高。

20世纪70年代出现的可编程序控制器（programmable logical controller， PLC）由最初仅是继电器的替代产品，逐步发展到广泛应用于过程控制和数据处理方面，将以前界线分明的强电与弱电两部分渐渐合二为一作为统一的面向过程级的计算机控制系统考虑并实施。PLC始终处于工业自动化控制领域的主战场。新型PLC系统在稳定可靠及低故障率基础上，增强了计算速度、通信性能和安全冗余技术。PLC技术的发展将能更加满足工业自动化的需要，能够为自动化控制应用提供安全可靠和比较完善的解决方案。

同时期出现的嵌入式系统以计算机技术为基础，是计算机技术、通信技术、半导体技术、微电子技术、语音图像数据传输技术相互融合后的新技术。嵌入式系统嵌入的本质是将一个微型计算机嵌入一个具体应用对象体系中去。20世纪70年代单片型微机出现后，计算机的使用出现了历史性变化。这也标志着嵌入式技术被研制、开发和应用的开始。嵌入式系统以其成本低、体积小、功耗低、功能完备、速度快、可靠性好等特点，已经逐步渗透到人们日常生活、工业生产过程和军事各个领域的应用中，并起着非常重要的作用。作为控制技术应用的载体，嵌入式系统的发展必将极大地推动计算机控制技术在各个领域的应用。

20世纪80年代中期以来，计算机集成制造系统CIMS日渐成为制造工业的热点。其原因不仅在于CIMS具有提高生产率、缩短生产周期、提高产品质量等一系列优点，也不完全在于看到一些大公司采用CIMS取得了显著的经济效益，最为根本的原因还在于CIMS是在新的生产组织原理和概念指导下形成的一种新型生产模式。CIMS将成为21世纪占主导地位的新型生产方式。因此，世界上很多国家和企业都把发展CIMS定为本国制造工业或企业的发展战略，制定了很多由政府或工业界支持的计划，用以推动计算机集成制造系统CIMS的开发与应用。1986年我国不失时机地将CIMS列入了国家高技术发展规划，其战略目标是跟踪国际上CIMS高技术的发展，掌握CIMS关键技术，建立既能获得综合效益又能带动全局的示范点。

20世纪90年代初出现了将现场控制器和智能化仪表等现场设备用现场通信总线互连构成的新型分散控制系统——现场总线控制系统(FCS)。FCS是一个由现场总线、现场智能仪表和PLC、IPC组成的系统。现场智能仪表、PLC和监控机之间通过一种全数字化、双向、多站的通信网络连接成FCS。FCS的可靠性更高，成本更低，设计、安装调试、使用维护更简便，是今后计算机控制系统的趋势。DCS、PLC、FCS之间的界限已经越来越模糊，都致力于为各种工业控制应用提供集成的、新一代控制平台。在此平台上用户只需通过模块化、系列化软件和硬件产品组合，即可"量身定制"其控制系统。尽管随着工业控制技术的不断发展，最终走上融合，不同的控制系统正逐步趋于一致，但各种控制系统都有自己的应用特点和适用范围，用户都是针对不同的控制环境和技术要求而选定不同的控制系统。

1.6.2 计算机控制系统发展趋势

（1）计算机控制技术的发展与以数字化、智能化、网络化为特征的信息技术发展密切相关

微电子技术、传感器与检测技术、计算机技术、网络与通信技术、先进控制技术、优化调度技术等都对计算机控制系统发展产生了重要的影响。要推广和应用好计算机控制系统，就需要对被控对象或生产过程有较深刻的了解，要对过程检测技术、先进控制理论与技术、计算机技术等领域进行较深入的研究。

（2）先进计算机控制系统得到大力推广与普及

可编程序控制器（programmable logic controller，PLC）是当前应用最成功的计算机控制系统，高端的可编程序控制器已经完全具备了工业控制计算机的主要功能，除了具有逻辑控制、顺序控制、数字控制功能外，还具有人-机交互、网络通信等功能。带有智能I/O模块的PLC，可以很方便地实现对生产过程的控制，并具有高可靠性。智能调节器不仅可以接受4~20mA的电流信号，还具有RS232或RS422/485异步串行通信接口，可以方便地与上位机连成主从式测控网络。以单片机、DSP、基于ARM芯核的32位单片机为核心的专用控制装置、通用型控制模块等低成本基础自动化装置将得到迅速发展。以位总线（bitbus）、现场总线（fieldbus）、工业以太网等网络通信技术为基础，具有先进控制、优化调度、系统自诊断等功能的新型DCS和FCS控制系统，将朝着低成本综合自动化系统方向发展。

（3）智能控制系统得到深入研究与开发

随着现代工业生产过程的复杂化，传统的反馈控制、现代控制理论和大系统理论在应用中碰到不少难题。这些控制系统的设计和分析依赖于精确的系统数学模型，而实际系统的精确数学模型难以获得；另外，为了提高控制性能，使得控制系统变得极其复杂，增加了设备的投资，降低了系统的可靠性。智能控制已经成为解决复杂系统控制与优化的主要途径。计算机控制系统是智能控制技术应用的主要载体。当前，智能控制系统主要的发展方向有：复杂系统的智能优化与控制，自适应、自学习和自组织系统，分级递阶智能控制系统等。进化计算、仿生计算、模糊系统、神经网络、神经模糊系统、学习算法等已经成为复杂控制系统的优化和控制的重要方法与工具。

（4）大力加强企业综合自动化系统研究、开发与应用

企业综合自动化系统集成了自动化基础装备、制造执行系统和企业资源计划，它是具有三层结构体系的高端自动化系统。企业综合自动化系统已经成为现代工业发展的决定性因素之一，深刻地影响着工业生产的质量、效率、安全和环保。在综合自动化系统中，过程控制系统（基础自动化）是基础，制造执行系统是关键。为了适应变化的经济环境，减少消耗，降低成本，提高生产效率，保障运行安全，必须对于控制、优化、计划、调度和生产过程管理实现无缝集成。企业要节能降耗减排、降低生产成本、提高产品质量，只能通过全流程的优化设计，全系统及全过程的优化管理、调度与控制来实现。为此，结合国情，面向行业，大力加强企业综合自动化系统的研究、开发与应用是重要的发展趋势。

思考题

1-1　计算机控制系统的控制过程是怎样的?

1-2　实时、在线方式和离线方式的含义是什么?

1-3　微型计算机控制系统的硬件由哪几部分组成? 各部分的作用是什么?

1-4　微型计算机控制系统软件有什么作用? 说出各部分软件的作用。

1-5　微型计算机控制系统的特点是什么?

1-6　操作指导、DDC和SCC系统工作原理是什么? 它们之间有何区别和联系?

1-7　计算机控制系统的发展趋势是什么?

1-8　计算机控制系统的典型形式有哪些? 各有什么特点?

第 2 章　计算机控制系统硬件

【本章重点】
- 工业控制计算机的组成及特点；
- 常用传感器类型；
- 可编程控制器及仪表的结构和功能；
- 嵌入式系统的特点。

【课程思政】

　　"神威·太湖之光"超级计算机，由我国并行计算机工程技术研究中心研制，安装在国家超级计算无锡中心，是世界上首个峰值运算速度超过 10 亿亿次/秒的超级计算机，峰值速度为 12.5 亿亿次/秒，持续性能为 9.3 亿亿次/秒。其一分钟计算能力，相当于全世界 72 亿人同时用计算机计算 32 年。"神威·太湖之光"共安装了中国自主研发的"申威 26010"众核处理器 40960 个。该处理器采用 64 位自主申威指令系统。"神威·太湖之光"有三项成果入围超算界的诺贝尔奖——戈登贝尔奖，并凭借其中一项最终获奖。它让大家感受到了"大国重器"的硬核力量，坚定民族自信，激发青年人承载伟大的时代使命。

　　计算机控制系统在工业生产过程中得到了广泛的应用，不同的生产工艺和生产规模对计算机控制系统的要求也不同，因而如何依据不同的需求选择工业控制计算机，是一个关键问题。

　　工业控制计算机、可编程控制器是中小型控制系统中的主要控制装置，也是大型网络控制系统中的控制单元，在工业控制中，得到了广泛应用。而单片机在智能控制仪表、智能网络控制器及小型控制系统中的应用广泛。

　　本章主要介绍工业控制计算机、传感器、仪表、可编程控制器、嵌入式系统。

2.1　工业控制计算机

　　工业控制计算机，简称工控机。工控机是以计算机为核心的测量和控制系统，处理来自工业系统的输入信号，再根据控制要求，将处理结果输出到控制器，去控制生产过程，同时对生产进行监督和管理。工控机在硬件上，由生产厂家按照某种标准总线设计制造符合工业标准的主机板及各种 I/O 模块，设计者和使用者只要选用相应的功能模块，像搭积木似的、灵活地构成各种用途的计算机控制装置；而在软件上，利用熟知的系统软件和工具软件，编制或组态相应的应用软件，就可以非常便捷地完成对生产流程的集中控制与调度管理。

2.1.1　组成与特点

2.1.1.1　工控机的硬件组成

典型的工控机由加固型工业机箱、工业电源、主机板、显示板、硬盘驱动器、光盘驱动器、各类输入/输出接口模块、显示器、键盘、鼠标和打印机等组成。

工控机的各部件均采用模块化结构，即在一块无源的并行底板总线上，插接多个功能模块，组成一台工控机。工控机的系统结构如图2-1所示。

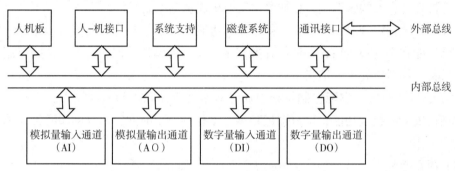

图2-1　工业控制计算机的硬件组成结构

（1）**主机板**

主机板是工控机的核心，由中央处理器（CPU）、存储器（RAM、ROM）和I/O接口等部件组成。主机板的作用是将采集到的实时信息按照预定程序进行必要的数值计算、逻辑判断、数据处理，及时选择控制策略，并将结果输出到工业过程。采用工业级芯片，并且是一体化主板，易于更换。

（2）**系统总线**

系统总线可分为内部总线和外部总线。内部总线是工控机内部各组成部分之间进行信息传送的公共通道，是一组信号线的集合。常用的内部总线有ISA PC总线和PCI总线等。外部总线是工控机与其他计算机和智能设备进行信息传送的公共通道，常用外部总线有RS232C、RS485和USB。

（3）**I/O模块**

I/O模块是工控机和生产过程之间进行信号传递与变换的连接通道。其包括模拟量输入通道（AI）、模拟量输出通道（AO）、数字量（开关量）输入通道（DI）、数字量（开关量）输出通道（DO）。输入通道的作用是：将生产过程的信号变换成主机能够接收和识别的代码；输出通道的作用是：将主机输出的控制命令和数据进行变换，作为执行机构或电气开关的控制信号。

（4）**人-机接口**

人-机接口包括显示器、键盘、打印机和专用操作显示台等。通过人-机接口设备，操作员与计算机之间可以进行信息交换。人-机接口既可以用于显示工业生产过程的状况，也可以用于修改运行参数。

（5）通信接口

通信接口是工控机与其他计算机和智能设备进行信息传送的通道，常用的有 RS232C、RS485 和 USB 总线接口。

（6）系统支持

系统支持功能主要包括以下内容。

① 监控定时器，俗称"看门狗"（watchdog）。当系统由于干扰或软故障等原因出现异常时，能够使系统自动恢复运行，提高系统的可靠性。

② 电源掉电监测。当工业现场出现电源掉电故障时，及时发现并保护当时的重要数据和计算机各寄存器的状态。一旦加电，工控机能从断电处继续运行。

③ 后备存储器。监控定时器和掉电监测功能均需要用后备存储器来保存重要数据。后备存储器能在系统掉电后，保证所存数据不丢失，为保护数据不丢失，系统存储器工作期间，后备存储器应处于上锁状态。

④ 实时日历时钟。实际控制系统中通常有事件驱动和时间驱动能力。工控机可在某时刻自动设置某些控制功能，可自动记录某个动作的发生时间，而且实时时钟在掉电后仍然能正常工作。

（7）磁盘系统

磁盘系统可以采用半导体虚拟磁盘，也可以配通用的软磁盘和硬磁盘或采用 USB 磁盘。

2.1.1.2 工控机的软件组成

工控机的硬件构成了工业控制机系统的设备基础，要真正实现生产过程的计算机控制必须为硬件提供相应的计算机软件。软件是工控机的程序系统，可分为系统软件、工具软件、应用软件 3 部分。

（1）系统软件

系统软件用来管理工控机的资源，并以简便的形式向用户提供服务。其包括实时多任务操作系统、引导程序、调度执行程序，如美国英特尔公司的 iRMX86 实时多任务操作系统。除了实时多任务操作系统以外，也常使用 MS-DOS，特别是 Windows 软件。

（2）工具软件

工具软件是技术人员从事软件开发工作的辅助软件，包括汇编语言、高级语言、编译程序、编辑程序、调试程序和诊断程序等。

（3）应用软件

应用软件是系统设计人员针对某个生产过程而编制的控制和管理程序。通常包括过程输入输出程序、过程控制程序、人-机接口程序、打印显示程序及公共子程序等。计算机控制系统随着硬件技术的高速发展，对软件也提出了更高的要求。只有软件和硬件相互配合，才能发挥计算机的优势，研制出具有更高性能价格比的计算机控制系统。目前，工业控制软件正朝着组态化、结构化方向发展。

2.1.1.3 工控机的特点

与通用的计算机相比，工控机主要有以下特点。

①可靠性高。工控机常用于控制连续的生产过程，在运行期间，不允许停机检修，一旦发生故障，将会导致质量事故，甚至生产事故。因此，要求工控机具有很高的可靠性、低故障率和短维修时间。

②实时性好。工控机必须实时地响应控制对象的各种参数的变化，才能对生产过程进行实时控制与监测。当过程参数出现偏差或故障时，能实时响应并实时地进行报警和处理。通常，工控机配有实时多任务操作系统和中断系统。

③环境适应性强。由于工业现场环境恶劣，要求工控机具有很强的环境适应能力，如对温度/湿度变化范围要求高，具有防尘、防腐蚀、防震动冲击的能力，具有较好的电磁兼容性、高抗干扰能力及高共模抑制能力。

④丰富的输入输出模块。工控机与过程仪表相配套，与各种信号打交道，要求具有丰富的多功能输入输出配套模块，如模拟量、数字量、脉冲量等I/O模块。

⑤系统扩充性和开放性好。灵活的系统扩充性有利于工厂自动化水平的提高和控制规模的不断扩大。采用开放性体系结构，便于系统扩充、软件的升级和互换。

⑥控制软件包功能强。具有人–机交互方便、画面丰富、实时性好等性能，具有系统组态和系统生成功能，具有实时及历史的趋势记录与显示功能，具有实时报警及事故追忆等功能，具有丰富的控制算法。

⑦系统通信功能强。一般要求工控机能构成大型计算机控制系统，具有远程通信功能，为满足实时性要求，工控机的通信网络速度要快，并符合国际标准通信协议。

⑧冗余性。在对可靠性要求很高的场合，要求有双机工作及冗余系统，包括双控制站、双操作站、双网通信、双供电系统、双电源等，具有双机切换功能、双机监视软件等，以保证系统长期不间断地工作。

2.1.2　内部总线

微机系统采用由大规模集成电路芯片为核心构成的插件板，多个不同功能的插件板与主机板共同构成微机系统。构成系统的各类插件板之间的互联和通信通过系统总线来完成。这里的系统总线不是指中央处理器内部的3类总线，而是指系统插件板交换信息的板级总线。这种系统总线是一种标准化的总线电路，它提供通用的电平信号来实现各种电路信号的传递。同时，总线标准实际上是一种接口信号的标准和协议。

内部总线是指微机内部各功能模块间进行通信的总线，也称为系统总线。它是构成完整微机系统的内部信息枢纽。工控机采用内部总线母板结构，母板上各插槽的引脚都连接在一起，组成系统的多功能模块插入接口插槽，由内部总线完成系统内各模块之间的信息传送，从而构成完整的计算机系统。各种型号的计算机都有自身的内部总线。

2.1.2.1　I2C总线

I2C（Inter-IC）总线由Philips公司推出，是近年来在微电子通信控制领域广泛采用的一种新型总线标准。它是同步通信的一种特殊形式，具有接口线少、控制方式简化、器件封装形式小、通信速率较高等优点。在主从通信中，可以有多个I2C总线器件同时接到I2C总线上，通过地址来识别通信对象。

I2C总线是一种串行数据总线,只有两根信号线:一根是双向的数据线SDA,另一根是时钟线SCL。在I2C总线上传送的一个数据字节由8位组成。总线对每次传送的字节数没有限制,但每个字节后必须跟一位应答位。这是与SPI总线最显著的不同之处。

2.1.2.2　SPI总线

串行外围设备接口SPI(serial peripheral interface)总线技术是Motorola公司推出的一种同步串行接口。SPI总线因其硬件功能很强,所以与SPI有关的软件就相当简单,使CPU有更多的时间处理其他事务。

SPI接口主要应用在EEPROM、FLASH、实时时钟、AD转换器,以及数字信号处理器和数字信号解码器之间。SPI接口是以主从方式工作的,这种模式通常有一个主器件和一个(或多个)从器件,其接口包括以下4种信号:

(1) MOSI,主器件数据输出,从器件数据输入;

(2) MISO,主器件数据输入,从器件数据输出;

(3) SCLK,时钟信号,由主器件产生;

(4) SS,从器件使能信号,由主器件控制。

2.1.2.3　SCI总线

串行通信接口SCI(serial communication interface)也是由Motorola公司推出的。它是一种通用异步通信接口UART,与MCS-51的异步通信功能基本相同。

2.1.2.4　ISA总线

ISA(industrial standard architecture)总线标准是IBM公司1984年为推出PC/AT机而建立的系统总线标准,所以也叫AT总线。它是对XT总线的扩展,以适应8/16位数据总线要求。它在80286至80486时代应用非常广泛,以至于现在奔腾机中还保留有ISA总线插槽。ISA总线有98只引脚。

2.1.2.5　EISA总线

EISA总线是1988年由Compaq等9家公司联合推出的总线标准。它是在ISA总线的基础上使用双层插座,在原来ISA总线的98条信号线上又增加了98条信号线,也就是在两条ISA信号线之间添加一条EISA信号线。在实用中,EISA总线完全兼容ISA总线信号。

2.1.2.6　VESA总线

VESA(video electronics standard association)总线是1992年由60家附件卡制造商联合推出的一种局部总线,简称为VL(VESA local bus)总线。该总线系统考虑到CPU与主存和Cache直接相连,通常把这部分总线称为CPU总线或主总线,其他设备通过VL总线与CPU总线相连,所以VL总线被称为局部总线。它定义了32位数据线,且可通过扩展槽扩展到64位,使用33MHz时钟频率,最大传输率达132MB/s,可与CPU同步工作。它是一种高速、高效的局部总线,可支持386SX、386DX、486SX、486DX及奔腾微处理器。

2.1.2.7　PCI总线

PCI(peripheral component interconnect)总线是当前最流行的总线之一,它是由Intel公司推出的一种局部总线。它定义了32位数据总线,且可扩展为64位。PCI总线主板插槽的体积比原ISA总线插槽还小,其功能比VESA、ISA有极大的改善,支持突发读写操作,最大传输速率可达132MB/s，可同时支持多组外围设备。PCI局部总线不能兼容现有的ISA、EISA、MCA（micro channel architecture）总线，但它不受制于处理器，是基于奔腾等新一代微处理器而发展的总线。

2.1.2.8 PCI-E总线

采用了目前业内流行的点对点串行连接，比起PCI以及更早期的计算机总线的共享并行架构，每个设备都有自己的专用连接，不需要向整个总线请求带宽，而且可以把数据传输率提高到一个很高的频率，达到PCI所不能提供的高带宽。在工作原理上，PCI Express与并行体系的PCI没有任何相似之处，它采用串行方式传输数据，而依靠高频率来获得高性能。因此PCI Express也一度被人称为"串行PCI"。当前，PCI Express基本全面取代了AGP，就像当初PCI取代ISA一样。

2.1.3 外部总线

外部总线是微机和外部设备之间的总线。微机作为一种设备，通过该总线和其他设备进行信息与数据交换。外部总线用于设备一级的互连。

2.1.3.1 RS232-C总线

RS232-C是美国电子工业协会EIA（Electronic Industry Association）制定的一种串行物理接口标准。RS是英文"推荐标准"的缩写，232为标识号，C表示修改次数。RS232-C总线标准设有25条信号线，包括一个主通道和一个辅助通道，在多数情况下主要使用主通道。对于一般双工通信，仅需几条信号线即可实现，如一条发送线、一条接收线及一条地线。RS232-C标准规定的数据传输速率为50，75，100，150，300，600，1200，2400，4800，9600，19200波特/秒。RS232-C标准规定，驱动器允许有2500pF的电容负载，通信距离将受此电容限制。例如，采用150pF/m的通信电缆时，最大通信距离为15m；若每米电缆的电容量减小，则通信距离可以增加。传输距离短的另一原因是RS232属单端信号传送，存在共地噪声和不能抑制共模干扰等问题，因此一般用于20m以内的通信。

2.1.3.2 RS485总线

在要求通信距离为几十米至上千米时，广泛采用RS485串行总线标准。RS485采用平衡发送和差分接收，因此具有抑制共模干扰的能力。加上总线收发器具有高灵敏度，能检测低至200mV的电压，故传输信号能在千米以外得到恢复。RS485采用半双工工作方式，任何时候只能有一点处于发送状态。因此，发送电路须由使能信号加以控制。RS485用于多点互连时非常方便，可以省掉许多信号线。应用RS485可以联网构成分布式系统，其允许最多并联32台驱动器和32台接收器。

2.1.3.3 IEEE-488总线

上述两种外部总线是串行总线，而IEEE-488总线是并行总线接口标准。IEEE-488总线用来连接系统，如微计算机、数字电压表、数码显示器等设备及其他仪器仪表均可用IEEE-488总线装配起来。它按照位并行、字节串行双向异步方式传输信号，连接方式为总线方式，仪器设备直接并联于总线上而不需中介单元，但总线上最多可连接15台设备。最大传输距离为20米，信号传输速度一般为500kB/s，最大传输速度为1MB/s。

2.1.3.4 USB总线

通用串行总线USB（universal serial bus）是由Intel、Compaq、Digital、IBM、Microsoft、NEC、Northern Telecom 7家世界著名的计算机和通信公司共同推出的一种新型接口标准。它基于通用连接技术，实现外设的简单快速连接，达到方便用户、降低成本、扩展PC连接外设范围的目的。它可以为外设提供电源，而不像普通的使用串口、并口设备需要单独的供电系统。另外，快速是USB技术的突出特点之一，USB的最高传输率可达12Mb/s，比串口快100倍，比并口快近10倍，而且USB还能支持多媒体。

2.1.4 I/O模块

采用工控机对生产现场的设备进行控制，首先要将各种测量参数输入计算机，计算机要将处理后的结果进行输出，经过转换后，以控制生产过程。因此，对于一个工业控制系统来说，除了工控机主机外，还应配备各种用途的I/O接口部件。I/O接口的基本功能是连接计算机与工业生产控制对象，进行必要的信息传递和变换。

工业控制需要处理和控制的信号主要有模拟量信号和数字量信号（开关量信号）两类。由于这两种信号的特性不同，因此，须采用不同的信号处理方式，以获取（输入）或释放（输出）它们。表2-1列出了部分I/O外围模块的用途。

表2-1　　　　　　　　　　　　部分I/O外围模块的用途对照

输入/输出信息来源及用途	信息种类	相应的接口模块产品
来自现场设备运行状态的模拟电信号温度、压力、位移、速度、磁量	模拟量输入信息	模拟量输入模块
执行机构的控制执行、记录等（模拟电流/电压）	模拟量输出信息	模拟量输出模块
限位开关状态、数学装置的输出数码、节点断通状态、电平变化	模拟量输入信息	数字量输入模块
执行机构的驱动执行、报警显示蜂鸣器、其他（数字量）	模拟量输出信息	数字量输出模块
流量计算、电功率计算、速度、长度量等脉冲形式输入信号	脉冲量输入信号	脉冲计数/处理模块
操作中断、事故中断、报警中断及其他需要中断的输入信号	中断输入信号	多通道中断控制模块
前进驱动机构的驱动控制信号输出	间断信号输出	步进马达控制模块
串行/并行通信信号	通信收发信号	RS232/RS422通信模块
远距离输入/输出模拟（数字）信号	模/数远端信息	远程（REMOTE I/O）模块

2.1.4.1 模拟量I/O模块

生产过程的被调参数一般都是随着时间连续变化的模拟量，需要通过检测装置和变送器将这些信号转换成模拟电信号，经过模拟量输入模块转换成计算机能处理的数字量信号，经数字量输入模块整形后，输入计算机内。经计算机处理后输出的数字信号通过数字量输出模块转换成标准的电压信号。有些执行机构要求提供模拟信号，故需采用模拟量输出模块。

（1）模拟量输入模块主要指标

① 输入信号量程。即所能转换的电压（电流）范围。有 0 ~ 200 mV，0 ~ 5 V，0 ~ 10 V，±2.5 V，±5 V，±10 V，0 ~ 10 mA，4 ~ 20 mA 等多种范围。

② 分辨率。定义为基准电压与 $2^n - 1$ 的比值，其中 n 为 D/A 转换的位数。有 8 位、10 位、12 位、16 位之分。分辨率越高，转换时，对输入模拟信号变化的反应就越灵敏。例如，8 位分辨率表示可对满量程的 1/255 的增量做出反应，若满量程是 5 V，则能分辨的最小电压为 5 V/255≈20 mV。

③ 精度。指 A/D 转换器实际输出电压与理论值之间的误差。它有绝对精度和相对精度两种表示法。通常采用数字量的最低有效位作为度量精度的单位，如 ±1/2LSB。例如，若分辨率是 8 位，则它的精度为 ±1/512。精度是指转换后所得结果相对于实际值的准确度，而分辨率是指能对转换结果发生影响的最小输入量。这是两个指标概念，例如分辨率即使很高，但由于温度漂移、线性不良等原因，使得精度并不相应很高，也可以用百分比来表示满量程时的相对误差。

④ 输入信号类型。电压或电流型，单端输入或差分输入。

⑤ 输入通道数。单端/差分通道数，与扩充板连接后，可扩充通道数。

⑥ 转换速度。如 30000 采样点/s，50000 采样点/s，或更高。

⑦ 可编程增益。1 ~ 1000 增益系数编程选择。

⑧ 支持软件。性能良好的模块可支持多种应用软件，并带有多种语言的接口及驱动程序。

（2）模拟量输出模块主要技术指标

① 分辨率。与 A/D 转换器定义相同。

② 稳定时间。又称转换速率，是指 D/A 转换器中代码满度值变化时，输出达到稳定（一般稳定到与 ±1/2 最低位值相当的模拟量范围内）所需的时间，一般为几十毫微秒到几毫微秒。

③ 输出电平。不同型号的 D/A 转换器件的输出电平相差较大，一般为 5 ~ 10 V，也有一些高压输出型为 24 ~ 30 V。电流输出型为 4 ~ 20 mA，有的高达 3A 级。

④ 输入编码。如二进制 BCD 码、双极性时的符号数值码、补码、偏移二进制码等。

⑤ 编程接口和支持软件。与 A/D 转换器相同。

2.1.4.2 数字量I/O模块

在工业控制现场，除随着时间而连续变化的模拟量外，还有各种两态开关信号，可视为数字量（并关量）信号。数字量模块实现工业现场的各类开关信号的 I/O 控制。数字量 I/O 模块分为非隔离型和隔离型两种，隔离型一般采用光电隔离，少数采用磁电隔离方法。

数字量输入模块（DI）将被控对象的数字信号或开关状态信号送给计算机，或把双值逻辑的开关量变换为计算机可接收的数字量。数字量输出板（DO）把计算机输出的数字信号传送给开关型的执行机构，控制它们的通、断或指示灯的亮、灭等。

数字量通道模块从输入输出功能上可分为单纯的数字量输入板、数字量输出板和数字量双向通道板（DI/DO）。

2.1.4.3 其他模块

（1）信号调理板

在工业控制中，由传感器输出的电信号不一定满足A/D转换和数字量输入的要求，数据采集系统的输入通道中应采取对现场信号进行放大、滤波、线性化、隔离及保护等措施，使输入信号能够满足数据采集要求，控制系统的输出通道也存在同样的问题。

信号调理是指将现场输入信号经过隔离放大，成为工控机能够接收到的统一信号电平，以及将计算机输出信号经过放大、隔离转换成工业现场所需的信号电平的处理过程。传感器的输出信号有连续电压和电流型的、开关型和频率脉冲型的，各信号的输出电平大小等级相差很大，这就需要使用信号调理模块，将其变成标准信号，送入计算机数据接口。信号调理模块的主要功能是完成信号的放大、滤波、隔离及电平的移位功能，以及信号的多码转化功能。输入通道处理以滤波、补偿、放大隔离、保护为主要特征，输出通道以驱动、隔离和保护为主要特征。

（2）通信模块

通信模块是为实现计算机之间以及计算机与其他设备间的数据通信而设计的外围模块，有智能型和非智能型两种，通信方式采用RS232或RS485方式或两者兼而有之，以串行方式进行通信，波特率为75～56 000bit/s，通道数有4～16可供选择。

（3）远程I/O模块

远程I/O模块可放置在生产现场，将现场的信号转换成数据信号，经远程通信线路传送给计算机进行处理。因为各模块均采用隔离技术，所以可方便地与通信网络相连，大大减少了现场接线的成本。目前的远程I/O模块采用RS485标准总线，并正在朝着现场总线方向发展。具体使用时，有两点需要注意。一是使用前，应仔细核对工作电压，以免烧坏接口电路。注意不要带电插拔模块，以防击穿接口电路。注意与CPU速度的匹配。二是部分模块产品都附有相应的驱动程序，购买时，要注意选购所需的带相应语接口的驱动程序和完整的产品连接附件等。目前，使用较多的是牛顿模块。

牛顿模块具有组态简单、采集的信号稳定、抗干扰能力强、编程容易等众多优点，它被广泛地应用于工厂、矿山、学校、车间等需要数据采集的场合。每个单一的牛顿模块都是地址可编程的，它使用01～FF两位地址代码，因此，一条RS485总线上可以同时使用255个牛顿模块。牛顿模块种类很多，有p数转换模块、数字I/O模块、热电偶模块、热电阻测量模块、协议转换模块、协议中继模块、嵌入式控制模块和无线通信模块等。

正是模块的多样性，才使得构建系统时更加容易。实际上，在一般情况下，用户无需进行硬件开发，只要选择合适的模块和变送器就行了，软件可以通过组态实现，而对于特殊的需要则必须进行专项的软件开发。

牛顿模块采用的是多址RS485总线，它需要上位机提供RS485通信链路。上位机实现RS485的方式不一样，主要有：RS232/RS485（将RS232转换成RS485），RS485接口卡，USB/RS485（将USB转换成RS485）。

2.1.4.4 其他功能模块

其他功能模块包括计数器/定时器模块、固态电子盘模块、步进电机控制模块等。工控机长期连续地运行在恶劣的环境中，有机械运动部件的软盘或硬盘容易出现故障，以固态电子盘代替软盘或硬盘的工作，极大地提高了工控机的可靠性和存取速度。目前，电子盘使用的器件有 EPROM、SRAM（静态 RAM）、EEPROM（电可擦写存储器）、NOVRAM（非易失性存储器）和 FLASH EPROM（快速存储器）等。

　　V-DISK 虚拟存储器模块可在任何 IBM PC XT/AT 或兼容机上使用，最多可达 2.4MB SRA 或 EPROM，可仿真软硬盘任何格式或密度。常用的还有 Mini Module/SSD 固态盘扩展模块（PC/104 总线板）。

2.1.5　主要产品

表 2-2　　　　　　　　　　　　部分模拟量 I/O 模块产品

研华（ADVAMTECH）		康泰克（Cfc NTEC）		康拓公司	
PCL-812	16S，A/D，12 位	ADC-30	8S，A/D，12 位 4DI，4DO	IPC5-5482	32S/16D，A/D，8 位光隔
PCL-726	6CH，D/A，12 位	ADC-40	4CH，D/A，12 位	IPC5-5422	16S/8D，A/D，14 位 2CH，D/A，8位光隔
PCL-814	16D，A/D，12 位 2CH，D/A，12 位	ADC-100	16S/8D，A/D，12 位 2CH，D/A，12 位 24CH，D1D0		
PCL-B18	16S/9D，A/D，12 位 1CH，D/A，12 位				

　　对于模拟量模块，一般有隔离型和非隔离型之分。非隔离型模块仅用于干扰小的场合，干扰较大的工业现场一般要求采用隔离型产品。隔离型产品又分为公共隔离型和全隔离型两种。公共隔离型是指各路模拟量输入通道间不隔离，经过多路转换开关和 A/D 转换后，采用光电式总线隔离。全隔离型是指各路模拟量输入通道之间均采取隔离放大器进行全隔离。工业控制系统在原则上均要求采取隔离工作方式。

　　数字量通道模块工艺已经相当成熟，产品种类很多。表 2-3 列出了部分数字量 I/O 模块。

表 2-3　　　　　　　　　　　部分数字量 I/O 模块产品

研华（ADVAMTECH）		康泰克（Cfc NTEC）		康拓公司	
PCL-723	24DI，有中断	PIQ-16/16L（PC）	16DI，16DO，光隔	IPC5312	32DIO，双向 TTL
PCL-722	144DIO，TTL电平	PIO-32/32T（PC）	32DI，32DO，TTL	IPC5136	120DI，TTL
PCL-720	32D1，TTL电平 32DO，TTL电平	PIO48D（PC）	48DIO，双向，TTL，高ll出电流	IPC5137	128DO，TTL
PCL-725	r sdi，隔离继电器输出	PIO96W（PC）	96DIO，双向，TTL	IPC5387	12路，脉冲输入中断式光隔

　　具有模拟量输入/输出、数字量输入/输出等功能的 I/O 模块称为多功能板，在工业生产工艺不复杂的情况下，选择多功能板可以节省成本。

PC-7483板是为工业PC机或PC兼容机设计的一种多功能综合接口板，板上有16路12位A/D输入、4路8位独立D/A输出、24路开关量输入/输出、3路脉冲计数/定时中断等多项功能，适用于各种工业现场的数据测量及控制。

2.2 传感器

2.2.1 传感器的地位

现代信息技术的三大支柱是信息的采集、传输和处理，即传感技术、通信技术和计算机技术，它们分别构成信息技术系统的"感官""神经""大脑"。

信息采集系统的首要部件是传感器，且置于系统的最前端。在一个现代测控系统中，如果没有传感器，就无法监测与控制表征生产过程中各个环节的各种参量，也就无法实现自动控制。

传感器是现代测控技术的基础。

2.2.2 传感器的含义

传感器是一种将各种被测非电量以一定的精度、按照一定的规律转换成与之有确定对应关系的某种可用信号输出的另一种物理量的测量装置或元件。

按照传感器的定义，传感器实际上是一种能量转换器，有时也叫作变换器、换能器或探测器等。

传感器一般由敏感元件、转换元件和测量电路3部分组成，有时还需要加上辅助电源，可用图2-2所示框图来表示。

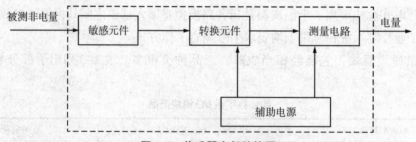

图2-2 传感器内部结构图

2.2.3 常用的传感器

（1）电阻式传感器

它的基本原理是将被测非电量的变化转换成电阻的变化量。在物理学中已经阐明导电材料的电阻不仅与材料的类型、几何尺寸有关，还与温度、湿度和变形等因素有关。物理学同样指出，不同的导电材料对同一非电物理量的敏感程度不同，甚至差别很大。因此，利用某种导电材料的电阻对某一非电物理量具有较强的敏感特性，可以制成测量该物理量的电阻式传感器。

常用的电阻式传感器有电位器式、电阻应变式、热敏电阻、气敏电阻、光敏电阻和湿敏电阻等。利用电阻传感器，可以测量应变、力、位移、荷重、加速度、压力、转矩、温度、湿度、气体成分及浓度等。图2-3所示是电阻应变式称重传感器示意图。

图2-3　称重传感器示意图　　　　图2-4　电容式差压变送器示意图

（2）电容式传感器

电容式传感器是以各种类型的电容器作为敏感元件，将被测物理量的变化转换为电容量的变化，再由测量电路转换为电压、电流或频率的变化，以达到检测的目的。因此，凡是能引起电容量变化的有关非电量，均可用电容式传感器进行电测变换。

根据变换原理不同，电容式传感器有变极距型、变面积型、变介质型3种。它不仅能测量重量、位移、振动、角度、加速度等机械量，还能测量压力、液面、料面、成分含量等热工量。图2-4所示是电容式差压变送器示意图。

（3）电感式传感器

电感式传感器是利用线圈自感或互感系数的变化来实现非电量电测的一种装置。电感式传感器一般分为自感式和互感式两大类。人们习惯上讲的电感式传感器通常指自感式传感器，而互感式传感器由于是利用变压器原理，又往往做成差动式，故常称为差动变压器式传感器。

利用电感式传感器，能对位移、压力、振动、应变、流量等参数进行测量。图2-5所示是电感式传感器示意图。

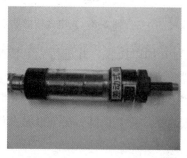 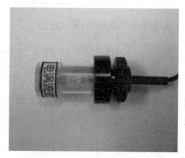

图2-5　电感式传感器示意图

（4）压电式传感器

压电式传感器是利用某些电介质材料具有压电效应现象制成的。有些电介质材料在一定方向上受到外力（压力或拉力）作用而变形时，在其表面上产生电荷；去掉外力后，又回到不带电状态，这种将机械能转换成电能的现象，称为正压电效应，简称压电效应。

压电式传感器主要用来测量力、加速度、振动等非电物理量。图2-6所示是压电式传感器示意图。

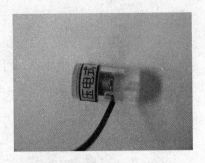

图2-6　压电式传感器示意图

（5）光电式传感器

光电式传感器是将光信号转化为电信号的一种传感器。它的理论基础是光电效应。这类效应大致可分为3类。

第一类是外光电效应，即在光照射下，能使电子逸出物体表面。利用这种效应所做成的器件有真空光电管、光电倍增管等。

第二类是内光电效应，即在光线照射下，能使物质的电阻率改变。这类器件包括各类半导体光敏电阻。

第三类是光生伏特效应，即在光线作用下，物体内产生电动势的现象，此电动势称为光生电动势。这类器件包括光电池、光电晶体管等。

光电耦合器是由一个发光元件和一个光电元件同时封装在一个外壳内组合而成的光电转换元件。它实际上是一个电隔离转换器，具有单向信号传输功能，抗干扰能力强，在控制电路中，经常用于电路隔离、电平转换、噪声抑制等场合。图2-7所示是光电耦合器示意图。

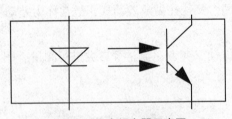

图2-7　光电耦合器示意图

图2-8　光电式传感器示意图

光电开关是一种利用感光元件对变化的入射光加以接收，并进行光电转换，同时加以某种形式的放大和控制，从而获得最终的控制输出"开""关"信号的器件。光电开关被广泛地应用于工业控制、自动化包装线及安全装置中，作为光控制和光探测装置。可在自动控制系统中用作物体检测、产品计数、料位检测、尺寸控制、安全报警及计算机输入接口等。图2-8所示是光电式传感器示意图。

（6）热电式传感器

热电式传感器的测温原理是热电效应，即把两种不同的金属导体接成闭合回路，若两接点温度不同，则在回路中就会产生热电势，这种由于温度不同而产生电动势的现象，称为热电效应。图2-9所示是热电式传感器示意图。

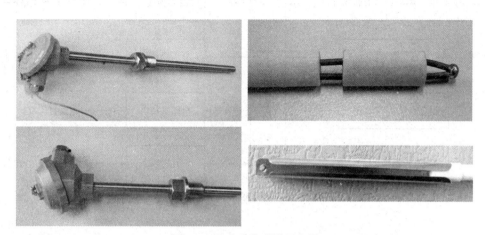

图2-9 热电式传感器示意图

热电式传感器测温基于热电阻现象，即导体或半导体的电阻率随着温度的变化而变化的现象。利用物质的这一特性制成的温度传感器有金属热电阻传感器（简称热电阻）和半导体热电阻传感器（简称热敏电阻）。一般而言，前者温度升高，电阻值变大；后者温度升高，电阻值变小。

（7）数字式传感器

机电控制系统对检测技术提出了数字化、高精度、高效率和高可靠性等一系列要求。数字式传感器能满足这种要求。它具有很高的测量精度，易于实现系统的快速化、自动化和数字化，易于与微处理机配合，组成数控系统，在机械工业的生产、自动测量和机电控制系统中得到广泛的应用。

常用的数字式传感器有码盘式、光栅式、磁栅式和感应同步器等。

2.3 仪 表

2.3.1 智能仪器的组成

智能仪器一般是指采用微处理器（或单片机）的电子仪器。由智能仪器的基本组成可知，在物理结构上，微型计算机包含于电子仪器中，微处理器及其支持部件是智能仪器的一个组成部分；从计算机的角度来看，测试电路与键盘、通信接口及显示器等部件一样，可以看作计算机的一种外围设备。因此，智能仪器实际上是一个专用的微型计算机系统，它主要由硬件和软件两大部分组成。

智能仪器的硬件部分主要包括主机电路、模拟量（或开关量）输入输出通道口电路、串行或并行数据通信接口等，其组成结构如图2-10所示。

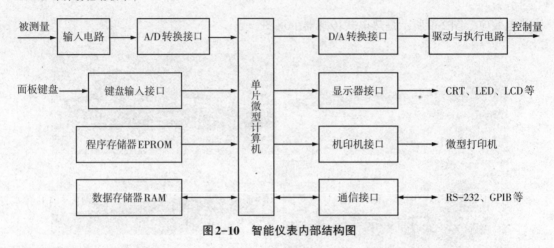

图2-10　智能仪表内部结构图

2.3.2　智能仪器的功能

智能仪器示意图如图2-11所示。

图2-11　智能仪表示意图

智能仪器具有以下功能：

① 人-机对话；

② 自动校正零点、满度和切换量程；

③ 多点快速检测；

④ 自动修正各类测量误差；

⑤ 数字滤波；

⑥ 数据处理；

⑦ 各种控制规律；

⑧ 多种输出形式；

⑨ 自诊断和故障监控；

⑩ 数据通信。

2.4 可编程控制器

2.4.1 可编程控制器的特点

可编程控制器（PLC）作为一种专门用于工业环境的、具有特殊结构的计算机，具有显著的特点。

（1）可靠性高，适应性强

PLC是专门为工业控制应用而设计的，因此，在硬件设计制造时，已经充分考虑了其应用环境和运行要求。例如，优化电路设计，采用大规模或超大规模集成电路芯片、模块式结构、表面安装技术，采用高可靠性、低功耗的元器件，以及采用自诊断、冗余容错等技术，使PLC具有很高的可靠性和抗干扰、抗机械振动能力，可以在极端恶劣的环境下工作。I/O信号范围广，对信号品质要求低。PLC系统平均故障间隔时间一般可达几万小时，甚至达10万小时以上。PLC控制系统由于取消了大量的独立元件，大大减少了连线等中间环节，使得系统的平均故障修复时间缩短到20min左右。

（2）功能完善，通用性好

PLC既能实现对开关量输入/输出、逻辑运算、定时、计数和顺序控制，也能实现对模拟量输入/输出、算术运算、闭环比例积分微分调节控制，同时有各种智能模块、远程I/O模块和网络通信功能。PLC既可以应用于开关量控制系统，也能用于连续的流程控制系统、数据采集和监控系统等。它的功能强大、完善，通用性好，可以满足绝大多数的工业生产控制要求。

（3）安装方便，扩展灵活

PLC采用标准的整体式和模块式硬件结构，现场安装简便，接线简单，工作量相对较小；而且能根据应用的要求扩展I/O模块插件，系统集成方便灵活。各种控制功能通过软件编程完成，因而能适应各种复杂情况下的控制要求，也便于控制系统的改进和修正，特别适用于各种工艺流程变更较多的场合。

（4）操作维护简单，施工周期短

PLC大多采用工程技术人员习惯的梯形图形式编程，易学易懂，无需具备高深的计算机专业知识，编程和修改程序方便，系统设计、调试周期短。PLC还具有完善的显示和诊断功能，故障和异常状态均有显示，便于操作人员、维护人员及时了解出现的故障。当出现故障时，可通过更换模块或插件来迅速排除故障。

2.4.2 可编程控制器的分类

PLC生产厂家众多、产品种类繁杂，而且不同厂家的产品各成系列，难以用一种标准进行划分。在实际应用中，通常可以按照I/O点数（即控制规模）、处理器功能和硬件结构形式3方面来进行分类。

（1）**按照I/O点数分类**

根据PLC能够处理的I/O点数来分类，PLC可分为微型、小型、中型、大型4种。

① 微型PLC。它的I/O点数通常在64点以下，处理开关量信号，功能以逻辑运算、定时和计数为主，用户程序容量一般都小于4 kB。

② 小型PLC。它的I/O点数在64～256点之间，主要以开关量输入/输出为主，具有定时、计数和顺序控制等功能，控制功能也比较简单，用户程序容量一般小于16 kB。这类PLC和微型PLC的特点都是体积小、价格低，适用于单机控制场合。

③ 中型PLC。它的I/O点数在256～1024点之间，同时具有开关量和模拟量的处理功能，控制功能比较丰富，用户程序容量小于32 kB。中型PLC可应用于由开关量、模拟量控制的较为复杂的连续生产自动控制场合。

④ 大型PLC。它的I/O点数在1024点以上，除一般类型的I/O模块外，还有特殊类型的信号处理模块和智能控制模块，能进行数学计算、闭环比例积分微分调节、整数/浮点运算及二进制/十进制转换运算等；控制功能完善，网络系统成熟，而且软件也比较丰富，并固化一定的功能程序可供使用；用户程序容量大于32 kB，并且可以扩展。

（2）**按照处理器功能分类**

根据PLC处理器功能强弱不同，可分为低档、中档和高档3个档次。通常，微型、小型PLC多属于低档机，处理器功能以开关量为主，具有逻辑运算、定时、计数等基本功能，有一定的扩展功能。中型和大型PLC多属于中高档机。中型机在低档机的基础上，兼有开关量和模拟量控制，增强I/O处理能力和定时、计数、数学运算能力，具有浮点运算、数制转换能力和通信网络功能。高档机在中档机的基础上，增强了I/O处理能力和数学运算能力，增加了数据管理功能，网络功能更强，可以方便地与其他PLC系统连接，构成各种生产控制系统。

（3）**按照硬件结构分类**

根据PLC的外形和硬件安装结构的特点，PLC可分为整体式和模块式两种。

① 整体式。又称箱体式，它将CPU、存储器、I/O接口、外设接口和电源等都装在一个机箱内。机箱的上下两侧分别是I/O和电源的连接端子，并有相应的发光二极管显示I/O、电源、运行、编程等状态。面板还有编程器/通信口插座、外存储器插座和扩展单元接口插座等。这种结构的PLC的I/O点数少、结构紧凑、体积小、价格低，适用于单机设备的开关量控制和机电一体化产品的应用场合。一般微型和小型PLC多采用箱体式结构，同时配有多种功能扩展单元。例如，罗克韦尔自动化公司生产的MicroLogix系列、西门子公司生产的S7-200系列、三菱公司生产的Fx系列等。

② 模块式。模块式PLC通常把CPU、存储器、各种I/O接口等均做成各自相互独立的模块，功能单一，品种繁多。模块既有统一安装在机架或母板插座上，插座由总线连接（即有底板或机架连接）的，也有直接用扁平电缆或侧连接插座连接（即无底板连接）的。这种结构的PLC具有较多的I/O点数，易于扩展，系统规模可以根据要求配置，方便灵活，适用于复杂生产控制的应用场合。大中型PLC和部分小型PLC多数采用模块式结构，例如，罗克韦尔自动化公司生产的SLC 500系列、PLC5系列和ControlLogix系列，西

门子公司生产的 S7-300、S7-400 系列，三菱公司生产的 A 系列和 Q 系列，欧姆龙公司生产的 C200H、C2000H、CVM1 系列，莫迪康公司生产的 Quantum 系列等。

2.4.3 可编程控制器的基本结构

PLC 实质上是一种专门为在工业环境下自动控制应用而设计的计算机，它比一般的计算机具有更强的与工业过程相连接的接口、更直接地适用于控制要求的编程语言和更强的抗干扰能力。尽管在外形上，PLC 与普通计算机的差别较大，但在基本结构上，PLC 与微型计算机系统基本相同，也由硬件和软件两大部分组成。

2.4.3.1 可编程控制器的硬件结构

无论是整体式还是模块式，从硬件结构看，PLC 都是由 CPU、存储器、I/O 接口单元、I/O 扩展接口及扩展部件、外设接口及外设和电源等部分组成的，各部分之间通过系统总线进行连接。对于整体式 PLC，通常将 CPU、存储器、I/O 接口、I/O 扩展接口、外设接口和电源等部分集成在一个箱体内，构成 PLC 的主机，如图 2-12 所示。对于模块式PLC，上述各组成部分均做成各自相互独立的模块，可以根据系统需求灵活配置。

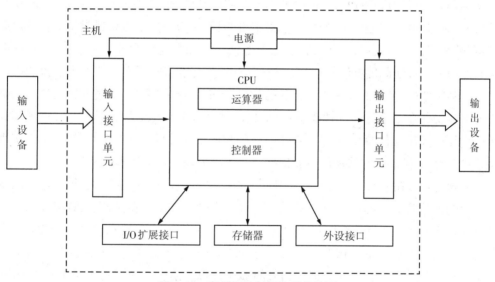

图2-12　可编程控制器内部结构图

（1）CPU

与计算机一样，CPU 是 PLC 的核心，由运算器和控制器构成。CPU 按照 PLC 中系统程序赋予的功能指挥 PLC 有条不紊地进行操作。

（2）**存储器**

PLC 的存储器包括系统存储器和用户存储器两部分。

系统存储器用来存放由 PLC 生产厂家编写的系统软件，并固化在 ROM 或 PROM 中，用户不能直接更改。系统软件是指对整个 PLC 系统进行调度、管理、监视及服务的软件。系统软件质量的好坏，在很大程度上决定了 PLC 的性能。

用户存储器包括用户程序存储器和数据存储器两部分。用户程序存储器用来存放用户编制的应用程序，可以是 EPROM 和 EEPROM 存储器，其内容可以由用户任意修改和增删。用户程序存储器容量的大小决定了用户控制系统的控制规模和复杂程度，是反映 PLC 性能的重要指标之一。数据存储器用来存放 PLC 工作过程中经常变化、需要随机存取的数据，通常采用 RAM。

（3）I/O 接口单元

I/O 接口单元是 PLC 与现场 I/O 设备相连接的部件。它的作用是将输入信号转换为 CPU 能够接收和处理的信号，并将 CPU 送出的弱电信号转换为外部设备所需的强电信号。I/O 接口单元在完成 I/O 信号的传递和转换的同时，还应能够有效地抑制干扰，起到与外部电气连接隔离的作用。因此，I/O 接口单元一般均配有电平转换、光电隔离、阻容滤波和浪涌保护等电路。为适应工业现场不同 I/O 信号的匹配要求，PLC 常配置有以下几种类型 I/O 接口单元：开关量输入（DI）接口单元、开关量输出（DO）接口单元、模拟量输入（AI）接口单元和模拟量输出（AO）接口单元。

（4）I/O 扩展接口及扩展部件

I/O 扩展接口是 PLC 主机为了扩展 I/O 点数和类型的部件，I/O 扩展单元、远程 I/O 扩展单元、智能模块等都通过它与 PLC 主机相连。I/O 扩展接口有并行接口和串行接口等多种形式。

当用户所需的 I/O 点数或类型超过 PLC 主机的 I/O 接口单元的点数或类型时，可以通过加接 I/O 扩展部件来实现。I/O 扩展部件通常有简单型和智能型两种。简单型 I/O 扩展部件自身不带 CPU，对外部现场信号的 I/O 处理完全由主机的 CPU 管理，依赖于主机的程序扫描过程。简单型 I/O 扩展部件在小型 PLC 的 I/O 扩展时常被采用，它通过并行接口与主机通信，通常被安装在主机旁边。智能型 I/O 扩展部件自身带有 CPU，它对生产过程现场信号的 I/O 处理由自带的 CPU 管理，不依赖于主机的程序扫描过程。智能型 I/O 扩展部件多用于中大型 PLC 的 I/O 扩展，它采用串行通信接口与主机通信，可以远离主机安装。

为了满足 PLC 在复杂工业生产过程中的应用，PLC 生产厂家还提供了种类丰富的智能模块。智能模块是一个相对独立的单元，一般自身带有 CPU、存储器、I/O 接口和外设接口等部分。智能模块在自身系统程序的管理下，对工业生产过程现场信号进行检测、处理和控制，并通过外设接口与 PLC 主机的 I/O 扩展接口的连接实现与主机的通信。智能模块不依赖主机而独立运行，这一方面使 PLC 能够通过智能模块来处理快速变化的现场信号，另一方面也使 PLC 能够处理更多的任务。目前，智能模块的种类越来越多，如高速脉冲计数模块、闭环比例积分微分调节模块、温度输入模块、位置控制模块及通信模块等。

（5）外设接口及外设

外设接口是 PLC 实现人-机对话、机-机对话的通道。通过它，PLC 主机可与编程器、图形终端、打印机、EPROM 写入器等外围设备相连，也可以与其他 PLC 或上位机连接。外设接口一般分为通用接口和专用接口两种。通用接口指标准通用的接口，如 RS232、RS422 和 RS485 等。专用接口指各 PLC 厂家专有的自成标准和系列的接口。如罗克韦尔自动化公司生产的增强型数据高速通道接口（DH+）和远程 I/O（RI/O）接口等。

在外设中，编程器是用来生成 PLC 用户程序，并对程序进行编辑、修改、调试的外围设备。编程器有手持式简易编程器和便携式图形编程器两种，通常用于中小型 PLC 的编程和现场调试。目前，主要PLC生产厂家都能提供在PC机上运行的专用编程软件，通过相应的通信接口，用户可以在PC机上利用专用编程软件来编辑和调试用户程序，例如，罗克韦尔自动化公司生产的RSLogix500编程软件可以完成对MicroLogix系列和SLC500系列PLC的编程。专用编程软件具有功能强大、通用性强、升级方便等特点。在当前PC机，尤其是笔记本计算机日益普及的情况下，PC机+专业编程软件应是用户首选的编程装置。

图形终端是PLC的操作员界面，也称为人机界面，具有防尘防爆等优良特性，用于显示生产过程的工艺流程、实时数据、历史和报警参数等信息。同时，图形终端上的按键又允许操作员对选定的对象进行操作，十分方便、灵活。例如，罗克韦尔自动化公司生产的PanalView系列，西门子公司生产的OP系列等。

（6）电源

PLC的电源将交流电源经整流、滤波、稳压后变换成供CPU、存储器等工作所需的直流电压。PLC的电源一般采用开关型稳压电源，其特点是输入电压范围宽、体积小、重量轻、效率高、抗干扰性能力强。有的PLC还向外提供24 V直流电源，给开关量输入接口连接的现场无源开关使用，或给外部传感器供电。

2.4.3.2 可编程控制器的软件结构

PLC的软件分为系统软件和用户程序两大部分：

（1）**系统软件**

PLC的系统软件一般包括系统管理程序、用户指令解释程序、标准程序库和编程软件等。系统软件是PLC生产厂家编制的，并固化在PLC内部ROM或PROM中，随着产品一起提供给用户。系统软件的主要功能可以概括为以下几点。

① 系统自检。对PLC各部分进行状态检测，及时报错和警戒运行时钟等，确保各部分能正常有效地工作。

② 时序控制。控制PLC的输入采样、程序执行、输出刷新、内部处理和通信等工作的时序，实现循环扫描运行的时间管理。

③ 存储空间（地址）管理。生成用户程序运行环境，规定I/O、内部参数的存储地址和大小等。

④ 解释用户程序。把用户程序解释为PLC的CPU能直接执行的机器指令。

⑤ 提供标准程序库。包括输入、输出、通信等特殊运算和处理程序，如闭环比例积分微分运算程序等，以满足用户程序开发的各种需要，提高用户的编程效率。

⑥ 编程软件。用于编写应用程序的软件环境。

（2）**用户程序**

用户程序指用户根据工艺生产过程的控制要求，按照所用PLC规定的编程语言而编写的应用程序。用户程序可采用梯形图语言、指令表语言、功能块语言、顺序功能图语言及高级语言等多种方法来编写，利用编程装置输入到PLC的程序存储器中。

2.4.4 可编程控制器产品

当前，PLC的生产厂家众多，按照地域范围划分，这些生产厂家主要集中在美国（如罗克韦尔自动化、通用电气、德州仪器、哥德和西屋等），欧洲（如西门子、莫迪康等），日本（如欧姆龙、三菱、日立、富士和东芝等）。美国PLC技术与欧洲PLC技术基本上是各自独立开发而成的，两者间表现出明显的差异性；日本的PLC技术是从美国引进的，因此，它对美国的PLC技术既有继承，又有发展，而且日本产品主要定位在小型PLC上。此外，随着PLC技术的日趋完善，越来越多的电子设备公司也加入到生产PLC的行列中来，如韩国的LG、三星，中国台湾的台达等，已经开始在低端的PLC市场上崭露头角。

我国PLC市场虽然在很大程度上被国外品牌占据，但近年来国产PLC有了长足的发展。经过多年的技术积累和市场开拓，国产PLC正处于蓬勃发展时期。国产PLC常用的品牌有台达、信捷、英腾威、汇川、禾川等。

台达集团创立于1971年。台达PLC是台达集团为工业自动化领域专门设计的、实现数字运算操作的电子装置。台达PLC以高速、稳健、高可靠度著称，广泛应用于各种工业自动化机械。台达PLC除了具有快速执行程序运算、丰富指令集、多元扩展功能卡及高性价比等特色外，还支持多种通信协议，使工业自动控制系统联成一个整体。

无锡信捷电气股份有限公司成立于2008年。信捷电气是中国工控市场最早的参与者之一，长期专注于机械设备制造行业自动化水平提高。产品广泛应用于各种自动化领域，包括航空航天、太阳能、风电、核电、隧道工程、纺织机械、数控机床、动力设备、煤矿设备、中央空调、环保工程等控制相关的行业和领域。信捷电气以为用户订制个性化的自动化解决方案为主要经营模式，实现企业价值与客户价值共同成长。

汇川PLC属于深圳市汇川技术股份有限公司，创立于2003年。汇川技术专注于工业自动化控制产品研发、生产和销售。汇川技术专注在高功能的中小型及微型PLC市场领域，旗下的Inothink系列PLC，由于设计卓越，可靠耐用，接口丰富，组合灵活，功能强大，支持逻辑控制、温度控制和运动控制，支持RS485、CAN、EtherCAT等总线，目前在业界已享有颇高的知名度。

北京和利时集团始创于1993年，是一家从事自主设计、制造与应用自动化控制系统平台和行业解决方案的高科技企业集团，其产品广泛应用于地铁、矿井、油田、水处理、机器装备控制行业。和利时从2003年开始，先后推出自主开发的LM小型PLC、LK大型PLC、MC系列运动控制器，其产品通过了CE认证和UL认证。其中LK大型PLC是国内唯一具有自主知识产权的大型PLC，并获得国家四部委联合颁发的"国家重点新产品"证书。它制定的"农村包围城市"战略也让和利时在国产PLC中占据了一席之地。

英威腾PLC隶属于深圳市英威腾自动控制技术有限公司，成立于2011年。英威腾自动控制拥有上位机编程软件、指令系统、控制算法等PLC核心技术。其PLC产品具有高性能、结构小巧、功能强大、性价比高的特点，广泛应用于纺织化纤、机床、线缆、食品饮料、包装、塑钢、建筑机械、空调、电梯、印刷、木工雕刻等行业，是具有完全自主知识产权的国产PLC生产厂商。

南大傲拓科技有限公司2008年10月成立，并进驻南京大学-鼓楼高校国家大学科技园园区，致力于自主研发生产性能可靠、品质精良、技术先进的前沿工控产品。其具有完全自主知识产权的产品覆盖可编程控制器、人机界面、变频器、伺服系统、组态软件等，为各行业用户提供自动化产品的整体解决方案。同时，公司积极与科研院所和行业用户紧密合作，联手开发基于行业自动化解决方案的企业管理信息系统，主要做大中型PLC。

2.5　嵌入式系统

嵌入式系统是以应用为中心、以计算机技术为基础，软件硬件可裁剪，适应应用系统对功能、可靠性、成本、体积、功耗严格要求的专用计算机系统。嵌入式系统由处理器、存储器、输入输出和软件等组成。目前嵌入式系统在工业控制、交通管理、信息家电、家庭智能管理系统、POS网络及电子商务、环境工程与自然、机器人等领域得到了广泛的应用。

2.5.1　嵌入式系统的组成与特点

嵌入式系统由嵌入式处理器、外围设备、嵌入式操作系统和应用软件等几大部分组成。典型的嵌入式系统组成如图2-13所示。

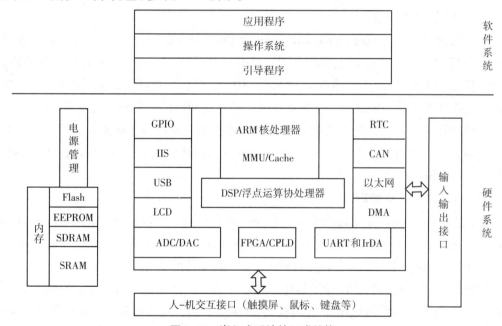

图2-13　嵌入式系统的组成结构

2.5.1.1　嵌入式处理器

嵌入式系统的核心是嵌入式处理器，嵌入式处理器与通用CPU最大的不同在于嵌入式处理器大多工作在为特定用户群专门设计的系统中，它将通用CPU的许多由板卡完成的集成在芯片内部，从而有利于嵌入式系统在设计时趋于小型化，同时具有很高的效率与可靠性。

嵌入式微处理器有各种不同的体系，即使在同一体系中，也可能具有不同的时钟频率和数据总线宽度，或集成了不同的外设和接口。目前，全世界嵌入式微处理器已经超过了1000多种，体系结构有30多个序列，其中主流的体系有ARM、MIPS、PowerPC、X86和

SH等。

（1）嵌入式微控制器

嵌入式微控制器（microcontroller unit，MCU）的典型代表是单片机。从20世纪70年代末单片机出现到今天，虽然已经过去了几十年，但这种8位电子器件目前在嵌入式设备中仍然有着极其广泛的应用。单片机芯片内部集成ROM/EPROM、RAM、总线、总线逻辑、定时/计数器、I/O、串行口、脉宽调制输出、A/D、D/A、Flash RAM、EEPROM等各种必要功能和外设。和嵌入式微处理器相比，微控制器的最大特点是单片化，体积大大减小，从而使功耗和成本下降、可靠性提高。微控制器是目前嵌入式系统工业的主流。微控制器的片上外设资源一般比较丰富，适合于控制，因此称为微控制器。

由于MCU价格低廉、性能优良，所以拥有的品种和数量最多，比较有代表性的包括8051、MCS-251、MCS-96/196/296、P51XA、C166/167、68K系列，以及MCU8XC930/931、C540、C541，并且有支持I2C、CAN-Bus、LCD及众多专用MCU和兼容系列。目前，MCU占据嵌入式系统70%的市场份额。近来Atmel出产的Avr单片机由于集成了FDGA等器件，所以具有很高的性价比，势必将推动单片机获得更高的发展。

（2）嵌入式微处理器

嵌入式微处理器（micro processor unit，MPU）是由通用计算机中的CPU演变而来的。它的特征是具有32位以上的处理器，具有较高的性能。当然，其价格也相应较高。但与计算机处理器不同的是，在实际嵌入式应用中，只保留和嵌入式应用紧密相关的功能硬件，去除其他冗余功能部分，这样就以最低的功耗和资源实现嵌入式应用的特殊要求。和工业控制计算机相比，嵌入式微处理器具有体积小、质量轻、成本低、可靠性高的优点。目前，嵌入式处理器的主要类型有Am186/88、368EX、SC-400、Power PC、68000、MIPS、ARM/StrongARM系列等。

（3）嵌入式DSP处理器

DSP处理器（embedded digital signal processor，EDSP）是专门用于信号处理方面的处理器，其在系统结构指令算法方面进行了特殊设计，具有很高的编译效率和指令的执行速度。在数字滤波、EFT、谱分析等各种仪器上，DSP获得了大规模的应用。

1982年世界上诞生了首枚DSP芯片，其运算速度比MUP快了几十倍，在语音合成和编码解码器中得到广泛的应用。至20世纪80年代中期，随着CMOS技术的进步与发展，第二代基于CMOS工艺的DSP芯片应运而生，其存储容量和运算速度都得到了成倍提高，应用领域也从上述范围扩大到通信和计算机方面。90年代后，DSP发展到第五代产品，集成度更高，使用范围也更加广阔。

目前，应用最为广泛的是TI的TMS320C200/C500系列，另外如Intel的MCS-296和Siemens的TriCore也有各自的应用范围。

（4）嵌入式片上系统

片上系统（system on chip，SOC）是追求产品系统最大包容的集成器件，是目前嵌入式应用领域的热门话题之一。SOC最大的特点是成功地实现了软硬件的无缝结合，直接在处理器片内嵌入操作系统的代码模块。而且SOC具有极高的综合性，在一个硅片内部

VHDL等硬件描述语言，实现一个复杂的系统。用户不需要再像传统的系统设计一样，绘制庞大复杂的电路板、一点点地连接焊制，只需要使用精确到语言、综合时序设计直接器件库中调用通用处理器的标准，然后通过仿真，就可以直接交付芯片厂商进行生产。由于极大部分系统构件都是在系统内部，因此整个系统特别简洁，不仅减小了系统的体积和功耗，而且提高了系统的可靠性，提高了设计生产效率。

由于SOC往往是专用的，所以大部分都不为用户所知，比较典型的SOC产品是Philips公司生产的SmartXA。少数通用系列，如Siemens公司生产的TriCore，Motorola公司生产的M-Core，某些ARM系列器件，Echelon和Mototola联合研制的Neuron芯片等。

2.5.1.2 外围设备

外围设备包括存储设备、通信接口设备、扩展设备接口和辅助的机电设备（电器、连接器、传感器等），根据外围设备的功能可分为以下3类。

（1）**存储器**

常用的存储器有静态易失型存储器（RAM、SRAM）、动态存储器（DRAM），非易失型存储器（Flash、EPROM）等。其中，Flash凭借其可擦写次数多、存储速度快、存储容量大、价格便宜等优点，在嵌入式领域得到了广泛的应用。

（2）**外部设备接口**

它包括并行接口、RS-232接口（串行通信接口）、Ethernet（以太网接口）、USB（通用串行总线接口）、IrDA（红外接口）、A/D（模数转换接口）等。

（3）**人-机交互接口**

它包括LCD、键盘和触摸屏等人-机交互设备。

2.5.1.3 嵌入式操作系统

嵌入式操作系统（embedde operation system，EOS）是一种用途广泛的系统软件，过去它主要应用于工业控制和国防系统领域。EOS负责嵌入系统的全部软、硬件资源的分配、任务调度、控制、协调并发活动。它必须体现所在系统的特征，能够通过装卸某些模块来达到系统所要求的功能。

（1）Vxworks

Vxworks操作系统是美国WindRiver公司于1983年设计开发的一种实时操作系统。Vxworks拥有良好的持续发展能力、高性能的内核和友好的用户开发环境，在实时操作系统领域内占有一席之地。它以其良好的可靠性和卓越的实时性被广泛地应用于通信、军事、航空、航天等高、精、尖技术及实时性要求极高的领域中。

（2）Windows CE

Microsoft的Windows CE是从整体上为有限资源的平台设计的多线程、完整优先权、多任务的操作系统。它的模块化设计允许对从掌上电脑到专业的工业控制器的用户电子设备进行制定。该操作系统的基本内核大小至少需要200 kB的ROM。

（3）**嵌入式**Linux

随着Linux的迅速发展，嵌入式Linux现在已经有许多版本，包括强实时的嵌入式Linux（如新墨西哥学院的RT-Linux和堪萨斯大学的KURT-Linux）和一般的嵌入式Linux

（如μCLinux和Pocket Linux）。其中，RT-Linux通过把通常的Linux任务优先级设为最低，而所有的实时任务的优先级不高于它，以达到兼容通常的Linux任务又保证实时性能的目的。另一种常用的嵌入式Linux是μCLinux，它是针对没有存储器管理单元MMU的处理器而设计的。它不能使用处理器的虚拟内存管理技术，对内存的访问是直接的，所有程序中访问的地址都是实际的物理地址。它专为嵌入式系统做了许多小型化的工作。

（4）μC/OS和μC/OS-Ⅱ

μC/OS-Ⅱ是由Jean J. Labrose于1992年编写的一个嵌入式多任务实时操作系统。最早这个系统叫作μC/OS，后来经过近10年的应用修改，在1999年，Jean J. Labrose提出了μC/OS-Ⅱ。

μC/OS-Ⅱ是一个可裁剪、源代码开放、机构小巧、可抢占时的实时多任务内核，是专为微控制器系统和软件开发而设计的，是控制器启动后首先执行的背景程序，并作为整个系统的框架贯穿系统运行的始终。它具有执行效率高、占用空间小、可移植性强、实时性能良好和可扩展性强等优点。采用μC/OS-Ⅱ实时操作系统可以有效地对任务进行调度；对各任务赋予不同的优先级，以便保证任务及时响应，而且采用实时操作系统，降低了程序的复杂度，方便程序的开发和维护。

2.5.1.4 应用软件

嵌入式系统的应用软件是针对特定的世纪专业领域的，基于相应的嵌入式硬件平台，并能完成用户预期任务的计算机软件。用户的任务可能有时间和精度的要求，因此，有些应用软件需要嵌入式操作系统的支持，但在简单的应用场合下，不需要专门的操作系统。应用软件是实现嵌入式操作系统功能的关键，对嵌入式系统软件和应用软件的要求也与通用计算机软件有所不同。其特点如下：

① 软件要求固化存储；

② 软件代码要求质量高、可靠性高；

③ 系统软件的高实时性是基本要求；

④ 多任务实时操作系统成为嵌入式应用软件的必需。

2.5.1.5 嵌入式系统的特点

嵌入式系统具有如下特点。

① 系统内核小。由于嵌入式系统一般应用于小型电子装置的，系统资源相对有限，所以内核较传统的操作系统要小得多。

② 专用性强。嵌入式系统的个性化很强，其中的软件系统和硬件系统的结合非常紧密，一般要针对硬件进行系统的移植，即使在同一品牌、同一系列的产品中，也需要根据系统硬件的变化和增减进行不断的修改。同时针对不同的任务，往往需要对系统进行较大的更改，程序的编译下载要和系统相结合。

③ 系统精简。嵌入式系统一般没有系统软件和应用软件的明显区分，不要求其功能设计及实现上过于复杂，这样，既利于控制系统成本，又利于实现系统安全。

④ 高实时性的系统软件（OS）是嵌入式软件的基本要求。而且软件要求固态存储，以提高速度；软件代码要求高质量和高可靠性。

⑤ 嵌入式软件开发要想走向标准化，就必须使用多任务的操作系统。嵌入式系统的应用程序可以没有操作系统直接在芯片上运行，但是为了合理地调度多任务，利用系统资源、系统函数，以及专家库函数接口，用户必须自行选配RTOS（real-time operating system）开发平台。这样，才能保证程序执行的实时性、可靠性，并减少开发时间，保证软件质量。

⑥ 嵌入式系统开发需要开发工具和环境。由于其本身不具备自行开发能力，即使设计完成后，用户通常也是不能对其中的程序功能进行修改的，必须有一套开发工具和环境才能进行开发，这些工具和环境一般是基于通用计算机上的软硬件设备，以及各种逻辑分析仪、混合信号示波器等。

2.5.2 典型的嵌入式微处理器

2.5.2.1 ARM

ARM（avanced RISSC machines）是微处理器行业的一家知名企业，设计和发明大量高性能、廉价、耗能低的RISC处理器、相关技术及软件。技术具有性能高、成本低和能耗省的特点。适用于多种领域，比如嵌入式控制、消费/教育类多媒体、DSP和移动式应用等。ARM处理器的三大特点是耗电少、功能强，16位/32位双指令集，以及合作伙伴众多。

ARM处理器分ARM7、ARM9、ARM9E、ARM10、SecurCore系列，其中，ARM7、ARM9、ARM9E和ARM10为4个通用处理器系列，每一个系列提供一套相对独特的性能来满足不同应用领域的需求。SecurCore系列是专门为安全要求较高的应用而设计的。

（1）ARM9系列微处理器 S3C2410

S3C2410处理器是Samsung公司基于ARM公司的ARM920T处理器核，采用0.18 μm制造工艺的32位微处理器。主要技术指标如下。

① 内部1.8 V，存储器3.3 V，外部I/O3.3 V，16 KB数据Cache，16 KB指令Cache，NMU。

② 内置外部存储器控制器（SDRAM控制和芯片选择逻辑）。

③ LCD控制器，1个LCD专业DMA。

④ 4个带外部请求线的DMA。

⑤ 3个通用异步串行端口（IrDA1.0、16-Byte Tx FIFO和16-Byte Rx FIFO），2通道SPI。

⑥ 1个多主I2C总线，1个I2S总线控制器。

⑦ SD主接口版本1.0和多媒体卡协议版本2.11兼容。

⑧ 2个USB HOST，1个USB DEVICE（VER1.1）。

⑨ 4个PWM定时器和1个内部定时器。

⑩ 看门狗定时器。

⑪ 117个通用I/O。

⑫ 56个中断源。

⑬ 24个外部中断。

⑭ 电源控制模式：标准、慢速、休眠、掉电。

⑮ 8通道10位ADC和触摸屏接口。

⑯ 带日历功能的实时钟。

⑰ 芯片内置PLL。

⑱ 设计用于手持设备和通用嵌入式系统。

⑲ 16/32位RISC体系解雇，使用ARM920T CPU核的强大指令集。

⑳ 带MMU的、先进的体系结构，支持WinCE、EPOC32、Linux。

（2）ARM Cortex-M3 LPC1700系列

LPC1700系列ARM是基于第二代ARM Cortex-M3内核的微控制器，是为嵌入式应用而设计的高性能，低功耗的32位微处理器，适用于仪器仪表、工业通信、电机控制、灯光控制、报警系统等领域。其操作频率高达120 MHz，采用3级流水线和哈佛结构，带独立的本地指令和数据总线，以及用于外设的低性能的第三条总线，使得代码执行速度高达1.25 MIPS/MHz，并包含1个支持随机跳转的内部预取指单元。LPC1700系列ARM增加了一个专用的Flash存储器加速模块，使得在Flash中运行代码能够达到较理想的性能。主要技术指标如下。

① 第二代Cortex-M3内核，运行速度高达120 MHz。

② 采用纯Thumb2指令集，代码存储密度高。

③ 内置嵌套向量中段控制器（NVIC），极大程度降低了中断延迟。

④ 不可屏蔽中断（NMI）输入。

⑤ 具有存储器保护单元，内嵌系统时钟。

⑥ 全新的中断唤醒控制器（WIC）。

⑦ 存储器保护单元（MPU）。

⑧ 96KB片内SRAM包括：64KB SRAM可供高性能CPU通过本地代码/数据总线访问；2个16KB SRAM模块带独立访问路径，可进行更高吞吐量的操作。这些SRAM模块可用于以太网、USB、DMA存储器，以及通用指令和数据存储。

⑨ 具有系统编程（ISP）和应用编程（IAP）功能的512 KB片上Flash程序存储器以及最大4 KB的片上EEPROM。

⑩ 第二个专用的PLL可用于USB接口，增加了主PLL设置的灵活性。

⑪ 以太网、USB HOST/OTG/Device、CAN、S快速（Fm+）C、SPI/SSP、UART。

⑫ 1个8通道12位的模数转换器（ADC）速度达到400 KB，支持DMA传输。1个10位数模转换器（DAC）支持DMA传输。

⑬ LCD控制器。同时支持STN和TFT显示屏；可选的显示分辨率（最大支持1024×768点阵）；最多支持24位真彩色模式。

⑭ SD卡接口。

⑮ 外扩存储控制器（EMC）支持SRAM、ROM、Flash和SDRAM器件。

⑯ 集成硬件CRC计算及校验模块。

⑰ 电机控制PWM输出和正交编码器接口。

⑱ 低功耗实时时钟（RTC）。

⑲ AHB多层矩阵上具有8通道的通用DMA控制器（GPDMA），结合SSP、S、UART、AD/DA转换、定时器匹配信号和GPIO使用，并可用于存储器到存储器的传输。

⑳ 4个低功率模式：睡眠、深度睡眠、掉电、深度掉电，可通过外部中断、RTC中断、USB活动中断、以太网唤醒中断、CAN总线活动中断、NMI等中断唤醒。

2.5.2.2 MIPS处理器

MIPS技术公司是一家设计制造高性能、高档次及嵌入式32位和64位处理器的厂商，在RISC处理器方面占有重要地位。

1999年，MIPS公司发布MIPS32和MIPS64架构标准，为未来MIPS处理器的开发奠定了基础。新的架构集成了所有原来NIPS指令集，并且增加了许多更强大的功能。MIPS公司陆续开发了高性能、低功耗的32位处理器内核MIPS324Kc与高性能64位处理器内核MIPS645Kc。2000年，MIPS公司发布了针对MIPS324Kc的版本和64位MIPS 64 20Kc处理器内核。

MIPS系统结构及设计理念比较先进，其指令系统经过通用处理器指令体系MIPS Ⅰ、MIPS Ⅱ、MIPS Ⅲ、MIPS Ⅳ到MIPS Ⅴ，嵌入式指令体系MIPS16、MIPS32到MIPS64的发展已经十分成熟。在设计理念上，MIPS强调软硬件协同提高性能，同时简化了硬件设计。

2.5.2.3 X86处理器

X86处理器是最常用的微处理器，它起源于Intel架构的8080，发展到Pentium、Athlon和AMD的64位处理器Hammer。486DX是当时和ARM、68K、MIPS、SuperH齐名的5大嵌入式处理器之一。现已开发出基于X86的STPC高度集成系统。

2.5.3 典型的微控制器

微控制器的产品型号很多，下面介绍国内常用的ATMEL公司的AT系列特性和应用。

（1）AT89S52单片机

AT89S52单片机是AT89S系列中的增强型产品，采用了ATMEL公司技术领先的Flash存储器，是一款低功耗、高性能，采用CMOS工艺制造的8位单片机。

AT89S52单片机的主要特性如下：

① 8位字长的CPU。

② 可在线ISP编程的8 KB片内Flash存储器。

③ 256 B的片内数据存储器。

④ 可编程的32根I/O口线（P0～P3）。

⑤ 4.0～5.5 V电压操作范围。

⑥ 3个可编程定时器。

⑦ 双数据指针DPTR0和DPTR1。

⑧ 具有8个中断源、6个中断矢量、2级优先权的中断系统。

⑨ 可在空闲和掉电两种低功耗方式运行。

⑩ 3级程序锁定位。

⑪ 全双工的UART串行端口。

⑫ 1个看门狗定时器WDT。

⑬ 具有断点标志位POF。

⑭ 振荡器和时钟电路的全静态工作频率为0~30 MHz。

⑮ 与MCS-51单片机产品完全兼容。

（2）ATmegal128单片机

ATmegal128单片机是高性能、低功耗的8位微处理器，采用先进的RISC结构，其主要特性如下：

① 64脚封装（48个I/O，16个特殊功能引脚）。

② 128 KB字节SIP Flash。

③ 4 KB字节SRAM。

④ 4 KB字节EEPROM。

⑤ 8通道10-bit ADC。

⑥ 带PWM功能的8/16-bit定时器/计数器。

⑦ 8个外部中断。

⑧ 32 kHz RTC振荡器。

⑨ SPI接口。

⑩ 全双工UART。

⑪ 外部存储器接口。

（3）MC9S12DG128单片机

MC9S12DG128单片机是飞思卡尔公司推出的S12系列微控制器中的一款增强型16位微控制器，其内核为CPU12高速处理器。拥有丰富的片内资源。主要特性如下：

① 128 KB的flash、8 KB的RAM、2 KB的EEPROM。

② 2个8路10位精度的A/D转换器。

③ 8路8位PWM通道，并可两两级联为16位精度PWM，

④ 2路SCI接口。

⑤ 2路SPI接口。

⑥ I2C接口。

⑦ CAN总线接口。

⑧ BDM调试。

⑨ 50 MHz系统频率（25 MHz总线频率）。

2.5.4 嵌入式系统的应用

嵌入式系统技术应用非常广泛，主要包括以下几方面：

（1）工业控制

基于嵌入式芯片的工业自动化设备将获得长足的发展，目前已有大量的8位、16位、

32位嵌入式微控制器在应用中。网络化是提高生产效率和产品质量、减少人力资源的主要途径，如工业过程控制、数字机床、电力系统、电网安全、电网设备监测、石油化工系统。就传统的工业控制产品而言，低端型采用的往往是8位单片机。随着技术的发展，32位、64位处理器将逐渐成为工业控制设备的核心，在未来几年内必将获得长足的发展。

（2）交通管理

在车辆导航、流量控制、信息监测与汽车服务方面，嵌入式系统技术已获得广泛的应用。内嵌GPS模块、GSM模块的移动定位终端已经在各种运输行业成功获得应用。目前GPS设备已经从尖端产品进入了普通百姓的家庭，只需要几千元就可以随时随地找到用户的位置。

（3）信息家电

这将称为嵌入式系统最大的应用领域。冰箱、空调等的网络化、智能化将引领人们的生活步入一个崭新的空间。即使用户不在家里，也可以通过电话线、网络进行远程控制。在这些设备中，嵌入式系统将大有用武之地。

（4）家庭智能管理系统

水、电、煤气表的远程自动抄表，安全防火、防盗系统，其中嵌有的专用控制芯片将代替传统的人工检查，并实现更高、更准确和更安全的性能。目前在服务领域，如远程点菜器等已经体现了嵌入式系统的优势。

（5）POS网络及电子商务

公共交通无接触智能卡（contactless smart card，CSC）发行系统、公共电话卡发行系统、自动售货机、各种智能ATM终端将全面走入人们的生活。届时，手持一卡就可以行遍天下。

（6）环境工程与自然

水文资料实时监测，防洪体系及水土质量监测、堤坝安全，地震监测网，实时气象信息网，水源和空气污染监测。在很多环境恶劣、地况复杂的地区，嵌入式系统将实现无人监测。

（7）国防与航天

嵌入式芯片的发展将使机器人在微型化、高智能方面优势更加明显，同时会大幅度降低机器人的价格，使其在国防与航天领域获得更广泛的应用。

思考题

2-1 什么是工业控制计算机？工业控制计算机有哪些特点？

2-2 工业控制计算机由哪几部分组成？各组成部分的主要作用是什么？

2-3 什么是工控机的内部总线和外部总线？

2-4 简述智能仪表的功能及应用范围。

2-5 简述嵌入式系统的功能及应用范围。

第3章　I/O接口与过程通道

【本章重点】

- 接口、接口技术、过程通道、量化等概念；
- 数字量输入输出通道的组成；
- 模拟量输入通道的组成；
- 模拟量输出通道的组成。

【课程思政】

芯片是信息产业的关键。如果将芯片产业比作"高楼"，那么指令系统就是"地基"。长期以来，我国信息产业主要依赖国外授权的指令系统，难以建设自主的信息技术体系和产业生态，还面临"卡脖子"风险。因此，指令系统自主化成为掌握信息技术产业主导权的重要环节。党和国家事业发展对高等教育的需要，对科学知识和优秀人才的需要，比以往任何时候都更为迫切。习近平总书记曾勉励广大青年要肩负历史使命、坚定前进信心，立大志、明大德、成大才、担大任，努力成为堪当民族复兴重任的时代新人，让青春在为祖国、为民族、为人民、为人类的不懈奋斗中绽放绚丽之花。

过程通道是在计算机和生产过程之间设置的信息传送与交换的连接通道，包括模拟量输入通道、模拟量输出通道、数字量（开关量）输入通道及数字量（开关量）输出通道。生产过程的各种参数通过模拟量输入通道或数字量输入通道送到计算机，计算机经过计算和处理后所得到的结果通过模拟量输出通道或数字量输出通道送到生产过程，从而实现对生产过程的控制。

在计算机控制系统中，工业控制计算机必须经过过程通道和生产过程相连，而过程通道中又包含I/O接口，因此，I/O接口和过程通道是计算机控制系统的重要组成部分。

3.1　数字量I/O通道

工业控制计算机用于生产过程的自动控制，需要处理一类最基本的输入输出信号，即数字量（开关量）信号，这些信号包括开关的闭合与断开、指示灯的亮与灭、继电器或接触器的吸合与释放、电机的启动与停止、阀门的打开与关闭等，这些信号的共同特征是信号只有导通或截止两种状态，需要经过一定的电路变换，将两种状态用二进制的逻辑"1"和"0"代表，计算机检测逻辑"1"和"0"，确定上述物理装置的状态，输出逻辑"1"和"0"，实现对上述物理装置的控制。在计算机控制系统中，二进制数码的每一位都可以代表生产过程的一种状态，这些状态是控制的依据。

3.1.1　数字量I/O接口技术

接口是计算机与外部设备交换信息的桥梁，它包括输入接口和输出接口。接口技术是研究计算机与外部设备之间如何交换信息的技术。外部设备的各种信息通过输入接口送到计算机，而计算机的各种信息通过输出接口送到外部设备。系统在运行过程中，信息的交换是频繁发生的。

（1）数字量输入接口

对生产过程进行控制，往往要收集生产过程的状态信息，根据状态信息，再给出控制量，因此，可用三态门缓冲器74LS244取得状态信息，如图3-1所示。经过端口地址译码，得到片选信号 $\overline{CS}$，当CPU执行IN指令时，产生 $\overline{IOR}$ 信号，使 $\overline{IOR}=\overline{CS}=0$，则74LS244直通，被测的状态信息可通过三态门送到计算机的数据总线，然后装入AL寄存器，设片选地址为PORT，可用如下指令来完成取数操作：

MOVDX，PORT；设置端口地址

IN　AL，DX；IOR = CS = 0

三态门缓冲器74LS244用来隔离输入和输出线路，在两者之间起缓冲作用。另外，74LS244有8个通道可同时输入8种开关状态。

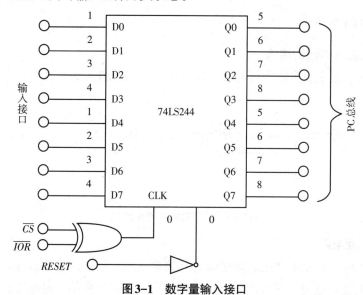

图3-1　数字量输入接口

（2）数字量输出接口

对生产过程进行控制时，一般需要保持控制状态，直到下次给出新值为止，这时输出就要锁存。可用锁存器74LS273作为8位输出口，对输出信号状态进行锁存，如图3-2所示。在计算机的I/O端口写总线周期时序关系中，总线数据DO～D7比 $\overline{IOW}$ 前沿（下降沿）稍晚，因此，在图3-2所示电路中，利用 $\overline{IOW}$ 的后沿产生的上升沿锁存数据。经过端口地址译码，得到片选信号 $\overline{CS}$，当在执行OUT指令周期时，产生 $\overline{IOW}$ 信号，使 $\overline{IOW}=\overline{CS}=0$，设片选端口地址为PORT，可利用以下指令完成数据的输出控制：

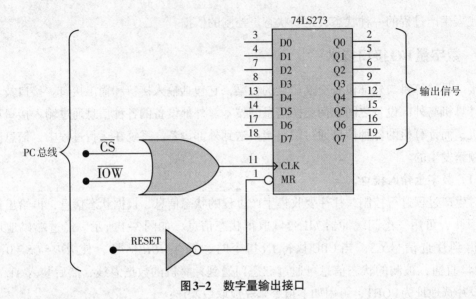

图3-2 数字量输出接口

MOV AL, DATA

MOV DX, PORT

OUT DX, AL

74LS273有8个通道，可输出8种开关状态，并可驱动8个输出装置。

3.1.2 数字量输入通道

3.1.2.1 数字量输入通道的结构

数字量输入通道主要由输入缓冲器、输入调理电路及输入地址译码器等组成，其结构如图3-3所示。

图3-3 数字量输入通道结构

3.1.2.2 输入调理电路

数字量输入通道的基本功能就是接收外部装置或生产过程的状态信号。这些状态信号的形式可能是电压、电流、开关的触点，因此，会引起瞬时高压、过电压、接触抖动等现象。为了将外部开关量信号输入到计算机，必须将现场输入的状态信号经转换、保护、滤波、隔离等措施，转换成计算机能够接收的逻辑信号，这些功能称为信号调理。

（1）**小功率输入调理电路**

小功率输入调理电路如图3-4所示。它将接点的接通和断开动作转换成TTL电平信号与计算机相连。为了清除由于接点的机械抖动而产生的振荡信号，一般都应加入有较长时间常数的积分电路来消除这种振荡。图3-4（a）所示为采用积分电路来消除开关抖动的方法。图3-4（b）所示为采用RS触发器消除开关抖动的方法。

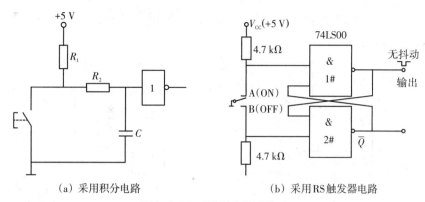

（a）采用积分电路　　　　　　（b）采用RS触发器电路

图3-4　小功率输入调理电路

（2）大功率输入调理电路

在大功率系统中，需要从电磁离合等大功率器件的接点输入信号。在这种情况下，为了使接点工作可靠，接点两端至少要加24V以上的直流电压。因为直流电压的响应快、不易产生干扰、电路又简单，因而被广泛地采用。但是这种电路所带电压高，所以高压与低压之间用光电耦合器进行隔离，如图3-5所示。电路中参数的选取要考虑光耦允许的电流，光耦两端的电源不能共地。开关导通时，74LS04输出为高电平，反之为低电平。

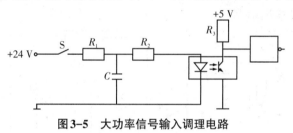

图3-5　大功率信号输入调理电路

3.1.3　数字量输出通道

3.1.3.1　数字量输出通道的结构

数字量输出通道主要由输出锁存器、输出驱动器及输出地址译码器等组成，如图3-6所示。

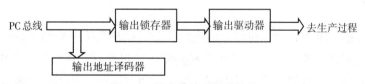

图3-6　数字量输出通道结构

3.1.3.2　输出驱动电路

（1）小功率直流驱动电路

① 采用功率晶体管输出驱动。电路如图3-7（a）所示。K为继电器的线圈。因负载呈感性，所以须加克服反电动势的续流二极管VD$_1$。

② 采用高压输出的门电路驱动。电路如图3-7（b）所示。74LS06为带高压输出的集电极开路六反相器，74LS07为带高压输出的集电极开路六同相器，最高电压为30 V，灌电流可达40 mA，常用于高压驱动场合。但需要注意，74LS06和74LS07都为集电极开路

器件，应用时，输出端要连接上拉电阻，否则无法输出高电平。图3-7（b）利用继电器的线圈电阻做上拉电阻。

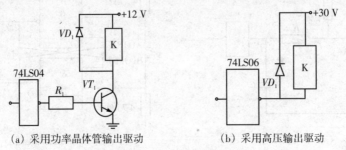

（a）采用功率晶体管输出驱动　　　　　（b）采用高压输出驱动

图3-7　继电器驱动电路

（2）大功率驱动电路

大功率驱动场合可以利用固态继电器（SSR）、IGBT、MOSFET实现。固态继电器是一种四端有源器件，根据输出的控制信号，分为直流固态继电器和交流固态继电器。图3-8所示为固态继电器的结构与使用方法。固态继电器的输入输出之间采用光电耦合器进行隔离。过零电路可使交流电压变化到零附近时，让电路接通，从而减少干扰。电路接通以后，由触发电路输出晶体管器件的触发信号。固态继电器在选用时，要注意输入电压范围、输出电压类型及输出功率。

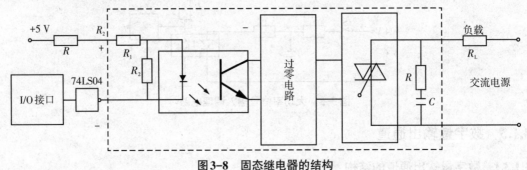

图3-8　固态继电器的结构

3.2　模拟量输入通道

在计算机控制系统中，模拟量输入通道的任务是把从系统中检测到的模拟信号变成二进制数字信号，经接口送往计算机。传感器是将生产过程工艺参数转换为电参数的装置，大多数传感器的输出是直流电压（或电流）信号，也有一些传感器把电阻值、电容值、电感值的变化作为输出量。为了避免低电平模拟信号传输带来麻烦，经常要将测量元件的输出信号经变送器（如温度变送器、压力变送器、流量变送器等）变送，将温度、压力、流量的电信号变成0~10 mA或4~20 mA的统一信号，然后经过模拟量输入通道来处理。

3.2.1　模拟量输入通道的组成

模拟量输入通道根据应用要求不同，可以有不同的结构形式。一般结构如图3-9所示。模拟量输入通道一般由信号调理电路、多路转换器、采样保持器、A/D转换器、接口及控制逻辑等组成。

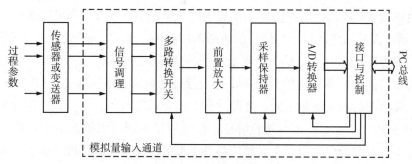

图3-9 模拟量输入通道的组成结构

过程参数由传感元件检测，经过信号调理或经变送器转换为电流（或电压）形式后，再送至多路开关；在计算机控制下，由多路开关将各个过程参数依次切换到后级，进行采样和A/D转换，实现过程参数的巡回检测。

3.2.2 信号调理

信号调理部分依据检测信号及受干扰情况的不同而不同，通常包括信号的放大、量程自动转换、电流/电压（I/V）转换、滤波、线性化、隔离等。

3.2.2.1 量程自动转换技术

在实际的测量显示系统中，有单参数测量和多参数测量，如图3-10所示。

图3-10（a）中，当传感器和显示器的分辨率一定，而仪表的测量范围很宽时，为了提高测量精度，系统应能自动转换量程。

图3-10（b）所示为多传感器测量系统，当各传感器的参数信号不一样时，由于传感器所提供的信号变化范围很宽（从微伏到伏），后续放大器的选择可以是一个传感器配一个放大器，显然，增加了系统成本。实际系统一般如图3-10（b）所示，多个传感器共用一个放大器，这就涉及放大器放大倍数的选择问题。

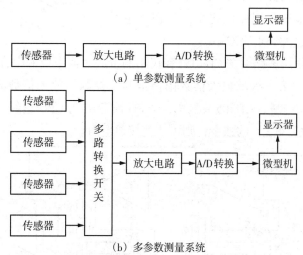

（a）单参数测量系统

（b）多参数测量系统

图3-10 实际测量系统

放大倍数的确定要考虑以下两个方面：经放大器放大后的输出电压要满足A/D转换器

的输入电压范围的要求；按照所有传感器中最大电压范围选择放大倍数。如A/D转换器的输入电压范围为0～5V，而所有传感器中最大电压范围为0～1V，则可以选择放大器的放大倍数为5倍。按照如此选择，小信号的传感器，如0～100mV，经放大后，送入A/D转换器的电压范围为0～0.5mV，显然，会降低信号的分辨率。

要使每个传感器具有同样的分辨率，必须保证送到A/D转换器的信号一致（0～5V），只有使每个传感器的放大倍数不同，才能达到上述要求，所以，需要提供各种量程的放大器。在模拟系统中，为了放大不同的信号，往往使用不同放大倍数的放大器，但结构复杂。而在电动单位组合仪表中，常常使用各种类型的变送器，如温度变送器、差压变送器及位移变送器等。但是，这种变送器的造价比较昂贵，系统也比较复杂。

随着计算机的应用，为了减少硬件设备，可以使用可编程增益放大器（programmable gain amplifier，PGA）。它是一种通用性很强的放大器，其放大倍数可根据需要用程序进行控制。采用这种放大器，可通过程序调节放大倍数，使A/D转换器满量程信号达到均一化，大大提高了测量精度。所谓量程自动转换，就是根据需要对所处理的信号利用可编程增益放大器进行放大倍数的自动调整，以满足后续电路和系统的要求。

可编程增益放大器有组合PGA和集成PGA两种。

（1）组合PGA

组合PGA一般由运算放大器、仪器放大器或隔离型放大器再加上一些其他附加电路组合而成。其原理是通过程序调整多路转换开关接通的反馈电阻的数值，从而调整放大器的放大倍数。

常用的仪用测量放大器电路如图3-11所示，采用两级放大电路，第一级采用同向并联差动放大器，第二级加入了一级基本差动放大器，从而构成仪用测量放大器。该电路的最大优点是输入阻抗高，共模抑制能力强，增益调节方便，并由于结构对称，失调电压和温度漂移小，故在传感器微弱信号放大系统中得到广泛应用。

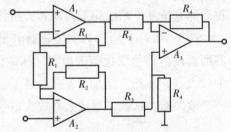

图3-11 仪用测量放大器电路

图3-12所示为采用多路开关CD4052和仪用测量放大器组成的组合型可编程增益运算放大器。组合PGA的第一级的放大倍数由模拟开关控制。放大倍数的大小由CD4052的X、Y共8个传输门控制，CD4052通过一个8D锁存器与CPU总线相连，改变输入到CD4052选择输入端C、B、A的数字，则可改变接通电阻。

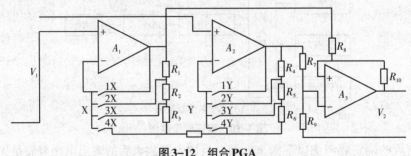

图3-12 组合PGA

（2）集成PGA

专门设计的可编程增益放大器电路即为集成PGA。集成PGA电路的种类很多，如美国微芯（Microchip）公司生产的MCP6S21、MCP6S22、MCP6S26、MCP6S28系列，美国模拟器件公司（Analog Devices）生产的AD8321等，都属于可编程增益放大器。下面以MCP6S系列PGA为例，说明这种电路的原理及应用，其他与此类似。

MCP6S系列是一种单端、可级联、增益可编程放大器，MCP6S21、MCP6S22、MCP6S26、MCP6S28分别为1路、2路、6路、8路可编程放大器，其主要特点如下：

- 8种可编程增益选择：+1，+2，+4，+5，+8，+10，+16或+32；
- SPI串行编程接口；
- 级联输入和输出；
- 低增益误差，最大±1%；
- 低漂移，最大±275/xV；
- 高带宽频率，典型值为2～12 MHz；
- 低噪声，典型值为10 nV/rtHz@10 kHz；
- 低电源电流，典型值为1 mA；
- 单电源供电，2.5～5.5 V。

① 引脚排列及功能。

MCP6S系列的引脚排列及每种型号的封装形式如图3-13所示。

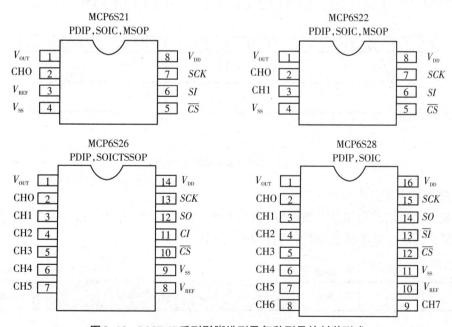

图3-13 MCP6S系列引脚排列及每种型号的封装形式

② SPI编程时序。

MCP6S系列为SPI串行编程接口，在下降沿启动编程，每个$\overline{SI}$（双字节）的第一个字节为指令字节，该指令字节进入指令寄存器，指令寄存器内容指出$\overline{SI}$中第二个字节进入的寄存器。MCP6S系列可以在SPI 0,0模式和SPI 1,1模式下工作，其操作时序如图3-14所示。0,0模式时钟信号（CLK）空闲状态为低电平，1,1模式时钟信号空闲状态为高电平。在两种模式中，在 CLK 的上升沿 $\overline{SI}$ 中数据写入PGA， CLK 的下降沿PGA中数据从 SO 输出。在 $\overline{SI}$ 下降沿期间， CLK 脉冲的个数必须是16的倍数，否则命令无效。

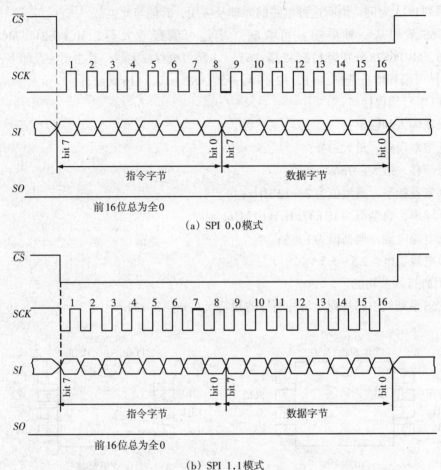

图3-14　MCP6S系列的引脚说明

③ 可编程增益操作。

可编程调整增益操作可以通过SPI编程实现，涉及3个寄存器：指令寄存器、增益选择寄存器及通道选择寄存器。指令寄存器格式如图3-15所示。

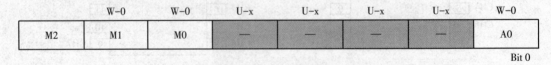

图3-15　指令寄存器格式

其中，M2～M0为命令位，M2～M0 = 010时，写寄存器；A0为地址指示位，A0 = 1为通道选择寄存器，A0 = 0为增益选择寄存器（默认）。

增益选择寄存器格式如图3-16所示。DO可以编程在+1和+32之间进行选择。

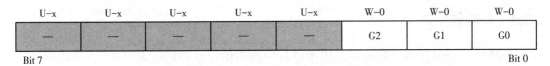

U-x	U-x	U-x	U-x	U-x	W-0	W-0	W-0
—	—	—	—	—	G2	G1	G0

Bit 7   Bit 0

图 3-16 增益选择寄存器格式

其中，G2～G0 为增益选择位，G2～G0 = 000 时，增益为+1（默认）；G2～G0 = 001 时，增益为+2；G2～G0 = 010 时，增益为+4；G2～G0 = 011 时，增益为+5；G2～G0 = 100 时，增益为+8；G2～G0 = 101 时，增益为+10；G2～G0 = 110 时，增益为+16；G2～G0 = 111 时，增益为+32。

通道选择寄存器格式如图 3-17 所示。当指令寄存器被编程为通道选择寄存器时，MCP6S22、MCP6S26 和 MCP6S28 可以改变通道。

U-x	U-x	U-x	U-x	U-x	W-0	W-0	W-0
—	—	—	—	—	C2	C1	C0

Bit 7   Bit 0

图 3-17 通道选择寄存器格式

利用可编程增益放大器，可以进行量程自动转换。特别是当被测参数动态范围比较宽时，使用 PGA 的优越性更为显著。例如，在数字示波器中，其输入信号的范围从几微伏到几十伏；在数字电压表中，其测量动态范围也可从几微伏到几百伏。对于这样大的动态范围，要想提高测量精度，必须进行量程转换。以前多采用手动进行选择，如示波器设有 10 倍衰减挡，万用表可以手动选择不同挡位等。现在，在智能化数字电压表中，采用可编程增益放大器和计算机，可以很容易地实现量程自动转换。

3.2.2.2 I/V 变换

变送器输出的信号为 0～10 mA 或 4～20 mA 的统一信号，电流信号经过长距离传输到计算机接口电路，需要经过 I/V 变换成电压信号后，才能进行 A/D 转换，进而被计算机处理。转换电路是将电流信号成比例地转换成电压信号。常用 I/V 变换的实现方法有无源 I/V 变换和有源 I/V 变换。

（1）**无源 I/V 变换**

无源 I/V 变换主要利用无源器件电阻来实现，并加上滤波和输出限幅等保护措施，如图 3-18 所示。

（2）**有源 I/V 变换**

有源 I/V 变换主要由有源器件运算放大器、电阻组成，如图 3-19 所示。

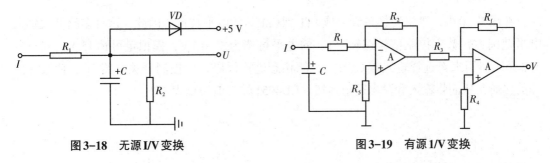

图 3-18 无源 I/V 变换   图 3-19 有源 I/V 变换

3.2.3 多路转换器

多路转换器又称多路开关，是用来进行模拟电压信号切换的关键元件。利用多路开关，可将各个输入信号依次地或随机地连接到公用放大器或A/D转换器上。为了提高过程参数的测量精度，对多路开关提出了较高的要求。理想的多路开关的开路电阻为无穷大，接通时的接通电阻为零，此外，还希望切换速度快、噪声小、寿命长、工作可靠。这类器件中有的只能做一种用途，称为单向多路开关，如AD7501；有的则既能做多路开关，又能做多路分配器，称为双向多路开关，如CD4051。从输入信号的连接来划分，有的是单端输入，如CD4051是单端8通道多路开关；有的则允许双端输入（或差动输入），如CD4052是双4通道多路开关等。

CD4051带有3个通道选择输入端A、B、C和一个禁止输入端INH。A、B、C端子的信号用来选择8个通道之一被接通。当INH = "1"，即INH = V_{DD}时，所有通道均断开，禁止模拟量输入；当INH = "0"，即INH = V_{SS}时，通道接通，允许模拟量输入。输入信号 V_i 范围是 $V_{DD} \sim V_{SS}$。所以，用户可以根据自己输入信号范围和数字控制信号的逻辑电平来选择 V_{DD}、V_{SS} 的电压值。该类芯片 $V_{DD} \sim V_{SS}$ 允许使用的电压范围是 $-0.5 \sim +15$ V。CD4051的原理电路图如图3-20所示。

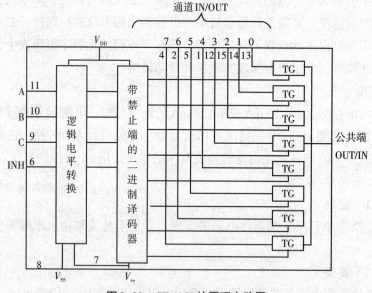

图3-20　CD4051的原理电路图

在图3-20中，逻辑转换单元完成TTL到CMOS的电平转换。因此，这种多路开关输入电平范围大，数字控制信号逻辑"1"的电平可选为3～15 V，模拟量可达15 V。二进制3-8译码器用来对选择输入端C、B、A的状态进行译码，以控制开关电路TG，使某一路开关接通，从而将输入和输出通道连接。CD4051的真值表见表3-1。

表3-1　　　　　　　　　　　　　　　　CD4051的真值表

地址输入				Sn接通	地址输入				Sn接通
$\overline{\text{INH}}$	C	B	A		$\overline{\text{INH}}$	C	B	A	
1	×	×	×	禁止	0	1	0	0	S_4
0	0	0	0	S_0	0	1	0	1	S_5
0	0	0	1	S_1	0	1	1	0	S_6
0	0	1	0	S_2	0	1	1	1	S_7
0	0	1	1	S_3					

3.2.4　信号的采样和量化

利用计算机组成控制系统，必须解决模拟信号和数字信号之间的转换问题。计算机内参与算术运算和逻辑运算的信息是二进制的数字信号，因此，模拟信号需要经过A/D转换器，变成计算机内通用的数字信号。

（1）采样

所谓采样过程（简称采样），是用采样开关（或采样单元）将模拟信号按照一定的时间间隔抽样成离散模拟信号的过程，如图3-21所示。

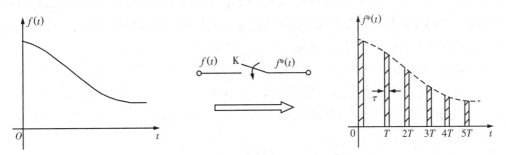

图3-21　信号的采样过程

如图3-21所示，按一定的时间间隔T，把时间上连续和幅值上也连续的模拟信号，转变成在时刻0、T、$2T$、$\cdots$、kT的一连串脉冲输出信号的过程称为采样过程。执行采样动作的开关K称为采样开关或采样器。τ称为采样宽度，代表采样开关闭合的时间。采样后的脉冲序列$f^*(t)$称为采样信号，采样器的输入信号$f(t)$称为原始信号，采样开关每次通断的时间间隔T称为采样周期。采样信号$f(t)$在时间上是离散的，但在幅值上仍是连续的，所以采样信号是一个离散的模拟信号。

从信号的采样过程可知，经过采样，不是取全部时间上的信号值，而是取某些时间上的值。这样处理后会不会造成信号的丢失呢？香农（Shannon）采样定理指出：如果模拟信号（包括噪声干扰在内）频谱的最高频率为f_{max}，只要按照采样频率$f \geq 2f_{max}$进行采样，那么采样信号$f^*(t)$就能唯一复现$f(t)$。采样定理给出了$f^*(t)$唯一地复现$f(t)$所必需的最低采样频率。实际应用中，常取$f = (5 \sim 10)f_{max}$甚至更高。

（2）量化

因采样后得到的离散模拟信号本质上还是模拟信号，未数字化，所以采样信号不能直接送入计算机。采样信号经整量化后，成为数字信号的过程称为量化。

量化过程就是用一组数码（如二进制码）来逼近离散模拟信号的幅值，将其转换成数字信号，执行量化动作的装置是A/D转换器。字长为n的A/D转换器把$y_{min} \sim y_{max}$范围内变化的采样信号，变换为数字0，其最低有效位（LSB）所对应的模拟量q称为量化单位，其表达式为

$$q = \frac{y_{max} - y_{min}}{2^n - 1}$$

量化过程实际上是一个用q去度量采样值幅值高低的小数归整过程，如同人们用单位长度（米或其他）去度量人的身高一样。由于量化过程是一个小数归整过程，因而存在量化误差，量化误差为$\pm q/2$。例如，$q = 20$ mV，量化误差为± 10 mV，$0.990 \sim 1.009$ V范围内的采样值，其量化结果相同，都是数字50。

当A/D转换器的字长n足够长时，量化误差足够小，可以认为数字信号近似采样信号。在这种假设下，数字系统便可沿用采样理论分析、设计。

3.2.5 采样保持器

在A/D转换期间，如果输入信号变化较大，就会引起误差。所以，在一般情况下，采样信号都不直接送至A/D转换器转换，要求输入到A/D转换器的模拟量在整个转换过程中保持不变，但转换之后，又要求A/D转换器的输入信号能够跟随模拟量变化，能够完成上述任务的器件叫作采样保持器（sample/hold），简称S/H。

采样保持器有两种工作方式：一种是采样方式；另一种是保持方式。在采样方式中，采样保持器的输出跟随模拟量输入电压变化。在保持状态时，采样保持器的输出将保持命令发出时刻的模拟量输入值，直到保持命令被撤销（即再次接到采样命令时）为止。

采样保持器的主要作用如下：

① 保持采样信号不变，以便完成A/D转换。

② 同时采样几个模拟量，以便进行数据处理和测量。

③ 减少D/A转换器的输出毛刺，从而消除输出电压的峰值及缩短稳定输出值的建立时间。

④ 把一个D/A转换器的输出分配到几个输出点，以保证输出的稳定性。

常用的集成采样保持器有LF198/298/398、AD582/585/346/389等。LF198/298/398原理结构及引脚说明如图3-22所示。采用TTL逻辑电平控制采样和保持。LF398的逻辑控制端电平为"1"时采样，电平为"0"时保持，AD582相反。偏置输入端用于零位调整。保持电容CH通常外接，其取值与采样频率和精度有关，常选510 $\sim$ 1000 pF。减小CH可提高采样频率，但会降低精度。一般选用聚苯乙烯、聚四氟乙烯等高质量电容器作为CH。

LF198/298/398引脚功能如下：

① V_{IN}为模拟电压输入。

② V_{OUT}为模拟电压输出。

③ 逻辑及逻辑参考电平用来控制采样保持器的工作方式。当引脚8为高电平时，通过控制逻辑电路使开关K闭合，电路工作在采样状态。反之，当引脚8为低电平时，则开关K断开，电路进入保持状态。它可以接成差动形式（对LF198），也可以将逻辑参考电平直接接地，然后，在引脚8端用一个逻辑电平控制。

④ 偏置为偏差调整引脚，可用外接电阻调整采样保持的偏差。

⑤ CH为保持电容引脚，用来连接外部保持电容。

⑥ V+，V−为采样保持电路电源引脚。电源变化范围为±5 ~ ±10 V。

当被测信号变化缓慢时，若A/D转换器转换时间足够短，可以不加采样保持器。

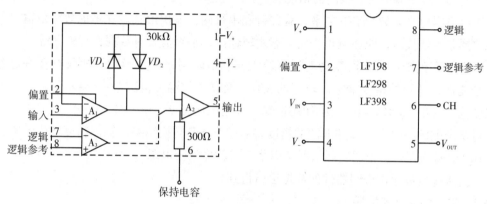

图3-22 LF198/298/398的原理图及引脚排列

3.2.6 A/D转换器

A/D转换器是将模拟电压或电流转换成数字量的器件或装置，是模拟输入通道的核心部件。A/D转换方法有逐次逼近式、双积分式、并行比较式、二进制斜坡式和量化反馈式等。常用的逐次逼近式A/D转换器有8位分辨率的ADC0801、ADC0809等，12位分辨率的AD574A等；常用的双积分式A/D转换器有3位半（相当于二进制11位分辨率）的MC14433、4位半（相当于二进制14位分辨率）的ICL7135等。

3.2.6.1 A/D转换器的主要指标

电压输出A/D转换器的输入/输出的一般表达式为

$$D = (2^n - 1)\frac{V}{V_{REF}}$$

D为数字量输出，V为输入电压，V_{REF}为参考电压。当V_{REF}确定时，其输入与输出为线性关系。

A/D转换器的主要技术指标有转换时间、分辨率、线性误差、量程、对基准电源的要求等，应根据这些指标正确选用A/D转换器。

转换时间指完成一次模拟量到数字量转换所需要的时间。分辨率表示A/D转换器对模拟信号的反应能力，分辨率越高，表示对输入模拟信号的反应越灵敏。分辨率通常用数字量的位数n（字长）来表示，如8位、12位、16位等。分辨率为8位表示A/D转换器可以对满量程的$1/(2^8-1) = 1/255$的增量作出反应。

量程，即所能转换的电压范围，如-5~+5 V，0~+10 V等。精度有绝对精度和相对精度两种表示方法。绝对精度常用数字量的位数表示，如精度为最低位的±1/2位，即±1/2LSB。绝对精度可以转换成电压表示。设A/D量程为U，位数为n，用位数表示的精度为p，则其用输入电压表示的精度为$\dfrac{U}{2^n-1}p$。

应注意精度与分辨率的区别。精度是转换后所得结果相对于实际值的准确度，而分辨率指的是能对转换结果发生影响的最小输入量。如满量程为10 V时，其分辨率为$10/(2^{10}-1) = 10/1023 = 9.77$ mV。但是，即使分辨率很高，也可能由于温度漂移、线性度差等原因使A/D转换器不具有很高的精度。

输出逻辑电平多数为TTL电平，有并行和串行两种输出形式。在考虑数字量输出与计算机数据总线连接时，应注意是否用三态逻辑输出，是否需要对数据进行锁存等。

工作温度范围：由于温度会对运算放大器和电阻网络产生影响，故只有在一定范围内，才能保证额定的精度指标。较好的A/D转换器工作温度范围为-40~85℃，差些的工作温度范围为0~70℃。根据实际使用情况，选用工作温度范围。

对基准电源的要求：基准电源的精度将对整个A/D转换结果的输出精度产生影响，所以选择A/D转换器时，根据实际情况考虑是否需要加精密电源。

上述指标可以通过查阅器件的数据手册得到。

3.2.6.2　常用的A/D转换器

（1）8位A/D转换器ADC0809

ADC0809是美国国家半导体公司生产的带有8通道模拟开关的8位逐次逼近式A/D转换器，采用28脚双列直插式封装。

① ADC0809的技术指标。

- 线性误差为±1LSB；
- 转换时间为100 μs；
- 单一+5 V电源供电；
- 功耗15 mW；
- 输出具有TTL三态锁存缓冲器；
- 模拟量输入范围为0~+5 V；
- 转换速度取决于芯片的时钟频率；
- 时钟频率范围：10~1280 kHz。当Clock等于500 kHz时，转换速度为128 μs。

② C、B、A与通道关系。

通道选择信号C、B、A与所选通道之间的关系如表3-2所列。

表3-2　　　　　　　　　　C，B，A与通道关系表

C	B	A	所选通道
0	0	0	V_{IN0}
0	0	1	V_{IN1}
0	1	0	V_{IN2}

续表3-2

C	B	A	所选通道
0	1	1	V_{IN3}
1	0	0	V_{IN4}
1	0	1	V_{IN5}
1	1	0	V_{IN6}
1	1	1	V_{IN7}

③ ADC0809的外引脚及功能。ADC0809的引脚排列如图3-23所示，其主要引脚的功能如下：

- IN0~IN7：8个模拟输入端。
- START：启动A/D转换器，START高电平的上升沿，开始A/D转换。
- EOC（end of converter）：转换结束信号。

ADC0809

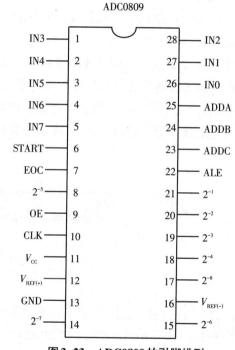

图3-23 ADC0809的引脚排列

当A/D转换结束之后，发出一个正脉冲，表示A/D转换结束。此信号可作为A/D转换是否结束的检测信号或中断信号。

- OE（output enable）：输出允许信号，高电平有效。此信号被选中时，允许从A/D转换器锁存器中读取数字量。
- CLK：时钟信号。
- ALE：地址锁存允许，高电平有效。当ALE为高电平时，允许C，B，A所示的通道被选中，并将该通道的模拟量接入A/D转换器。
- ADD_A，ADD_B，ADD_C：通道号端子，C为最高位，A为最低位。通过C，B，A

的不同的逻辑选择即可选择接入的通道。

- $2^{-1} \sim 2^{-8}$：8位数字量输出引脚。2^{-1}为最高有效位D7，2^{-8}为最低有效位D0。
- $V_{REF}(+)$、$V_{REF}(-)$：参考电压端子，用来提供D/A转换器权电阻的基准电平。
- V_{CC}：电源端子，接+5 V。
- GND：接地端。

（2）12位A/D转换器AD574A

AD574A是AD公司生产的12位逐次逼近型A/D转换器。

① AD574A的技术指标。

- 分辨率为12位；
- 转换时间15～35 μs；
- 内部集成有转换时钟、参考电压源和三态输出锁存器，可以和计算机直接接口；
- 数字量输出位数可设定为8位，也可设定为12位；
- 输入模拟电压既可以单极性也可以双极性；
- 单极性输入时，0～±10 V或0～±20 V；双极性输入时，±5～±10 V。

② AD574A的内部结构。

AD574A的内部结构图如图3-24所示。AD574A由模拟芯片和数字芯片两部分组成。其中模拟芯片由高性能的12位D/A转换器AD574A和参考电压组成。AD565包括高速电流输出开关电路、激光切割的膜片式电阻网络，故其精度高，可达+1/4LSB。数字芯片由逐次逼近寄存器（SAR）转换控制逻辑、时钟、总线接口和高性能的锁存器、比较器组成。

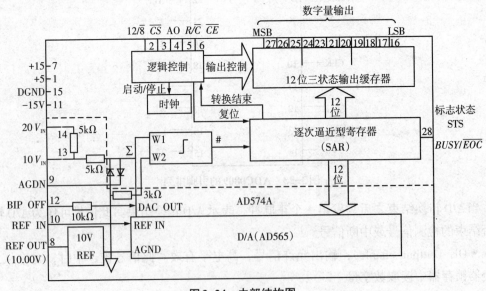

图3-24　内部结构图

③ AD574A引脚功能说明。28引脚双列直插式封装的AD574A的引脚功能如图3-25所示，其主要引脚的功能如下：

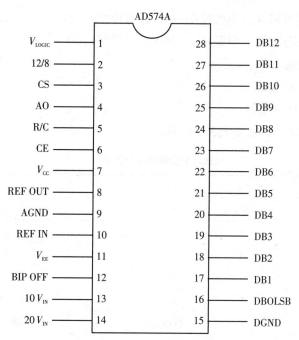

图3-25 AD574A的内部结构图

- DB0～DB11：12位数据输出，分为3组，均带三态输出缓冲器。
- V_{LOGIC}：逻辑电源+5 V（4.5～5.5 V）。
- V_{CC}：正电源+15 V。
- V_{EE}：负电源-15 V。
- AGND，DGND：模拟地、数字地。
- CE：使能信号，高电平有效。CE，$\overline{CS}$必须同时有效，AD574A才工作，否则处于禁止状态。
- $\overline{CS}$：片选信号。
- $R/\overline{C}$：读/转信号。
- AO：转换和读字节选择信号。AO引脚有两个作用：一是选择字节长度；二是与8位总线兼容时，用来选择读出字节。在转换之前，若AO=1，AD574A按照8位A/D转换，转换完成时间为10 μs；若AO=0，则按照12位A/D转换，转换时间为25 μs，与$12/\overline{8}$的状态无关。在读周期中，AO=0，高8位数据有效；AO=1，则低4位数据有效。注意：如果$12/\overline{8}=1$，则AO的状态不起作用。
- $12/\overline{8}$：数据格式选择端。当$12/\overline{8}=1$时，双字节输出，即12位数据同时有效输出，可用于12位或16位计算机系统。若$12/\overline{8}=0$，为单字节输出，可与8位总线接口。$12/\overline{8}$与AO配合，使数据分两次输出。AO=0时，高8位数据有效；AO=1，则输出低4位数据加4位附加0（××××0000），即当两次读出12位数据时，应遵循左对齐原则。$12/\overline{8}$引脚不能由TTL电平来控制，必须直接接至+5 V或数字地。此引脚只作数字量输出格式的选择，对转换操作不起作用。
- STS：转换状态信号。转换开始STS=1，转换结束STS=0。

- $10V_{IN}$：模拟信号输入。单极性 0 ~ 10 V，双极性 ±5 V。
- $20V_{IN}$：模拟信号输入。单极性 0 ~ 20 V，双极性 ±10 V。
- REFIN：参考输入。
- REFOUT：参考输出。
- BIP OFF：双极性偏置。

AD574A 的控制信号状态如表 3-3 所列。

表 3-3　　　　　　　　　　　　**AD574A 控制信号状态表**

CE	$\overline{CS}$	$R/\overline{C}$	$12/\overline{8}$	A0	操作
0	×	×	×	×	禁止
×	1	×	×	×	禁止
1	0	0	×	0	启动 12 位转换
1	0	0	×	1	启动 8 位转换
1	0	1	+5 V	×	一次读取 12 位输出数据
1	0	1	接地	0	输出高 8 位输出数据
1	0	1	接地	1	输出低 4 位输出数据尾随 4 个 0

3.2.7　A/D 转换器接口设计

对 A/D 转换器应用接口，主要进行两方面的设计：硬件连接设计和软件程序设计。硬件设计主要包括模拟量输入信号的连接、数字量输出引脚的连接、参考电平的连接及控制信号的连接。有时，为编程简单并节省控制口线，可以把某些控制信号直接接地或 +5 V。软件设计主要包括控制信号的编程，如启动信号、转换结束信号和转换结果的读出。

3.2.7.1　硬件设计

（1）模拟量输入信号的连接

模拟量输入信号范围一定要在 A/D 转换器的量程范围内。一般 A/D 转换器所要求接收的模拟量都为 0 ~ 5 V 的标准电压信号，但有些 A/D 转换器的输入除单极性外，也可以是双极性，用户可通过改变外接线路来改变量程。有的 A/D 转换器还可以直接接入传感器的信号，如 AD670 等。

另外，在模拟量输入通道中，除了单通道输入外，还有多通道输入方式。多通道输入可采用两种方法：一种是采用单通道 A/D 芯片，如 AD7574 和 AD574A 等，在模拟量输入端加接多路开关，有些还要加入采样保持器；另一种方法是采用带有多路开关的 A/D 转换器，如 AD0808 和 AD7581 等。

（2）数字量输出引脚的连接

A/D 转换器数字量输出引脚和 PC 总线的连接方法与其内部结构有关。对于内部不含输出锁存器的 A/D 转换器来说，一般通过锁存器或 I/O 接口与计算机相连，常用的接口及锁存器有 Intel8155、8255、8243 和 74LS273、74LS373、8282 等。当 A/D 转换器内部含有数据输出锁存器时，可直接与 PC 总线相连。有时，为了增加控制功能，也采用 I/O 接口连接。另外，还要考虑数字量输出的位数和 PC 总线的数据位数，如 12 位的 AD574 与 8 位 PC 总线连接时，要分两次读入数据，硬件连接要考虑数据的锁存。

（3）**参考电平的连接**

在 A/D 转换器中，参考电平的作用是供给其内部 A/D 转换器的基准电源，直接关系到 A/D 转换的精度，所以对基准电源的要求比较高，一般要求由稳压电源供电。不同的 A/D 转换器的参考电源的提供方法也不一样。有的采用外部电源供给，如 AD7574、ADC0809 等。对于精度要求比较高的 12 位 A/D 转换器，一般在 A/D 转换器内部设置有精密参考电源，如 AD574A 等，不需采用外部电源。

（4）**时钟的选择**

时钟信号是 A/D 转换器的一个重要控制信号，时钟频率是决定芯片转换速度的基准。整个 A/D 转换过程都是在时钟作用下完成的。A/D 转换时钟的提供方法也有两种：一种是由芯片内部提供；一种是由外部时钟提供。外部时钟提供的方法，可以用单独的振荡器，更多的则是通过系统时钟分频后，送至 A/D 转换器的时钟端子。

若 A/D 转换器内部设有时钟振荡器，一般不需任何附加电路，如 AD574A；也有的需外接电阻和电容，如 MC14433；也有些转换器使用内部时钟或外部时钟均可，如 ADC80。

（5）**A/D 转换器的启动方式**

任何一个 A/D 转换器在开始转换前，都必须加一个启动信号，才能开始工作。芯片不同，要求的启动方式也不同，一般分为脉冲启动和电平启动两种。

脉冲启动型芯片，只要在启动转换输入引脚加一个启动脉冲即可，如 ADC0809、ADC80 和 AD574A 等均属于脉冲启动转换芯片。

所谓电平启动转换就是在 A/D 转换器的启动引脚上加上要求的电平，一旦加上电平，A/D 转换即刻开始，而且在转换过程中，必须保持这一电平，否则将停止转换。因此，在这种启动方式下，启动电平必须通过锁存器保持一段时间，一般可采用 D 触发器、锁存器或并行 I/O 接口等来实现。AD570、571、572 等都属于电平控制转换电路。

（6）**转换结束信号的处理**

给 A/D 转换器发出一个启动信号后，A/D 转换器便开始转换，必须经过一段时间以后，A/D 转换才能结束。当转换结束时，A/D 转换器芯片内部的转换结束触发器置位，同时输出一个转换结束标志信号，表示 A/D 转换已经完成，可以进行读数操作。转换结束信号的硬件连接有 3 种方式。

① 中断方式。将转换结束标志信号接到计算机系统的中断申请引脚或允许中断的 I/O 接口的相应引脚上。

② 查询方式。把转换结束信号经三态门送到 PC 数据总线或 I/O 接口的某一位上。

③ 转换信号悬空。该引脚与其他引脚之间无电气连接。

3.2.7.2 软件设计

一次 A/D 转换过程的软件设计包括启动 A/D 转换，中断、查询或延时等待转换时间后根据数据输出格式读出转换结果。硬件是软件的基础，硬件的连接方式确定软件如何编程。所以，编写软件时，一定要先了解硬件的管脚控制形式、实现原理，如启动信号、A/D转换结束信号的连接方式等。

（1）**启动A/D转换**

根据A/D的启动信号和硬件连接电路对启动管脚进行控制。脉冲启动往往用写信号及地址译码器的输出信号经过一定的逻辑电路进行控制。电平启动对相应的管脚清0或置1。

（2）**转换结果的读出**

根据硬件连接，转换结果的读出有3种方式：中断方式、查询方式、软件延时方式。

① 中断方式。当转换结束时，即提出中断申请，计算机响应后，在中断服务程序中读取数据。这种方法使A/D转换器与计算机的工作同时进行，因而节省机时，常用于实时性要求比较强或多参数的数据采集系统。

② 查询方式。计算机向A/D转换器发出启动信号后，便开始查询A/D转换是否结束，一旦查询到A/D转换结束，则读出结果数据，这种方法的程序设计比较简单，且实时性也比较强，是应用最多的一种方法。

③ 软件延时方式。计算机启动A/D转换后，根据芯片的转换时间，调用一段软件延时程序，通常延时时间略大于A/D转换时间，延时程序执行完以后，A/D转换应该已经完成，即可读出结果数据。这种方法不必增加硬件连线，但占用CPU的机时较多，多用在CPU处理任务较少的系统中。

3.2.8　A/D转换器与PC接口

3.2.8.1　ADC0809与PC总线工业控制机接口

由于ADC0809带有三态输出缓冲器，所以其数字输出线可与系统数据总线直接相连，如图3-26所示。总线系统的地址线通过译码器输出端作为ADC0809的片选信号。$\overline{IOW}$ 和地址译码器输出信号的组合作为启动信号START和地址锁存信号ALE。$\overline{IOR}$ 和地址译码器输出信号的组合作为输出允许信号 OE。通道地址线ADD_A、ADD_B、ADD_C分别接到地址总线的低3位 $A_0 \sim A_2$ 上。

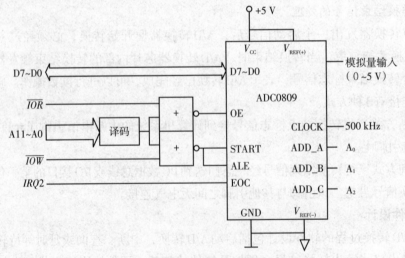

图3-26　ADC0809与PC总线的连接

一次A/D转换操作分为以下两步进行。

（1）启动ADC0809，并锁存通道地址

当计算机向ADC0809执行一条输出指令时，如OUT 220H，AL，其中220H为ADC0809的端口地址，则译码器输出为低，同时$\overline{IOW}=0$，$\overline{IOR}=1$，经过或非门后，$START=ALE=1$，在$START$和ALE端出现上升沿，则地址锁存信号将出现的数据总线上的模拟通道地址存入ADC0809的地址锁存器中，并且$START$信号为高电平，启动芯片开始A/D转换。

（2）判断A/D转换结束并读出转换结果

首先可以利用前面介绍的方法判断A/D转换是否完成，A/D转换完成后，即可进行转换结果的读入操作。当按上述指令执行一条输入指令时，译码器输出为低，同时$\overline{IOW}=1$，$\overline{IOR}=0$，控制OE端为高电平，即$OE=1$，ADC0809的三态输出锁存器脱离态，把数据送往总线；可读入转换后的数字量。设DAC端口地址为220H，要把0通道的模拟量转换成数字量，利用软件延时方式实现的程序如下：

```
START：MOV    AL，00H；设定通道数
       OUT    220H，AL；送通道地址、启动A/D转换
       CALL   DELAY；等待转换完成
IN AL，220H；读取A/D转换结果
```

3.2.8.2　AD574A与PC总线工业控制机接口

图3-27所示为AD574A通过8255A与系统总线的接口方法。AD574A的12/8控制引脚和V_{LOGIC}相连接，A0接地，使其工作于12位转换和读出方式，12位数据线与8255A的PB口和PA口的高4位相连。AD574A的标志位STS与8255A的PC7相连，用来判断A/D转换是否结束，启动和读出信号$R/\overline{C}$利用PC0控制。因此，8255A的端口A和端口B都工作于方式0，端口C上半部分定义为输入，而下半部分定义为输出。设8255A的地址为2D0H～2D3H。编程时首先进行8255A的初始化。实现一次A/D转换包括A/D转换的启动、检测转换是否结束及数据的读出，采用查询方式的部分程序如下：

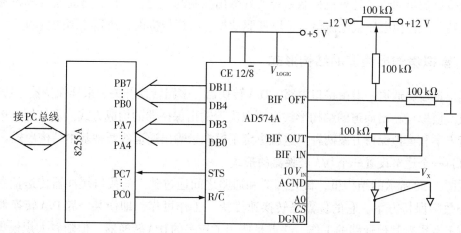

图3-27　AD574A通过8255A与PC总线的连接图

（1）8255A初始化设置

INIT：MOV　AL，9AH；设置端口A，B，C的工作方式

　　　　MOV　DX，2D3H；8255A的控制寄存器

　　　　OUT　DX，AL；方式字送控制寄存器

（2）启动A/D转换

START：MOV　AL，00H

　　　　　MOV　DX，2D2H；8255A的端口C

　　　　　OUT　DX，AL；使R/$\overline{C}$=0，启动A/D转换

（3）检测转换是否结束及数据的读出

LOOP：MOV　DX，2D2H；8255A的端口C

　　　　IN　AL，DX；查询STS的状态

　　　　TEST　AL，80H

JNZ　　LOOP；转换未完成，继续等待；转换完成，向下执行

MOV　AL，01H；置位R/$\overline{C}$，即侧R/$\overline{C}$=1

　　　　　　OUT　DX，AL

　　　　　　DEC　DX；指向8255A的端口B

IN　AL，DX；读入端口B高8位数据

MOV　［BX+1］AL；数据保存

　　　　　　DEC　DX；指向8255A的端口A

IN　AL，DX；读入端口A数据

ANL　　AL，0F0H；屏蔽低4位数据

MOV　［BX］；数据保存

3.3　模拟量输出通道

模拟量输出通道是计算机控制系统实现输出控制的关键，它的任务是把计算机输出的数字量转换成模拟电压或电流信号，以便驱动相应的执行机构，达到控制的目的。

3.3.1　模拟量输出通道的结构形式

模拟量输出通道一般由接口电路、D/A转换器、多路转换开关、采样保持器、U/I变换等组成。模拟量输出通道的结构形式主要取决于输出保持器的构成方式。保持器一般有数字保持方案和模拟保持方案两种。这就决定了模拟量输出通道的两种基本结构形式。

（1）一个通路设置一个D/A转换器的形式

在图3-28所示的结构里，微处理器和通路之间通过独立的接口缓冲器传送信息，这是一种数字保持方案。它的优点是转换速度快、工作可靠，即使某一路D/A转换器有故障，也不会影响其他通路的工作；缺点是使用了较多的D/A转换器。但随着大规模集成电路技术的发展，这个缺点正在逐步得到克服，这种方案较易实现。

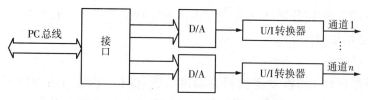

图3-28 一个通路一个D/A转换器的结构

（2）多个通路共用一个D/A转换器的形式

图3-29所示为共用一个D/A系统的结构。因为共用一个D/A转换器，所以必须在计算机控制下分时工作。即依次把D/A转换器转换成的模拟电压（或电流）通过多路开关传送给输出保持器。这种结构形式的优点是节省了D/A转换器，但因为分时工作，只适用于通路数量多且速度要求不高的场合。它还要用多路开关，且要求输出采样保持器的保持时间与采样时间之比较大。这种方案的可靠性较差。

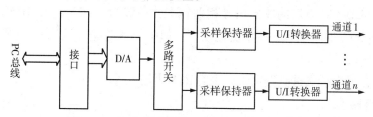

图3-29 多个通路共用一个D/A转换器的结构

长距离电压信号传输时，容易引入干扰，而电流信号的传输具有较强的抗干扰能力。工业上许多仪表也是输出电流信号，如DDZ-Ⅱ型仪表以0～10 mA的电流作为联络信号，DDZ-Ⅲ型为4～20 mA。但多数放大器、D/A转换器的输出信号为电压信号，须经U/I转换电路，将电压信号转换成电流信号，因此，在有些系统中，需要增加U/I转换器。

3.3.2 D/A转换器

D/A转换器是将数字量转换成模拟量的元件或装置，其模拟量输出（电流或电压）与参考电压和二进制数成正比。常用的D/A转换器的分辨率有8位、10位、12位等，其结构大同小异，通常都带有两级缓冲寄存器。

3.3.2.1 D/A转换器的主要技术指标

D/A转换器的输入/输出关系是

$$V = V_{REF} \frac{D}{2^n - 1}$$

式中，D——数字量输入；

$\quad\quad V$——输出电压；

$\quad\quad V_{REF}$——参考电压。

当V_{REF}确定时，其输入与输出为线性关系。

D/A转换器的主要技术指标有分辨率、建立时间及非线性误差等。

（1）分辨率

分辨率用D/A转换器数字量的位数n（字长）来表示，如8位、12位、16位等。分辨率为n位，表示对D/A转换器输入二进制数的最低有效位（LSB）与满量程输出的

$1/(2^n-1)$ 相对应。例如分辨率为 8 位，表示 D/A 转换器的 1 个 LSB 对应满量程输出的 $1/(2^8-1)=1/255$ 的增量。

（2）建立时间

建立时间是指 D/A 转换器中代码有满度的变化时，其输出达到稳定（离终值 ±1/2 LSB 相当的模拟量范围内）所需要的时间，一般为几十毫微秒到几微秒。如 8 位分辨率，5 V 满量程输出，其建立时间指 D/A 输入从 0 变化到 255 时，其输出达到 5 V±0.00977 V 所需要的时间。

（3）非线性误差

非线性误差是指实际转换特性曲线与理想特性曲线之间的最大偏差，并以该偏差相对于满量程的百分数度量。在转换器设计中，一般要求非线性误差不大于 ±1/2 LSB。

（4）输出信号

不同型号的 D/A 转换器的输出信号相差较大，一般为 0～5 V，0～10 V，也有一些高压输出，如 0～30 V 等，还有一些电流输出型，如 0～3 A 等。

（5）输入编码

一般为并行或串行二进制码输入，也有 BCD 码输入等。

3.3.2.2　D/A 转换器

（1）8 位 D/A 转换器 DAC0832

① 主要技术指标。DAC0832 采用双缓冲方式，可以在输出的同时，采集下一个数据，从而提高转换速度；能够在多个转换器同时工作时，实现多通道 D/A 的同步转换输出。其主要技术指标如下：

- 8 位分辨率，电流输出，稳定时间为 1 μs；
- 可双缓冲、单缓冲或直接数字输入；
- 只需在满量程下调整其线性度；
- 单一电源供电（+5～+15 V）；
- 低功耗，20 mW；
- 逻辑电平输入与 TTL 兼容。

② DAC0832 的内部结构。如图 3-30 所示，它主要由 8 位输入寄存器、8 位 DAC 寄存器、采用 R-$2R$ 电阻网络的 8 位 D/A 转换器和相应的选通控制逻辑 4 部分组成。

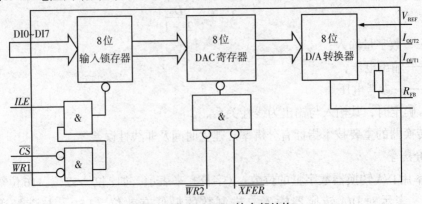

图 3-30　DAC0832 的内部结构

③ DAC0832的引脚说明。DAC0832采用20脚双列直插式封装，如图3-31所示。

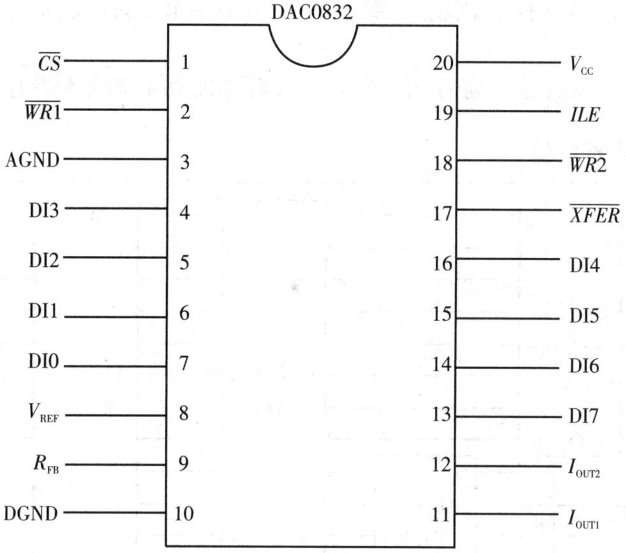

图3-31中DAC0832引脚排列如下：

左侧（引脚1~10）：
$\overline{CS}$ — 1，$\overline{WR1}$ — 2，AGND — 3，DI3 — 4，DI2 — 5，DI1 — 6，DI0 — 7，V_{REF} — 8，R_{FB} — 9，DGND — 10

右侧（引脚11~20）：
20 — V_{CC}，19 — ILE，18 — $\overline{WR2}$，17 — $\overline{XFER}$，16 — DI4，15 — DI5，14 — DI6，13 — DI7，12 — I_{OUT2}，11 — I_{OUT1}

图3-31　DAC0832的引脚排列

DI7 ~ DI0是DAC0832的数字输入端，I_{OUT1}和I_{OUT2}是它的模拟电流输出端，$I_{OUT1}+I_{OUT2}$ = 常数C。

在输入锁存允许ILE、片选有效时，写选通信号$\overline{WR1}$（负脉冲）能将输入数字D锁入8位输入寄存器。在传送控制$\overline{XFER}$有效条件下，$\overline{WR2}$（负脉冲）能将输入寄存器中的数据传送到DAC寄存器。数据送入DAC寄存器后1 μs（建立时间）I_{OUT1}和I_{OUT2}稳定。

当ILE = 1时，寄存器直通；当ILE = 0时，寄存器锁存。

一般情况下，把$\overline{XFER}$和$\overline{WR2}$接地（此时DAC寄存器直通），ILE接+5 V，总线上的写信号作为$\overline{WR1}$，接口地址译码信号作为$\overline{CS}$信号，使DAC0832接为单缓冲形式，数据D写入输入寄存器即可改变其模拟输出。在要求多个D/A同步工作（多个模拟输出同时改变）时，将DAC0832接为双缓冲，此时，$\overline{XFER}$和$\overline{WR2}$分别受接口地址译码信号、I/O端口信号驱动。

R_{FB}为反馈电阻，R_{FB} = 15Ω。

（2）12位D/A转换器DAC1210

① DAC1210的技术指标。

- 12位分辨率；
- 单电源（+5 ~ +15 V）工作；
- 电流建立时间为1 μs；
- 输入信号与TTL电平兼容。

② DAC1210的内部结构。

DAC1210的结构如图3-32所示。DAC1210的基本结构与DAC0832相似，也由两级缓冲器组成，主要差别在于它是12位数据输入。为了便于和PC总线接口，它的第一级缓冲器分成了一个8位输入寄存器和一个4位输入寄存器，以便利用8位数据总线分两次将12

位数据写入DAC芯片。这样，DAC1210内部就有3个寄存器，需要3个端口地址，为此，内部提供了3个$\overline{LE}$信号的控制逻辑。$\dfrac{B_1}{B_2}$是写字节1/字节2的控制信号。当$\dfrac{B_1}{B_2}=1$时，12位数据同时存入第一级的输入寄存器（8位输入寄存器和4位输入寄存器）；当$\dfrac{B_1}{B_2}=0$时，低4位数据存入输入寄存器。

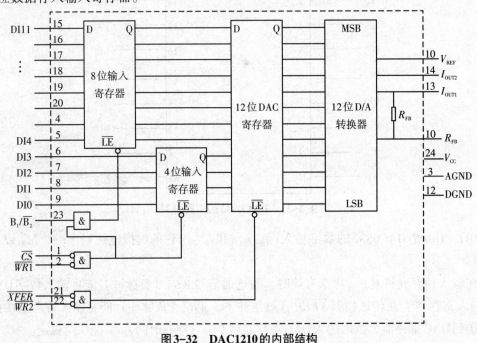

图3-32　DAC1210的内部结构

3.3.3　D/A转换器与接口技术

D/A转换器应用接口的设计主要包括数字量输入信号的连接以及控制信号的连接。D/A编程相对简单，包括选中D/A转换器、送转换数据到数据线和启动D/A转换。

（1）数字量输入信号的连接

数字量输入信号连接时，要考虑数字量的位数，D/A转换器内部是否有锁存器。若D/A转换器内部无锁存器，则需要在D/A与系统数据总线之间增设锁存器或I/O接口；若D/A转换器内部有锁存器，则可以将D/A与系统数据总线直接相连。

（2）控制信号的连接

控制信号主要有片选信号、写信号及转换启动信号。它们通常由CPU或译码器提供。一般来说，片选信号由译码器提供，写信号多由PC总线的$\overline{IOW}$提供，启动信号一般为片选信号和$\overline{IOW}$的合成。另外，有些D/A转换器可以工作在双缓冲或单缓冲工作方式，这时还需再增加控制线。

为编程简单并节省控制口线，可以把某些控制信号直接接地或接+5 V。

3.3.4　D/A转换器与PC接口

由于在Intel80x86计算机中有单独的输入输出指令，所以，通常将D/A转换器视为I/O

接口来编址，用OUT DX，AX等指令进行数据传送。

（1）8位D/A转换器DAC0832与PC的连接

在图3-33中，DAC0832通过译码器与PC总线相连，DAC0832的数字输入信号DI7～DI0直接与PC总线相连。电路中$\overline{XFER}$和$\overline{WR_2}$两信号同时接地，且锁存允许信号ILE接高电平，故该电路的连接方式为单缓冲寄存器方式。当执行OUT DX，AL（输出）指令时，其中DX为DAC0832的地址，使译码器的$Y_1=0$，则$\overline{CS}=0$，选中DAC0832，同时$\overline{IOW}=0$，使DAC0832的$\overline{WR_1}=0$。由于ILE固定为高电平，所以此时打开第一级输入锁存器。把数据送入该锁存器，即开始D/A转换。当$\overline{IOW}$变为高电平时，数据被锁存在输入寄存器中，保证D/A转换的输出保持不变，直到下一次对DAC0832进行写操作。

DAC0832将输入的数字量转换成差动的电流输出信号（I_{OUT1}和I_{OUT2}），为了使其变成电压输出，电路中通过放大器转换为单极性电压信号输出。当V_{REF}为-5 V时，输出信号范围为0～+5 V；当V_{REF}为-10 V时，输出信号范围为0～+10 V。若要输出负信号，则V_{REF}需接正的基准电压。

若DAC0832的地址为200H，则8位二进制数56H转换为模拟电压的接口程序如下：

CONVERT：MOV DX，200H；DAC0832地址

　　　　　MOV AL，56H；要转换的立即数

　　　　　OUT DX，AL；$\overline{CS}=0$，启动D/A转换

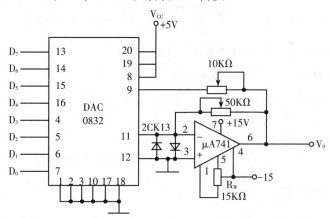

图3-33 DAC0832与PC总线的连接

（2）12位D/A转换器与PC的连接

图3-34电路的转换过程：当译码器地址输出为220H时，$\overline{CS}=0$，且A0=0，经反相器后，$\dfrac{B_1}{\overline{B_2}}=1$，写高8位数据，这8位数据输入8位输入寄存器，同时，因DAC1210的高4位数据线与低4位数据线相连，所以8位数据中的高4位也输入4位输入寄存器；当译码器地址输出为221H时，$\overline{CS}=0$，且AO=1，经反相器后，$\dfrac{B_1}{\overline{B_2}}=0$，写低4位数据，此时，高8位数据锁存，低4位数据写入4位输入寄存器，原来写入的内容被冲掉；当译码器地址输出为222H时，$\overline{XFER}=0$，$\overline{WR2}=0$，DAC1210内的12位DAC寄存器和高8位输入寄存器及低4位输入寄存器直通，D/A转换开始。当$\overline{XFER}$或$\overline{WR2}$为高时，12位DAC寄存器锁存数据，直到下一次的新数据。若转换12位二进制数68FH，则程序如下：

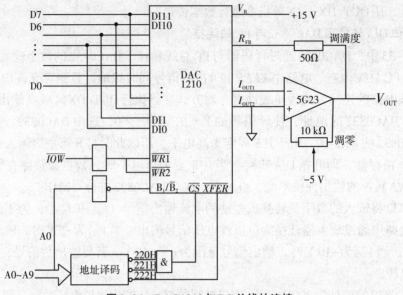

图3-34　DAC1210与PC总线的连接

CONVERT： MOV　AL，68FH；高8位数据

　　　　　MOV　DX，220H；

　　　　　OUT　DX，AL；$\overline{CS}=0$，$\dfrac{B_1}{B_2}=1$，$\overline{WR1}=0$，高8位数据送数据线

　　　　　INC　DX；修改地址指针，指向221H

　　　　　MOV　AL，0F0H；低4位数据

　　　　　OUT　DX，AL；$\overline{CS}=0$，$\dfrac{B_1}{B_2}=1$，$\overline{WR1}=0$，低4位数据送数据线

　　　　　INC　DX；修改地址指针，指向222H

　　　　　　OUT　DX，AL；启动12位数据开始转换

3.3.5　D/A转换器的输出形式

D/A转换器的输出有电流和电压两种方式，一般电流输出需经放大器转换成电压输出。电压输出可以构成单极性电压输出和双极性电压输出电路。

D/A转换器的输出方式只与模拟量输出端的连接方式有关，而与其位数无关。

单极性电压输出指输入值只有一个极性（或正或负），D/A的输出也只有一个极性。双极性电压输出指当输入值为符号数时，D/A的输出反映正负极性。

利用DAC0832实现的单、双极性输出电路如图3-35所示。V_{OUT1}为单极性输出电压，V_{OUT2}为双极性输出电压。若D为数字输入量，V_{REF}为参考电压，n为D/A转换器的位数，则

$$V_{OUT1}=-V_{REF}\dfrac{D}{2^n-1}$$

$$V_{OUT2}=-\left(V_{REF}\dfrac{R_3}{R_1}+V_{OUT1}\dfrac{R_3}{R_2}\right)=-V_{REF}+V_{REF}\dfrac{2D}{2^n-1}=V_{REF}\left(\dfrac{2D}{2^n-1}-1\right)$$

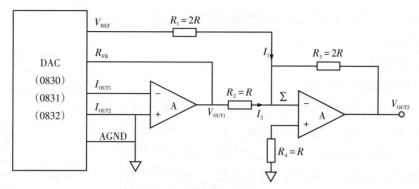

图 3-35　单、双极性输出电路

根据上面两式，对于 8 位 D/A 转换器，有

$$D = 0, \quad V_{OUT1} = 0, \quad V_{OUT2} = -V_{REF}$$

$$D = 80H, \quad V_{OUT1} = -V_{REF}\frac{128}{2^8-1} \approx -\frac{V_{REF}}{2}, \quad V_{OUT2} = +V_{REF}\left(\frac{2 \times 128}{2^8-1}-1\right) \approx 0$$

$$D = FFH, \quad V_{OUT1} = -V_{REF}\frac{255}{2^8-1} = -V_{REF}, \quad V_{OUT2} = +V_{REF}\left(\frac{2 \times 255}{2^8-1}-1\right) = V_{REF}$$

实现了双极性输出。

3.3.6　V/I 变换

3.3.6.1　V/I 变换电路

图 3-36 所示为同相端输入，采用电流串联负反馈形式，而且有恒流作用，电路输出电流 I_{OUT} 和 V_{IN} 关系为 $I_{OUT} = V_{IN}/R_1$。

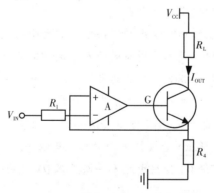

图 3-36　V/I 转换电路

3.3.6.2　集成 V/I 变换器

XTR110 是美国 Burr-Brown 公司推出的精密 V/I 变换器，它是专为模拟信号传输所设计的。

（1）XTR110 的主要性能特点

① 采用标准 4 ~ 20 mA 电流传输。

② 输入/输出范围可以选择。

③ 最大非线性误差为 0.005%。

④ 带有精确的 +10 V 参考电压输出。

⑤ 采用独立电源工作模式，且电压范围很宽（13.5~40 V）。

⑥ 引脚可编程。

（2）引脚排列

引脚排列如图3-37所示。

XTR110内部精确的+10 V参考电压也可用于驱动外部电路。由于它利用电流进行传输，所以能有效地克服在长线传输过程中环境干扰对测试的影响，从而使其性能大大提高。XTR110应用范围极广，可用于任何需要信号处理的场合，尤其在信号小、环境差的测试环境（如工业过程控制、压力、温度、应变测重、数据采集系统和微控制器应用系统中的输入通道等）下更为适合。

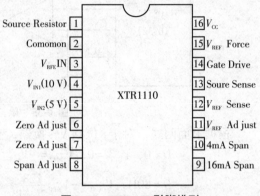

图3-37　XTR110引脚排列

思考题

3-1　什么是过程通道？过程通道有哪些分类？

3-2　数字量过程通道由哪些部分组成？各部分的作用是什么？

3-3　简述两种硬件消抖电路的工作原理。

3-4　简述光电耦合器的工作原理及其在过程通道中的作用。

3-5　模拟量输入通道由哪些部分组成？各部分的作用是什么？

3-6　对理想多路开关的要求是什么？

3-7　采样保持器有什么作用？试说明保持电容的大小对数据采集系统的影响。

3-8　在数据采样系统中，是不是所有的输入通道都需要加采样保持器？为什么？

3-9　阐述A/D转换器ADC0809的工作过程。

3-10　什么是采样开关？常见的采样方法有几种？

3-11　用8位A/D转换器ADC0809与PC/ISA总线工业控制机接口，实现8路模拟量采集。画出接口原理图，并设计出8路模拟量的模拟采集程序。

3-12　分别画出一路有源I/V变换电路和一路无源I/V变换电路图，并分别说明各元器件的作用。

3-13　请采用DAC0832和PC/ISA总线工业控制机接口，画出接口电路原理图，并编写D/A转换程序。

3-14　A/D转换器的结束信号有什么作用？根据该信号在I/O控制中的连接方式，A/D转换有几种控制方式？它们在接口电路和程序设计上有什么特点？

第4章　计算机控制系统理论基础

【本章重点】

- 计算机控制系统中信号的种类；
- 计算机控制系统的数学描述；
- 模型表示方法；
- 系统的稳定性分析。

【课程思政】

2017年5月3日，中国科学技术大学教授、中国科学院院士潘建伟在上海宣布，世界上首台光量子计算机在我国诞生。这是历史上第一台超越早期经典计算机的基于单光子的量子模拟机，为最终实现超越经典计算能力的量子计算这一被国际学术界称为"量子称霸"的目标奠定了坚实的基础。实现中华民族伟大复兴的中国梦，是新时代最重要的"国之大者"。"国家富强、民族振兴、人民幸福"是中国梦的基本内涵。国家富强是实现中国梦的基础，民族振兴是实现中国梦的根本，人民幸福是实现中国梦的目标。

由计算机构成的控制系统，在本质上是一个离散系统，要研究这种实际的物理系统，首先应解决其数学描述和分析工具问题。

4.1　计算机控制系统中信号的种类

对连续控制系统，不论是被控对象部分，还是控制器部分，其各点信号在时间上和幅值上都是连续的。计算机控制系统的结构图见图1-2，其被控对象通常为模拟式部件，而控制器采用数字计算机。对于这种模拟部件和数字部件共存的混合系统，信号变换装置A/D和D/A则是必不可少的，因此，在计算机控制系统中，信号的种类较多。在时间上，既有连续信号，也有断续信号；在幅值上，既有模拟量，也有离散量或数字量，数字量就是用二进制编码表示的离散量。

当区分各种信号的形式时，只要从时间（轴）和幅值两方面分析，就可以清楚地区别信号的类型。从时间上区分，连续时间信号是时间轴上任何时刻都存在的信号，离散时间信号是时间轴上断续出现的信号。从幅值上区分，模拟量在幅值连续变化，可取任意值的信号；离散量在幅值上只能取离散值；而数字量的幅值是用一定位数的二进制编码形式表示。

本节首先分析信号转换装置 A/D 和 D/A 中各种信号形式，然后归纳出计算机控制系统中的6类信号。

4.1.1　A/D 转换器

A/D 转换器是一种将连续模拟信号变换成离散数字编码信号的装置。通常，A/D 转换器要按照下述顺序完成3种转换：采样/保持、量化及编码。其框图如图4-1所示。

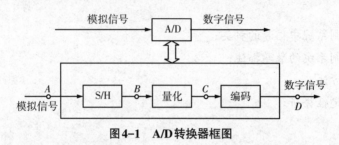

图 4-1　A/D 转换器框图

（1）采样

采样/保持器对连续的模拟输入信号，按照一定的时间间隔 T（采样周期）进行采样，并保持时间 p（采样时间，也常用 τ 表示），从而变成时间离散（断续）、幅值等于采样时刻输入信号值的方波序列信号，如图4-1中点 B 和图4-2（b）所示。从理论上说，不需要保持操作，但由于 A/D 转换需要时间，为了减少在转换过程中信号变化带来的影响，采样后的信号将保持幅值不变，直到完成变换。显然，采样过程是将连续时间信号变为离散时间信号即采样信号的过程，也即将时间轴上连续存在的信号变成时有、时无的断续信号。这个过程涉及信号的有、无问题，因而是 A/D 转换中最本质的转换。当时间 p 可以忽略不计时，采样过程可用一个理想的采样开关表示。所谓理想的采样开关，是指该开关每隔1个采样周期闭合1次，并且闭合后又瞬时打开，既没有延时，也没有惯性。这样，经过理想的采样开关后的采样信号变为一串理想的脉冲序列信号。

（2）量化

将采样信号幅值按照最小量化单位取整，这个过程称为整量化。若连续信号为 $f(t)$，经理想采样后得到的采样信号用 $f^*(t)$ 表示，它在采样时刻的幅值为 $f(kT)$，$f(kT)$ 是模拟量，它是可以任意取值的，为了将它变换成有限位数的二进制数码，必须要对 $f(kT)$ 进行整量化处理，即用 $f_q(kT)=Lq$ 表示。其中，L 为整数，q 为最小量化单位。这样，可以任意取值的模拟量 $f(kT)$ 只能用 $f_q(kT)$ 近似表示，显然，量化单位 q 越小，它们之间的差异也越小。量化过程如图4-1中点 C 和图4-2(c) 所示。

（3）编码

编码是将整量化的分层信号变换为二进制数码形式，也即数字信号，如图4-1中点 D 和图4-2(d) 所示。编码只是信号表示形式的改变，可将它看作无误差的等效变换过程。

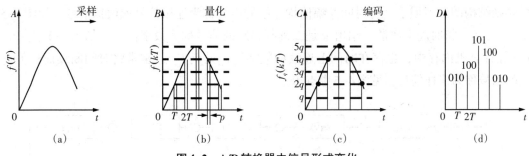

图4-2 A/D转换器中信号形式变化

4.1.2 D/A转换器

D/A转换器将数字编码信号转换为相应的时间连续的模拟信号（一般用电流或电压表示）。从功能角度来看，通常可将D/A转换器看作解码器与保持器的组合，如图4-3所示（点F、G、H的信号见图4-4）。其中，解码器的功能是把数字量转换为幅值等于该数字量的模拟脉冲信号。注意：点G的信号在时间上仍是离散的，但幅值上已是解码后的模拟脉冲信号（电压或电流）；保持器的作用则是将解码后的模拟脉冲信号保持规定的时间，从而使时间上离散的信号变成时间上连续的信号，如图4-4中点H所示。在一个采样周期内，将信号保持为常值，形成阶梯状信号的保持器，称为零阶保持器（zero-order hold-er，ZOH）。

分析D/A转换的过程，解码也只是信号形式的变化，可看作无误差的等效变换，而保持器则将时间离散的信号变成时间连续的信号。在实际系统里，由于D/A转换器的结构不同，可能是如图4-3所示的先解码后保持，也可能是先数字保持后解码。利用数字计算机的存储功能，使数字量在时间上保持连续，则称为数字保持器。

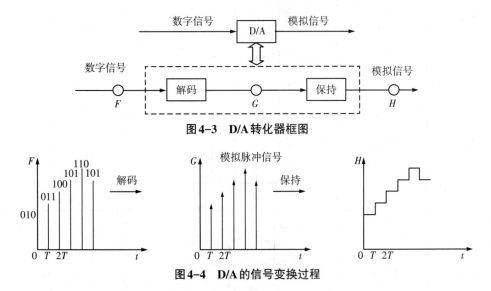

图4-3 D/A转化器框图

图4-4 D/A的信号变换过程

4.1.3 计算机控制系统中信号形式分类

通过以上A/D和D/A信号转换的分析，可将图1-2计算机控制系统画成图4-5所示信号转换结构图。习惯上，将时间及幅值均连续的信号称为连续信号或模拟信号，如图4-5中点 A、I；将时间上离散、幅值上是二进制编码的信号称为数字信号，如图4-5中点 D、F（在计算机内存中，也存在时间上连续的数字量，见点 E）；常常将时间断续而幅值连续的信号称为采样信号，见图4-5中点 B。

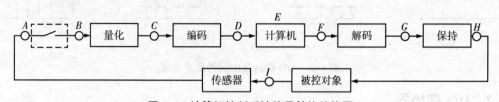

图4-5　计算机控制系统信号转换结构图

表4-1给出了图4-5中各点的图形描述。

表4-1　　　　　　　　　　　计算机控制系统中信号形式分类

信号形式		图形表示	图4-5中各点信号
时间	幅值		
连续	模拟量		A, I
连续	阶梯型模拟量		H
离散	模拟量		B
离散	离散量		C, G

续表4-1

信号形式		图形表示	图4-5中各点信号
时间	幅值		
离散	数字量	 （离散量，3q、2q、q，T、2T、3T） 	D，F
连续	数字量	 （数字量，0、T、2T、3T，t） 	E（计算机内存信号）

4.2 理想采样过程的数学描述及特性分析

4.2.1 信号采样

完成采样操作的装置称为采样器或采样开关。采样过程原理如图4-6所示，其中采样开关为理想采样开关，它从闭合到断开以及从断开到闭合的时间均为零。采样开关平时处于断开状态，其输入为连续信号 $f(t)$，在采样时刻，即离散时间瞬时 t_k（ $k=0$，1，2，…）进行由断开到闭合、再断开的动作，这样，就在采样开关输出端得到采样信号：

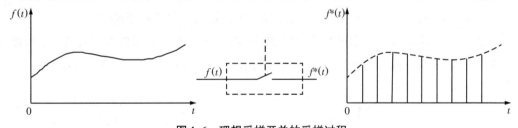

图4-6 理想采样开关的采样过程

$$f^* = \begin{cases} 0, & t = t_k; \\ f(t), & t = t_k \end{cases}$$

虽然并不存在理想采样开关，但在实际应用中，采样开关一般为电子开关，其动作时间极短，远小于两次采样之间的时间间隔和被控对象的时间常数，因此，可以将实际采样开关简化为理想采样开关。这样做有助于简化系统的描述和分析工作。

根据采样过程的特点，可以将采样分为以下几种类型。

① 周期采样。它指相邻两次采样的时间间隔相等，也称为普通采样。这里，相邻两次采样之间的时间间隔称为采样周期，记为 T。采样频率定义为 $f_s = 1/T$，采样角频率定义为 $\omega_s = 2\pi f_s = 2\pi/T$。周期采样的采样时刻为0，$T$，$2T$，$3T$，…

②同步采样。如果一个系统中有多个采样开关，它们的采样周期相同且同时采样，则称为同步采样。

③非同步采样。如果一个系统中有多个采样开关，它们的采样周期相同但不同时进行采样，则称为非同步采样。

④多速采样。如果一个系统中有多个采样开关，每个采样开关都是周期采样的，但它们的采样周期不相同，则称为多速采样。在某些计算机控制系统中，为提高控制质量，对变化比较快的模拟量采用较高的速率进行采样和控制，对变化比较缓慢的模拟量采用较低的速率进行采样和控制，这就是多速采样。多速采样可以用同步采样进行等效分析。

⑤随机采样。若相邻两次采样的时间间隔不相等，则称为随机采样。随机采样主要用于不要求控制的数据采集系统。

在计算机控制系统中，最常用的采样方法是同步周期采样，因此，本书仅讨论同步周期采样。

4.2.2　采样机理描述

采样过程可以用 δ 函数（也称单位脉冲函数）来描述。δ 函数具有下列性质：

$$\int_{-\infty}^{+\infty}\delta(t-t_0)\mathrm{d}t=1 \quad 且 \quad \delta(t)=\begin{cases}\infty, & t=t_0; \\ 0, & t\neq t_0\end{cases}$$

即在任意 t_0 时刻，δ 函数的积分或 δ 函数的强度为1。根据 δ 函数的这个性质，对任意连续函数 $f(t)$ 和任意整数 k，有

$$\int_{-\infty}^{+\infty}f(t)\delta(t-kT)\mathrm{d}t=f(kT) \tag{4-1}$$

式中，T——采样周期。

从式（4-1）可以看出，$\delta(t-kT)$ 可以把 $f(t)$ 在 kT 时刻的值提取出来，也就是说，δ 函数具有采样功能。采样开关在 kT 时刻闭合一次，相当于在该时刻连续。

函数 $f(t)$ 上作用于一个单位脉冲信号 $\delta(t-kT)$。在工程上，常将 δ 函数用一个长度等于1的有向线段来表示，这个线段的长度就表示上面所述 δ 函数的积分或 δ 函数的强度，如图4-7所示。

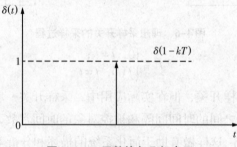

图4-7　δ 函数德尔几何表示

为便于后面的分析和应用，这里把 δ 函数表示为：$\delta(t-kT)=1$，k 为任意整数。则理想采样开关可以描述为理想单位脉冲函数序列

$$\delta_T(t)=\sum_{k=-\infty}^{+\infty}\delta(t-kT) \tag{4-2}$$

采样器的输入信号 $f(t)$ 和采样器的输出采样信号 $f^*(t)$ 之间存在下面关系：

$$f^*(t) = f(t)\delta_T(t)$$

或写成

$$f^*(t) = f(t) \sum_{k=-\infty}^{+\infty} \delta(t-kT) \tag{4-3}$$

等价地，还可以写成

$$f^*(t) = \sum_{k=-\infty}^{+\infty} f(kT)\delta(t-kT) \tag{4-4}$$

在分析一个系统时，一般都讨论零状态响应，控制作用也都是从零时刻开始施加的，因此，采样器的输入信号 $f(t) = 0(t<0)$。本书中如不作特别说明，均指这种情况。这时，式（4-2）、式（4-3）和式（4-4）中的求和下限应该取为零。

另外，由于讨论的是同步周期采样，记采样周期为 T，则采样信号 $f^*(t)$ 也可以记为 $f(kT)$，或简记为 $f(k)$。

4.2.3 采样定理

在计算机控制系统中对连续信号进行采样，是要用抽取的离散信号序列代表相应的连续信号来参与控制运算。显然，只有采样到的离散信号序列能够表达相应连续信号的基本特征，这种参与才是合理有效的。这个问题和采样周期的选取是密切相关的。若采样周期选择过大，则采样信号含有的原来连续信号的信息量过少，以致无法从采样信号看出连续信号的特征；若采样周期足够小，就只损失很少量的信息，从而有可能从采祥信号重构原来的连续信号，则可以用离散信号实施有效的控制。图4-8解释了这种现象。香农采样定理则定量地给出了采样频率的选择原则。

采样定理：如果连续信号 $f(t)$ 具有有限频谱，其最高频率为 ω_{max}，则对 $f(t)$ 进行周期采样，且当采样角频率 $\omega_s \geq 2\omega_{max}$ 时，连续信号 $f(t)$ 可以由采样信号 $f^*(t)$ 唯一确定，即可以从 $f^*(t)$ 无失真地恢复 $f(t)$。

为了便于理解采样定理，下面对其进行解释性说明。

对于连续信号 $f(t)$ 和相应的采样信号 $f^*(t)$，分别求傅立叶变换，以便得到频谱函数，按照控制工程中的习惯，设它们的傅立叶变换（或频谱函数）分别用 $F(j\omega)$ 和 $F^*(j\omega)$ 表示，则有

$$F(j\omega) = \int_{-\infty}^{+\infty} f(t)e^{-j\omega t}dt$$

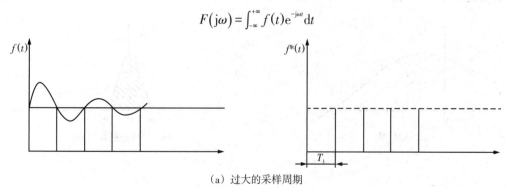

（a）过大的采样周期

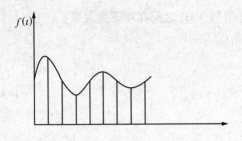
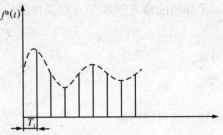

（b）较小的采样周期

图4-8　采样周期对采样效果的影响

式（4-2）表明，用理想脉冲函数序列表达的采样开关是一个周期为 T 的周期函数，可展为如下傅立叶级数形式：

$$\delta_T(t) = \sum_{-\infty}^{+\infty} c_k e^{jk\omega_s t}$$

式中，$\delta_T(t)$ ——单位冲激序列；

ω_s ——采样角频率；

c_k ——傅立叶系数，其值为

$$c_k = \frac{1}{T}\int_{-T/2}^{T/2} \delta_T(t) e^{-jk\omega_s t}\mathrm{d}t$$

由于在区间 $[-T/2,\ T/2]$ 中，$\delta_T(t)$ 仅在 $t = 0$ 时有值，且 $e^{-jk\omega_s t}\big|_{t=0} = 1$，故有

$$c_k = \frac{1}{T}\int_{0_-}^{0_+} \delta(t)\mathrm{d}t = \frac{1}{T}$$

故单位冲激序列 $\delta_T(t)$ 的傅立叶变换为

$$F\big(\delta_T(t)\big) = F\left(\sum_{k=-\infty}^{\infty} \frac{1}{T} e^{jk\omega_s t}\right) = \sum_{k=-\infty}^{\infty} \frac{1}{T} e^{jk\omega_s t} = \frac{1}{T} \times 2\pi \sum_{k=-\infty}^{\infty} \delta(\omega - k\omega)$$

$$= \frac{1}{T} \sum_{k=-\infty}^{+\infty} F\big(j(\omega - k\omega_s)\big) \tag{4-5}$$

式（4-5）建立了连续信号频谱和相应的同步周期采样信号频谱之间的关系，表明采样信号的频谱是连续信号频谱的周期性重复，只是幅值为连续信号的频谱的 $1/T$。以上有关函数及其频谱均示于图4-9中。根据式（4-5），可以画出在不同采样频率下的采样信号频谱，如图4-10所示，其中不失一般性地假定具有有限频谱的连续信号在频率为零时的频谱幅值为 $|F(0)| = 1$。

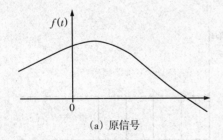
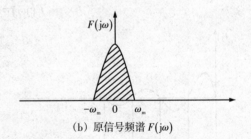

（a）原信号　　　　　　　　　　　（b）原信号频谱 $F(j\omega)$

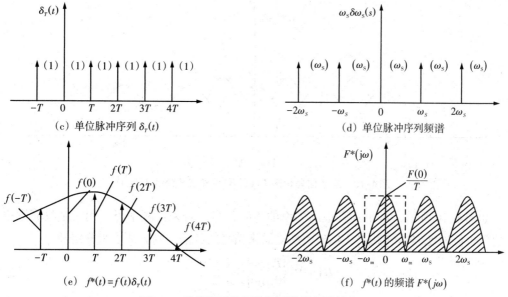

（c）单位脉冲序列 $\delta_T(t)$

（d）单位脉冲序列频谱

（e）$f^*(t)=f(t)\delta_T(t)$

（f）$f^*(t)$ 的频谱 $F^*(j\omega)$

图4-9 采样信号的频谱与原信号频谱的关系

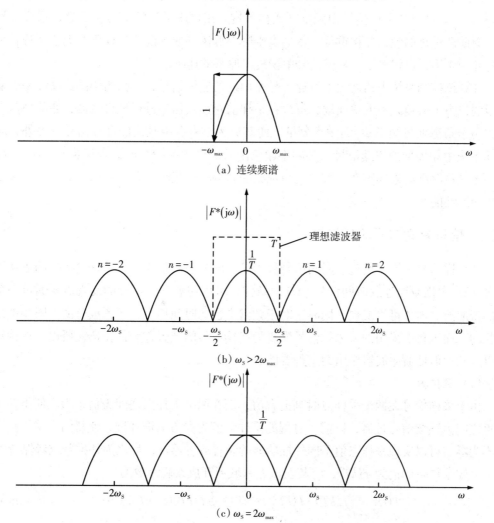

（a）连续频谱

理想滤波器

（b）$\omega_s > 2\omega_{max}$

（c）$\omega_s = 2\omega_{max}$

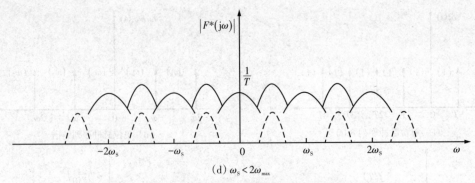

(d) $\omega_s < 2\omega_{max}$

图4-10　连续信号频谱 $F(j\omega)$ 和采样信号频谱 $F^*(j\omega)$

如图4-10所示,对于具有最高频率的连续信号,若采样频率可以用一个具有频率特性的理想低通滤波器［见式（4-6）］恢复原来信号的频谱,则验证了采样定理

$$H(jw) = \begin{cases} T, & |\omega| \leqslant \omega_s/2; \\ 0, & |\omega| > \omega_s/2 \end{cases} \tag{4-6}$$

显然,频率 $\omega_N = \omega_s/2$ 是很重要的参数,称为奈奎斯特频率。如果连续信号中所含的 $\omega_{max} < \omega_N$,则可以从采样信号中恢复（或称重构）出原来的连续信号;反之,采样信号中各个周期性重复的频谱互相重叠,就会发生频率混淆（或称混叠）现象,无法区分各个频率所起的作用,也就无法从采样信号中恢复出原来的连续信号。

计算机控制系统中的连续信号通常是非周期的连续信号,其频谱中的最高频率可能是无限的,为了避免频率混淆问题,可以在采样前对连续信号进行硬件滤波,滤除掉其中所含的高于奈奎斯特频率 ω_N 的频率分量,使其成为具有有限频谱的连续信号。另外,对于实际系统中非周期的连续信号,其频率幅值随着采样频率的增加,会衰减得很小。因此,只要选择足够高的采样频率,频率混淆现象的影响就会很小,乃至可以忽略不计,基本不影响控制性能。

4.2.4　信号复现与零阶保持器

从采样信号中恢复出连续时间信号称为信号的复现。采样定理从理论上指明了从采样信号 $f^*(t)$ 中恢复原连续时间信号 $f(t)$ 的条件,可以注意到,信号的复现需要通过一个理想的低通滤波器才可以实现。同时,对于频谱丰富的时间信号,频谱成分的上限频率是不存在的。而工程上采用的将采样信号恢复为连续信号的装置称为保持器。所以,保持器是可以起到近似低通滤波器作用的工程器件。

（1）保持器

由于采样信号在两个采样点时刻上有值,而在两个采样点之间无值,为了使得两个采样点之间为连续信号过渡,以前一时刻的采样点值为参考值作外推,使得两个采样点之间值不为零。可以实现采样点值不同外推功能的装置或者器件,称之为外推器或者保持器。

已知采样点的值为 $f(kT)$,将其在该点邻域展开成泰勒级数为

$$f(t)\Big|_{t=kT} = f(kT) + \dot{f}(kT)(t-kT) + \frac{1}{2}\ddot{f}(kT)(t-kT)^2 + \cdots \tag{4-7}$$

式（4-7）即为 $t = kT$ 时刻的外推公式。

由于式中有连续时间信号 $f(t)$ 在采样时刻的各阶导数 $\dot{f}(kT)$，$\ddot{f}(kT)$，…，其在信号恢复时是未知的，由各阶差商来代替为

$$\dot{f}(kT) = \frac{1}{T}\left[f(kT) - f((k-1)T)\right]$$

这将包含若干步相对于当前时刻的延迟。实际上，在将采样值作外推时，一般只取前一项或前两项来实现。

（2）保持器的阶

在式（4-8）中，取外推的项数称为保持器的阶。

当只取一项 $f(kT)$ 时，可以将采样点的幅值保持到下一时刻，则称为零阶保持器。即

$$f(t) = f(kT) \quad (kT \leqslant t \leqslant (k+1)T) \tag{4-8}$$

当取两项 $f(kT) + \dot{f}(kT)(t - kT)$ 时，不仅可以保持采样点的幅值，而且可以保持采样点的斜率至下一时刻。这样的保持器称为一阶保持器，即

$$f(t) = f(kT) + \frac{f(kT) - f((k-1)T)}{T}(t - kT) \quad (kT \leqslant t \leqslant (k+1)T)$$

以下类推。不同阶保持器的保持功能如图4-11所示。

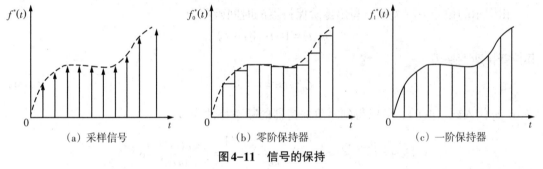

（a）采样信号　　　　　（b）零阶保持器　　　　　（c）一阶保持器

图4-11　信号的保持

（3）零阶保持器

零阶保持器可以将第 k 个采样点的幅值保持至下一个采样点时刻，从而使得两个采样点之间值不为零。采样信号经零阶保持器后，成为阶梯波形信号，如图4-12所示。

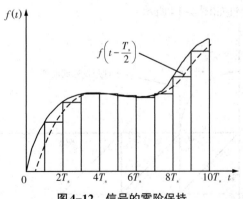

图4-12　信号的零阶保持

如果取两个采样点的中点作平滑，平滑后的信号与原连续时间信号 $f(t)$ 相比，有1/2

个采样间隔的滞后，成为 $f\left(t-\dfrac{T_s}{2}\right)$。因此，无论采样间隔 T_s 取多么小，经零阶保持器恢复的连续时间信号都是带有时间滞后的。一般情况下，采样间隔 T_s 都很小，可以将这种滞后忽略。

（4）零阶保持器的数学模型

由于零阶保持器可以实现采样点值的常值外推，其输入输出关系如图4-13所示。为了表示简洁，采样间隔 T_s 都表示为 T。

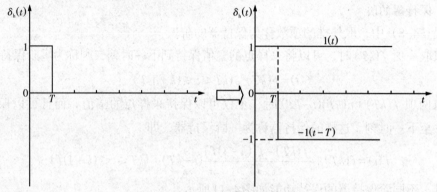

图4-13 零阶保持器的传递关系

由图示的信号分解关系，写出零阶保持器的时间函数为

$$g_h(t) = 1(t) - 1(t-T)$$

其拉普拉斯变换为

$$G_h(s) = \frac{1}{s} - \frac{1}{s}e^{-Ts} \tag{4-9}$$

将 $s = j\omega$ 代入式（4-9），可以得到零阶保持器的频率特性为

$$G_h(j\omega) = \frac{1-e^{-j\omega T}}{j\omega} = \frac{e^{-\frac{1}{2}j\omega T}\left(e^{\frac{1}{2}j\omega T} - e^{-\frac{1}{2}j\omega T}\right)}{j\omega} = T\frac{\sin(\omega T/2)}{\omega T/2}e^{-\frac{1}{2}j\omega T}$$

由于采样间隔 $T = 2\pi/\omega_s$，零阶保持器的频率特性还可以写为

$$G_h(j\omega) = \frac{2\pi}{\omega_s}\frac{\sin(\pi\omega/\omega_s)}{\pi\omega/\omega_s}e^{-j\pi\omega/\omega_s}$$

其幅频特性与相频特性如图4-14所示。

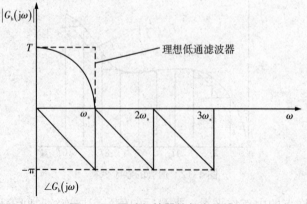

图4-14 零阶保持器的频率特性

从图4-14可以看到，零阶保持器可以近似实现理想低通滤波器的功能。

其幅频特性对于信号中频率低于 ω_s 的高频率成分，还做不到零衰减。因此，经零阶保持器恢复的连续时间信号，与原来的信号有一些差别。从它的相频特性可以看出，零阶保持器对于不同频率分量有不同程度的滞后，滞后角度是分段线性增加的。零阶保持器的相位滞后对于采样控制系统的稳定性会有影响。

（5）零阶保持器的工程实现

在工程上，零阶保持器可以采用不同的方法实现。由于拉普拉斯变换的延迟因子展开成泰勒级数可以表示为

$$e^{Ts} = 1 + Ts + \frac{1}{2!}T^2s^2 + \cdots$$

如果取泰勒级数的前两项代入零阶保持器的传递函数，有

$$G_h(s) = \frac{1 - e^{-Ts}}{s} = \frac{1}{s}\left(1 - \frac{1}{e^{Ts}}\right)\bigg|_{e^{Ts} \approx 1 + Ts} \approx \frac{T}{1 + Ts} \tag{4-10}$$

式（4-10）可以采用图4-15（a）所示的无源电路实现。

如果取泰勒级数的前三项代入零阶保持器的传递函数，就可以得到更加精确的实现，即

$$G_h(s) \approx T\frac{1 + \frac{1}{2}Ts}{1 + Ts + \frac{1}{2}T^2s^2} \tag{4-11}$$

式（4-11）可以由图4-15（b）所示的无源电路实现。

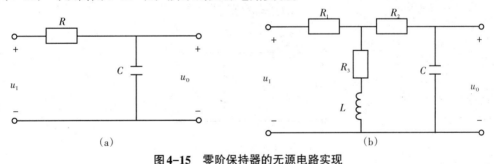

图4-15 零阶保持器的无源电路实现

4.3 差分方程

4.3.1 离散时间系统的描述

离散时间系统的输入和输出信号都是离散时间的函数。这种系统的工作情况就不再能以适用于连续时间系统的微分方程来描述，而必须用差分方程来描述。微分方程中的各项包含连续自变量的函数及其各阶导数，如 $f(t)$，$\frac{d}{dt}f(t)$，$\frac{d^2}{dt^2}f(t)$ 等。在差分方程中，自变量是离散的，方程的各项包含这种离散变量的函数，如 $f(k)(k = 0, \pm1, \pm2, \cdots)$，还包括此函数增序或减序的函数 $f(k+1)$、$f(k-1)$ 等。

为了说明怎样由离散时间系统引出描述该系统的差分方程，下面来看两个例子。

第一个例子，一空运控制系统，用一台计算机每隔1 s计算一次某飞机应有的高度 $x(k)$，另外用一雷达与以上计算同时对此飞机实测一次高度 $y(k)$，把应有高度 $x(k)$ 与 1 s 前的实测高度 $y(k-1)$ 相比较，得一差值，飞机的高度将根据此差值为正或为负来改变。设飞机改变高度的垂直速度正比于此差值，即 $v=K\big[x(k)-y(k-1\big]\,\mathrm{m/s}$，则从第 $(k-1)$ s 到第 k s 这 1 s 内飞机升高为 $K\big[x(k)-y(k-1)\big]=y(k)-y(k-1)$，经整理，即得

$$y(k)+(K-1)y(k-1)=Kx(k)$$

这就是表示控制信号 $x(k)$ 与响应信号 $y(k)$ 之间关系的差分方程，它描述了这个离散时间（每隔1 s计算和实测一次）的空运控制系统的工作。

第二个例子，一 RC 电路如图4–16（a）所示，若于输入端加一离散的采样信号，如图4–16（b）所示，现在要求写出描述此系统工作时每隔时间 T 输出电压 $u(k)$ 与输入信号间的关系的差分方程。图4–16（b）所示采样信号是一有始函数，它可以表示为如下冲激序列之和

$$e(t)=\sum_{k=0}^{\infty}\tau e(kT)\delta(t-kT) \tag{4-12}$$

现在来考察该电路在 $t \geqslant kT$ 时的输出响应。当 t 由小于 kT 且趋于 kT，而该时刻的冲激尚未施加时，输出电压为 $u(k)$。

由该时刻开始，即 $t \geqslant kT$ 时的电容电压零输入分量显然应为

$$u_{\mathrm{zi}}(t)=u(k)e^{\frac{-(t-kT)}{RC}}$$

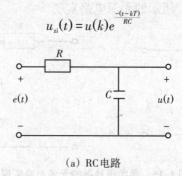

（a）RC电路

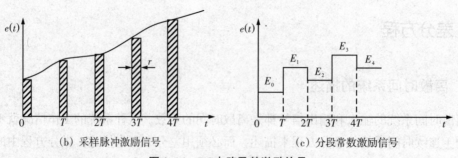

（b）采样脉冲激励信号　　　　　（c）分段常数激励信号

图4–16　RC 电路及其激励信号

此电路的冲激响应是

$$h(t)=\frac{1}{RC}\mathrm{e}^{-\frac{1}{RC}}$$

当 $t=kT$，第 k 个冲激 $\tau e(kT)\delta(t-kT)$ 加于电路后，即 $t>kT$ 时，电容电压的零状态分量应为

$$u_{zs}(t)=\frac{\tau e(kT)}{RC}\mathrm{e}^{\frac{-(t-kT)}{RC}}$$

于是，得 $t>kT$ 后总输出电压为

$$u(t)=u_{zi}(t)+u_{zs}(t)=\left[u(k)+\frac{\tau e(kT)}{RC}\right]\mathrm{e}^{-\frac{(t-kT)}{RC}}$$

当 $t=(k+1)T$ 时，上式成为

$$u(k+1)=\left[u(k)+\frac{\tau e(kT)}{RC}\right]\mathrm{e}^{-\frac{T}{RC}}$$

经整理，并将 $e(kT)$ 记为一般形式 $e(k)$，即得

$$u(k+1)-\mathrm{e}^{-\frac{T}{RC}}u(k)=\frac{\tau\mathrm{e}^{-\frac{T}{RC}}}{RC}e(k) \tag{4-13}$$

如果上述 RC 电路的输入信号并不是离散的冲激，而是如图4-16（c）所示分段常数函数 $e(t)=E_k$，则这个系统并不是离散时间系统。但如果知道各瞬时 $t=kT$ 的输出电压，则输入输出间的关系仍可用差分方程来表示。导出这个差分方程的办法和上面一样，即先由电路响应的零输入和零状态分量求得 $t>kT$ 时的电压 $u(t)$，然后用 $t=(k+1)T$ 代入，即得差分方程

$$u(k+1)-\mathrm{e}^{-\frac{T}{RC}}u(k)=\left(1-\mathrm{e}^{-\frac{T}{RC}}\right)E_k \tag{4-14}$$

这个结果的推演过程从略，作为练习留给读者去导得。这里所举的例子说明，在一定的条件下，连续时间系统的工作也可以用差分方程来描述，或者说也可以用处理离散时间系统的办法去研究。

式（4-13）、式（4-14），具有共同的形式，即 $y(k+1)+ay(k)=be(k)$，或

$$y(k+1)=-ay(k)+be(k) \tag{4-15a}$$

式（4-12）稍有不同，为

$$y(k)+ay(k-1)=be(k) \tag{4-15b}$$

差分方程可用如式（4-15a）函数增序的形式写出，称为前向差分方程。也可用如式（4-15b）函数减序的形式写出，称为后向差分方程。差分方程中未知函数的最高序号和最低序号的差数，称为方程的阶数。式（4-15）是一阶的线性差分方程，若系统为非时变的，系数 a 和 b 为常数，此时，该式是一阶常系数线性差分方程。同理，式（4-14）是二阶常系数线性差分方程。

差分方程和微分方程在形式上有一定相像的地方。以式（4-15a）和一阶常系数线性微分方程

$$\frac{\mathrm{d}y(t)}{\mathrm{d}t}=-Ay(t)+Be(t) \tag{4-16}$$

相比较，可以看出，若 $y(k)$ 与 $y(t)$ 相当，则 $y(k)$ 中离散变量序号加1与 $y(t)$ 对连续变量 t 取一阶导数相当，于是，式（4-15）和式（4-16）中各项都可一一对应。差分方程和微分

方程不仅形式相似，而且在一定条件下还可以互相转化。设时间间隔 T 足够小，当 $t=kT$ 时，有

$$\frac{\mathrm{d}y(t)}{\mathrm{d}t} \approx \frac{y((k+1)T) - y(kT)}{T}$$

于是，式（4-16）可以近似为

$$\frac{y(k+1) - y(k)}{T} = -Ay(k) + be(k)$$

经整理，得

$$y(k+1) = (1 - AT)y(k) + BTe(k) \qquad (4\text{-}17)$$

式（4-17）与式（4-15）具有相同的形式。由此可见，在 T 足够小的条件下，微分方程式（4-16）可以近似为差分方程式（4-17），T 值越小，近似越好。实际上，一阶微分方程的近似数值解法依据的正是这个原理。当利用数字计算机来解算微分方程时，总是先把微分方程近似为差分方程后，再进行计算。只要把时间间隔 T 取得足够小、计算数值的位数足够多，就可得到所需的精确度。

4.3.2　离散时间系统的模拟

差分方程既然与微分方程形式相似，对于离散时间系统也可像模拟连续时间系统那样，用适当的运算单元连接起来加以模拟。在模拟离散时间系统的运算单元中，除加法器、标量乘法器和模拟连续时间系统所用的相同外，关键的单元是延时器。延时器是用作时间上向后移序的器件，它能将输入信号延迟一个时间间隔 T，如图4-17（a）所示。若初始条件不为零，则于延时器的输出处用一加法器将初始条件 $y(0)$ 引入，如图4-17（b）所示。

延时器是一个具有记忆的系统，它能将输入数据储存起来，经过时间 T（单位为 s）后，在输出处释出。模拟离散时间系统所用的延时器相当于模拟连续时间系统所用的积分器。就像积分器中的积分符号可以用复变量 s^{-1} 来代替一样，模拟离散时间系统中延时器的延时符号 D 也可以用 Z 变换中的复变量 z^{-1} 来代替。关于 Z 变换的意义，将在4.4节详细讨论。

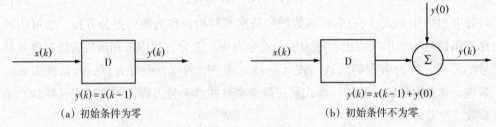

（a）初始条件为零　　　　　　　　　　　（b）初始条件不为零

图4-17　延时器

设描写系统的一阶差分方程为

$$y(k+1) + ay(k) = e(k)$$

或将此式改写成

$$y(k+1) = -ay(k) + e(k)$$

与此式相应的模拟图如图4-18所示。

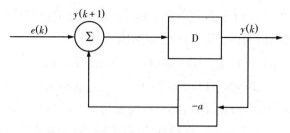

图4-18 一阶离散时间系统的模拟框图

若初始条件不为零，则与图4-17（b）一样，要紧接在延时器后，用一加法器将初始条件引入。由此可见，一阶离散时间系统的模拟框图和一阶连续时间系统的模拟框图具有相同的结构，只是前者用延时器来代替后者的积分器。

如果把图4-17中的延时器换成一积分器，则与该图相应的方程就成了微分方程式

$$y'(k) = -ay(t) + e(t)$$

上述对于一阶系统模拟的讨论可以推广到 n 阶系统。

描写 n 阶离散时间系统的差分方程为

$$y(k+n) + a_{n-1}y(k+n-1) + \cdots + a_0 y(k)$$
$$= b_m e(k+m) + b_{m-1}e(k+m-1) + \cdots + b_0 e(k) \tag{4-18a}$$

或简写成

$$\sum_{i=0}^{n} a_i y(k+i) = \sum_{j=0}^{m} b_j e(k+j) \tag{4-18b}$$

其中，$a_n = 1$。这一差分方程与描写 n 阶连续时系统的微分方程

$$\sum_{i=0}^{n} a_i y^{(i)}(t) = \sum_{j=0}^{m} b_j e^{(j)}(t)$$

相当，这里也有 $a_n = 1$。与一阶的情形一样，n 阶差分方程和 n 阶微分方程的各项也一一对应、形式相似；这就意味着 n 阶离散时间系统的模拟图与 n 阶连续时间系统的模拟图的结构相同，只是前者用延时器代替后者的积分器而已。这种模拟图如图4-19所示。

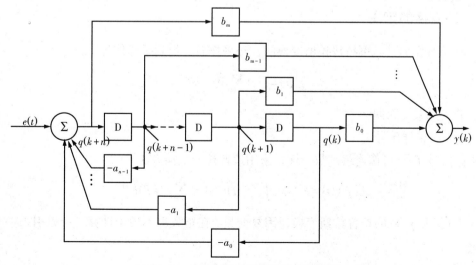

图4-19 n 阶离散时间系统的模拟框图

由于在差分方程中不仅包含激励函数 $e(k)$，还包含它的经移序后的函数 $e(k+m)$ 等，所以，在模拟图中，引用了辅助函数 $q(k)$。由图显然可见

$$q(k+n)+a_{n-1}q(k+n-1)+\cdots+a_0q(k)=e(k) \tag{4-19a}$$

$$y(k)=b_0q(k)+b_1q(k+1)+\cdots+b_mq(k+m) \tag{4-19b}$$

可以证明，式（4-19a）与式（4-19b）合起来与式（4-18）完全等效。

在此，还要提出一点注意事项：在描述实际的连续时间系统的微分方程中，激励函数导数的阶数 m 一般常小于响应函数导数的阶数 n，但 $m>n$ 的情况还是存在的。最简单的例子是加激励电压 $e(t)$ 于无耗电容器，则响应电流为

$$i(t)=C\frac{\mathrm{d}e(t)}{\mathrm{d}t}$$

此式中的 $n=0$，$m=1$。对于离散时间系统则不然，在式（4-18）所示的差分方程中，是不可能存在 $m>n$ 情况的。例如，任意写一简单差分方程

$$i(n)=e(n+1)+e(n)$$

这里，$n=0$，$m=1$。该式的含义是某一时刻 kT 的响应电流值 $i(kT)$ 依赖于时刻 $kT+T$ 的激励电压值 $e(kT+T)$，就是说，现在的响应决定于未来的激励，这就违反了系统的因果律。所以，在描写离散时间系统的差分方程中，激励函数的最高序号不能大于响应函数的最高序号，即 $m\leqslant n$。图4-19所示是 $m=n$ 的情形。

4.4　Z变换

Z变换的最初思想来源于连续系统。线性连续系统的动态及稳态性能可以用拉普拉斯变换方法进行分析。与此相似，线性离散系统的性能可以采用 Z 变换的方法来获得。Z变换是从拉普拉斯变换直接引申出来的一种变换方法，它实际上是采样函数拉普拉斯变换的变形。因此，Z 变换又称为采样拉普拉斯变换，是研究离散系统的重要数学工具。

4.4.1　Z变换的定义

设连续函数 $f(t)$ 是可拉普拉斯变换的，经采样后，得到采样信号

$$f^*(t)=f(t)\sum_{k=-\infty}^{+\infty}\delta(t-kT)$$

式中，T——采样周期；

k——采样序号。

研究采样信号 $f^*(t)$ 可像连续函数一样，采用拉普拉斯变换方法

$$L(f^*(t))=F^*(s)=\int_{-\infty}^{+\infty}f^*(t)\mathrm{e}^{-st}\mathrm{d}t=\sum_{k=0}^{\infty}f(kT)\mathrm{e}^{-kTs}$$

式中，$F^*(s)$ 为 $f^*(t)$ 的拉普拉斯变换，因复变量 s 在指数里不便于计算，所以引入一个新复变量

$$z=\mathrm{e}^{Ts}\quad 或\quad s=\frac{1}{T}\ln z$$

从而有

$$F^*(s)\big|_{s=\frac{1}{T}\ln z} = F(z) = \sum_{k=0}^{\infty} f(kT)(e^{Ts})^{-k} = \sum_{k=0}^{\infty} f(kT)z^{-k} \tag{4-20}$$

$F(z)$ 称为离散时间函数 $f^*(t)$ 的 Z 变换。Z 变换实际是一个无穷级数形式，它必须是收敛的。就是说，当极限 $\lim\limits_{N\to\infty}\sum\limits_{k=0}^{N} f(kT)z^{-k}$ 存在时，$f^*(t)$ 的 Z 变换才存在。

在 Z 变换过程中，由于考虑的是连续时间函数 $f(t)$ 经采样后的离散时间函数，或者说考虑的是在采样瞬间的采样值，所以式（4-20）只表示连续时间函数 $f(t)$ 在采样时刻的特性，而不能反映两个采样时刻之间的特性。从这个意义上说，连续时间函数 $f(t)$ 与相应的离散时间函数 $f^*(t)$ 具有相同的 Z 变换，即

$$Z\big(f(t)\big) = Z\big(f^*(t)\big) = F(z) = \sum_{k=0}^{\infty} f(kT)z^{-k}$$

常用时间函数的 Z 变换见表4-2。

表4-2

序号	$E(s)$	$e(t)$	$E(z)$
1	1	$\delta(t)$	1
2	$\dfrac{1}{s}$	$1(t)$	$\dfrac{z}{z-1}$
3	$\dfrac{1}{1-e^{-Ts}}$	$\delta_T(t) = \sum\limits_{n=0}^{\infty}\delta(t-nT)$	$\dfrac{z}{z-1}$
4	$\dfrac{1}{s^2}$	t	$\dfrac{Tz}{(z-1)^2}$
5	$\dfrac{1}{s^3}$	$\dfrac{t^2}{2}$	$\dfrac{T^2 z(z+1)}{2(z-1)^3}$
6	$\dfrac{1}{s^{n+1}}$	$\dfrac{t^n}{n!}$	$\lim\limits_{a\to 0}\dfrac{(-1)^n}{n!}\dfrac{\partial^n}{\partial a^n}\left(\dfrac{z}{z-e^{-aT}}\right)$
7	$\dfrac{1}{s+a}$	e^{-at}	$\dfrac{z}{z-e^{-at}}$
8	$\dfrac{1}{(s+a)^2}$	te^{-at}	$\dfrac{Tze^{-at}}{(z-e^{-aT})^2}$
9	$\dfrac{a}{s(s+a)}$	$1-e^{-at}$	$\dfrac{(1-e^{-aT})z}{(z-1)(z-e^{-aT})}$
10	$\dfrac{\omega}{s^2+\omega^2}$	$\sin\omega t$	$\dfrac{z\sin\omega T}{z^2-2z\cos\omega T+1}$
11	$\dfrac{s}{s^2+\omega^2}$	$\cos\omega t$	$\dfrac{z(z-\cos\omega T)}{z^2-2z\cos\omega T+1}$
12	$\dfrac{\omega}{(s+a)^2+\omega^2}$	$e^{-at}\sin\omega t$	$\dfrac{ze^{aT}\sin\omega T}{z^2 e^{2aT}-2ze^{aT}\cos\omega T+1}$
13	$\dfrac{s+a}{(s+a)^2+\omega^2}$	$e^{-at}\cos\omega t$	$\dfrac{z^2-ze^{-aT}\cos\omega T}{z^2-2ze^{aT}\cos\omega T+e^{-2aT}}$

4.4.2 脉冲传递函数

（1）脉冲传递函数的定义

在连续系统中，传递函数的定义为：在零初始条件下，输出 $c(t)$ 和输入 $r(t)$ 的拉普拉斯变换式之比，即

$$G(s) = \frac{C(s)}{R(s)}$$

类似的，采样系统的传递函数可定义为：在零初始条件下，输出 $c^*(t)$ 和输入 $r^*(t)$ 的 Z 变换式之比，即

$$G(z) = \frac{C(z)}{R(z)}$$

为了区别于连续系统，采样系统的传递函数称为脉冲传递函数或 Z 传递函数。值得提出的是，在列写具体环节的脉冲传递函数时，必须特别注意，在该环节的两侧都应该设置同步采样器，如图4-20（a）所示。求出系统脉冲传递函数，显然有

$$C(z) = G(z)R(z)$$

而

$$c^*(t) = Z^{-1}(C(z)) = Z^{-1}(G(z)R(z))$$

因此，求取 $c^*(t)$ 的关键仍在于求取系统的脉冲传递函数 $G(z)$。

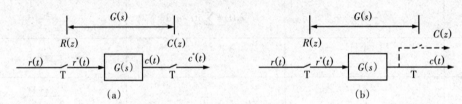

图4-20 开环采样系统

对于大多数实际系统来说，尽管其输入为采样信号，但其输出往往仍是连续信号 $c(t)$，而不是采样信号 $c^*(t)$，如图4-20（b）所示。这时，为了引出 $c^*(t)$ 及求取脉冲传递函数，可以在输出端虚设一个理想采样开关，如图4-20（b）中的虚线所示。它与输入端的采样开关同步工作，因此，具有相同的采样周期 T。这样，其脉冲传递函数 $G(s)$ 如图4-20（b）所示。从而可以确定脉冲传递函数 $G(z)$ 与连续传递函数 $G(s)$ 之间的关系。

参看图4-21，连续部分的输入为采样脉冲序列，为了讨论方便，选择单位脉冲函数 $\delta(t)$ 作为连续部分的输入。由于脉冲函数 $\delta(t)$ 的拉普拉斯变换与 Z 变换均为1，因此，根据连续的和脉冲的传递函数的定义，连续部分的连续输出量的拉普拉斯变换即为连续传递函数 $G(s)$，而连续部分的采样输出量的 Z 变换即为脉冲传递函数 $G(z)$。另一方面，当输入是脉冲函数时，连续部分的连续的和采样的输出量分别是连续部分的脉冲瞬态响应 $g(t)$ 和采样的脉冲瞬态响应 $g^*(t)$。由此可知，脉冲传递函数 $G(z)$ 就是连续传递函数 $G(s)$ 的拉普拉斯反变换——脉冲瞬态响应的采样函数 $g^*(t)$ 的 Z 变换，即

$$G(z) = Z\big(g^*(t)\big) = \sum_{n=0}^{\infty} g(nT)z^{-n}$$

或

$$G(z) = Z\big(g(t)\big) = Z\big(G(s)\big)$$

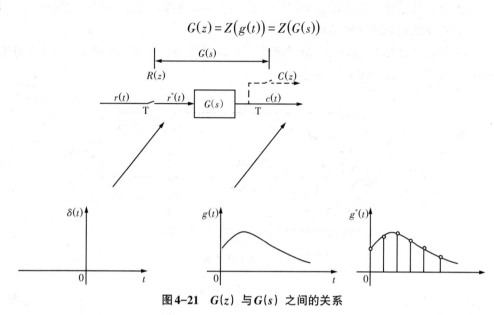

图4-21 $G(z)$ 与 $G(s)$ 之间的关系

由此可见，求脉冲传递函数 $G(z)$ 的步骤为：

① 求得连续部分的传递函数 $G(s)$；

② 求得连续部分的脉冲瞬态响应 $g(t) = L^{-1}\big(G(s)\big)$；

③ 求得采样的脉冲函数 $g^*(t)$ 的 Z 变换 $G(s)$。

下面举例说明。

【例4-1】 已知开环系统如图4-22所示，试求其脉冲传递函数 $G(z)$。

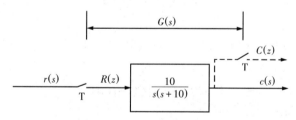

图4-22 例4-1开环采样系统

【解】 连续传递函数

$$G(s) = \frac{10}{s(s+10)}$$

脉冲瞬态响应为

$$g(t) = L^{-1}\left(\frac{10}{s(s+10)}\right) = L^{-1}\left(\frac{1}{s} - \frac{1}{s+10}\right)$$

查拉普拉斯反变换表，可得

$$g(t) = 1(t) - e^{-10t}$$

采样的脉冲瞬态响应 $g^*(t)$ 的 Z 变换 $G(z)$ 可以直接查 Z 变换表，得到

$$G(z) = Z(1(t)) - Z(e^{-10t}) = \frac{z}{z-1} - \frac{z}{z-e^{-10T}} = \frac{z(1-e^{-10T})}{(z-1)(z-e^{-10T})}$$

上式就是所求开环系统的脉冲传递函数。可见,脉冲传递函数与采样周期 T 有关。

（2）**闭环系统的脉冲传递函数**

闭环采样系统如图4-23所示,图中所有采样开关都同步工作,采样周期为 T。与连续系统类似,设采样系统的闭环脉冲传递函数为

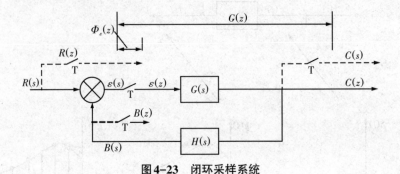

图4-23　闭环采样系统

$$\Phi(z) = \frac{C(z)}{R(z)} \qquad (4-21)$$

相应的,其偏差脉冲传递函数设为

$$\Phi_\varepsilon(z) = \frac{\varepsilon(z)}{R(z)}$$

下面分别求取这两个闭环脉冲传递函数。

求偏差脉冲传递函数 $\Phi_\varepsilon(z)$ 的过程如下。

由图4-23可知

$$\varepsilon^*(t) = r^*(t) - b^*(t)$$

即

$$\varepsilon(z) = R(z) - B(z) = R(z) - \varepsilon(z)Z(G(s)H(s)) = R(z) - \varepsilon(z)GH(z)$$

式中,

$$GH(z) = Z(G(s)H(s))$$

得偏差脉冲传递函数为

$$\Phi_\varepsilon(z) = \frac{\varepsilon(z)}{R(z)} = \frac{1}{1+GH(z)}$$

将 $C(z) = G(z)\varepsilon(z)$ 代入式（4-21）,消去中间变量 $\varepsilon(z)$,得闭环脉冲传递函数

$$\Phi(z) = \frac{C(z)}{R(z)} = \frac{G(z)}{1+GH(z)}$$

一般来说,采样系统结构图的形式将随着采样开关的位置及其个数的不同而不同。不同结构形式的脉冲传递函数一般也是不同的,这里限于篇幅,不再一一讨论。一些常见的情况见表4-3。

表 4-3　　　　　　　　　　典型闭环采样系统及其 $C(z)$

典型闭环采样系统	典型闭环采样系统的 $C(z)$
	$$C(z) = \dfrac{G(z)R(z)}{1 + GH(z)}$$
	$$C(z) = \dfrac{G(z)R(z)}{1 + G(z)H(z)}$$
	$$C(z) = \dfrac{RG(z)}{1 + HG(z)}$$
	$$C(z) = \dfrac{G_2(z)RG_1(z)}{1 + G_1G_2H(z)}$$
	$$C(z) = \dfrac{G_1(z)G_2(z)R(z)}{1 + G_1(z)G_2H(z)}$$
	$$C(z) = \dfrac{G(z)R(z)}{1 + G(z)H(z)}$$

4.4.3　Z 变换的性质和定理

与拉普拉斯变换相同，Z 变换有很多重要性质，可用于计算或直接分析离散控制系统，其中最常用的性质叙述如下。

①线性性质。

$$Z\big(a_1 f_1(t) \pm a_2 f_2(t)\big) = a_1 F_1(z) \pm a_2 F_2(z)$$

②求和定理（又称叠加定理）。

$$Z\left(\sum_{j=0}^{k} f(j)\right) = \frac{z}{z-1} Z(f(k))$$

$$Z\left(\sum_{j=0}^{k-1} f(j)\right) = \frac{z}{z-1} Z(f(k))$$

③ 平移定理。如果对于 $k < 0$，有 $f(k) = 0$，并且 $f(k)$ 有 Z 变换 $F(z)$，则

$$Z(f(t+nT)) = z^n F(z) - \sum_{j=0}^{n-1} z^{n-j} f(j)$$

$$Z(f(t-nT)) = z^{-n} F(z)$$

④ 初值定理。如果 $f(k)$ 有 Z 变换 $F(z)$，且极限 $\lim_{z \to \infty} F(z)$ 存在，则 $f(k)$ 的初始值 $f(0)$ 为

$$f(0) = \lim_{z \to \infty} F(z)$$

⑤ 终值定理。

$$\lim_{t \to \infty} f(t) = \lim_{z \to 1}\left(\frac{z-1}{z}\right) F(z) = \lim_{z \to 1}(1-z^{-1}) F(z)$$

运用终值定理的条件是：当 $z \geq 1$ 时，$(z-1)F(z)$ 对 Z 的所有导数都存在。

⑥ Z 变换的微分。

$$Z(tf(t)) = -Tz\frac{\mathrm{d}F(z)}{\mathrm{d}z}$$

⑦ 卷积定理。

$$Z(f_1(t)*f_2(t)) = Z\left(\sum_{j=0}^{k} f_1(jT) f_2(k-j)T\right) = F_1(z) F_2(z)$$

⑧ 尺度变换特性。

$$Z(a^k f(kT)) = F\left(\frac{z}{a}\right)$$

4.4.4　S域与Z域的关系

在 4.4.1 中指出，复变量 s 与 z 的关系是

$$z = \mathrm{e}^{Ts} \tag{4-22}$$

或

$$s = \frac{1}{T}\ln z \tag{4-23}$$

式中，T——取样周期。

如果将 s 表示为直角坐标形式

$$s = \frac{1}{T}\ln z = \frac{1}{T}\ln p + \mathrm{j}\frac{\theta + 2m\pi}{T} \quad (m = 0,\ \pm 1,\ \pm 2,\ \cdots;\ s = \sigma + \mathrm{j}w)$$

将它们代入到式（4-22）和式（4-23），得

$$\rho = \mathrm{e}^{\sigma T} \tag{4-24}$$

$$\theta = \omega T \tag{4-25}$$

由此可以看出，s 平面的左半平面 $(\sigma < 0)$ 映射到 z 平面的单位圆内部 $(|z| = \rho < 1)$；s 平面的右半平面 $(\sigma > 0)$ 映射到 z 平面的单位圆外部 $(|z| = \rho > 1)$；s 平面的 jw 轴 $(\sigma = 0)$ 映射为 z 平面中的单位圆 $(|z| = \rho = 1)$。其映射关系如图4-24所示。

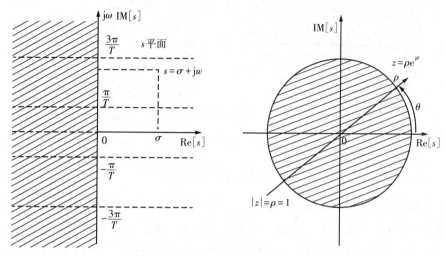

图4-24 s 平面与 z 平面的映射关系

还可以看出，s 平面上的实轴 $(\omega = 0)$ 映射为 z 平面的正实轴 $(\theta = 0)$，而原点 $(\sigma = 0, \omega = 0)$ 映射为 z 平面上 $z = 1$ 的点 $(\rho = 1, \theta = 0)$。s 平面上任一点 s_0 映射到 z 平面上的点为 $z = e^{s_0 T}$。

另一方面，由式（4-25）可知，当 ω 由 $-\pi/T$ 增长到 π/T 时，z 平面上辐角由 $-\pi$ 增长到 π。也就是说，在 z 平面上，θ 每变化 2π，相应于 s 平面上 ω 变化 $2\pi/T$。因此，从 z 平面到 s 平面的映射是多值的。在 z 平面上的一点 $z = \rho e^{j\theta}$，映射到 s 平面将是无穷多点，即

$$s = \frac{1}{T}\ln z = \frac{1}{T}\ln p + j\frac{\theta + 2m\pi}{T} \quad (m = 0, \pm 1, \pm 2, \cdots)$$

4.4.5 采样系统的稳定性

闭环系统脉冲传递函数

$$G(z) = \frac{b_m z^m + b_{m-1}z^{m-1} + \cdots + b_1 z + b_0}{z^n + a_{n-1}z^{n-1} + \cdots + a_1 z + a_0} \tag{4-26}$$

中分母多项式 $z^n + a_{n-1}z^{n-1} + \cdots + a_1 z + a_0 \underline{\Delta} A(z)$，称为系统的特征多项式。方程 $A(z) = 0$ 称为特征方程，特征方程的 n 个根称为系统的极点或系统的特征根。根据关于极点位置与系统动态响应的关系和稳定性的分析，线性定常系统式（4-26）为渐近稳定的充要条件是系统特征方程的所有根（系统脉冲传递函数的所有极点）都位于 z 平面的单位圆内。

因此，判定离散系统的稳定性问题就变成判定特征方程根的分布问题。最简单的方法是直接求解特征方程的根，看它们在 z 平面上的分布。但是，当特征多项式阶次较高时，直接求解特征方程比较困难。

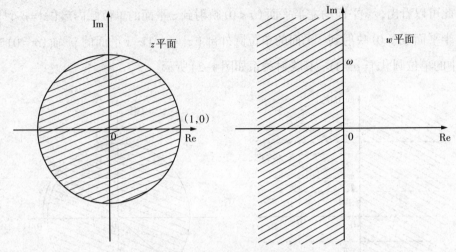

图4-25 z平面与s平面的对应关系

在连续系统分析中，采用劳斯判据，可以在不求解特征方程的前提下，判定特征方程的根是否在复平面s平面的左半平面。在采样系统中，无法用此判据直接判定特征根的模是否小于1。为了能利用劳斯判据，可以采用W变换，把z平面上的单位圆变成w平面上的虚轴，把单位圆的外部变成 ω 右半平面，把单位圆的内部变成 ω 左半平面，如图4-25所示。这样，就可以通过劳斯判据判定 ω 平面上位于 ω 右半平面的特征根的个数来间接判定采样系统的稳定性。

W变换是一双线性变换，令

$$w = \frac{z+1}{z-1} \quad \text{或} \quad z = \frac{w+1}{w-1} \tag{4-27}$$

即可构成W变换。

为了证明W变换能满足图4-25所示关系式，设

$$z = x + jy$$
$$w = \sigma + j\omega$$

并注意到式（4-27），有

$$w = \frac{x+jy+1}{x+jy+1} = \frac{(x^2+y^2)-1}{(x-1)^2+y^2} + j\frac{-2y}{(x-1)^2+y^2} = \sigma + j\omega \tag{4-28}$$

根据式（4-28），可以看到，当

$x^2 + y^2 > 1$，则 $\sigma > 0$，即z平面上的单位圆外部对应w平面的右半平面。

$x^2 + y^2 = 1$，则 $\sigma = 0$，即z平面上的单位圆外部对应w平面的虚轴。

$x^2 + y^2 < 1$，则 $\sigma < 0$，即z平面上的单位圆外部对应w平面的左半平面。

【例4-2】 设采样控制系统的特征方程为 $F(z) = 45z^3 - 117z^2 - 119z - 39 = 0$，试判断该采样系统的稳定性。

【解】 对该采样系统的特征方程作W变换，得

$$F_w(w) = F(z)\big|_{z=\frac{w+1}{w-1}} = 45 \times \left(\frac{w+1}{w-1}\right)^3 - 117 \times \left(\frac{w+1}{w-1}\right)^2 - 119 \times \left(\frac{w+1}{w-1}\right) - 39 = 0$$

化简后，得

$$40w^3 + 2w^2 + 2w + 1 = 0$$

作劳斯阵列

$$
\begin{array}{ccc}
w_3 & 40 & 2 \\
w_2 & 2 & 1 \\
w_1 & -18 & 0 \\
w_0 & 1 & 0
\end{array}
$$

根据劳斯稳定判据，$F_w(w)$ 在 w 右半平面有两个根，因此，$F(z)$ 在单位圆外有两个根，所以，该采样系统不稳定。

4.4.6 采样控制系统的稳态分析

考虑图4-26所示单位反馈系统，其中 $G(s)$ 为广义对象。讨论它在典型输入信号下系统的稳态误差。首先求出误差的采样信号 $e^*(t)$ 的 Z 变换与输入采样信号 $r^*(t)$ 的 Z 变换 $R(z)$ 之间的关系。

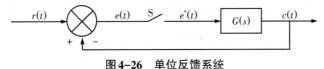

图4-26 单位反馈系统

由

$$e(t) = r(t) - c(t)$$

即

$$e^*(t) = r^*(t) - c^*(t)$$

或

$$e(\infty) = \lim_{z \to 1}\left[\frac{z-1}{z}\frac{1}{1+G(z)}\frac{z}{z-1}\right] = \frac{1}{1+G(1)} = \frac{1}{K_p}$$

以及

$$C(z) = G(z)E(z)$$

立即得到

$$E(z) = \frac{R(z)}{1+G(z)}$$

利用 Z 变换的终值定理，可求得系统稳态误差为

$$e(\infty) = \lim_{k \to \infty}e(k) = \lim_{z \to 1}\left(\frac{z-1}{z}\right)\frac{R(z)}{1+G(z)}$$

根据 $G(z)$ 中包含 $z=1$ 的极点个数，可以将系统分成：0型（没有 $z=1$ 的极点），1型（1个 $z=1$ 的极点），2型（2个 $z=1$ 的极点）等。

（1）单位阶跃输入

$$R(z) = \frac{z}{z-1}$$

$$e(\infty) = \lim_{z \to 1}\left[\frac{z-1}{z}\frac{1}{1+G(s)}\frac{z}{z-1}\right] = \frac{1}{1+G(s)} = \frac{1}{K_p}$$

其中，$K_p = 1 + G(s)$ 为位置误差参数。

对于0型系统，K_p 为有限值，故有

$$e(\infty) = \frac{1}{K_p}$$

对于1型或高于1型的系统，有 $G(1) = \infty$，所以有 $e(\infty) = 0$，系统无稳态误差。

（2）单位斜坡输入

$$R(z) = \frac{Tz}{(z-1)^2}$$

$$e(\infty) = \lim_{z \to 1}\left[\left(\frac{z-1}{z}\right)\frac{1}{1+G(z)}\frac{Tz}{(z-1)^2}\right] = T\lim_{z \to 1}\left[\frac{1}{(z-1)G(z)}\right] = \frac{T}{K_v}$$

其中，$K_v = \lim_{z \to 1}(z-1)G(z)$ 为速度误差系数。对于0型系统，$K_v = 0$，即 $e(\infty) = \infty$。对于1型系统，K_v 为有限值，$e(\infty) = T/K_v$ 也是有限值。对于2型及以上系统，$K_v = \infty$，故 $e(\infty) = 0$。

综上所述，采样控制系统的稳态误差与广义对象对应的脉冲传递函数 $G(z)$ 中所含 $z = 1$ 的极点个数密切相关。在非阶跃输入时，还和采样周期有关。

思考题

4-1 试以图说明模拟信号、离散模拟信号和数字信号。

4-2 叙述采样定理，在模数转换系统中采样频率一般如何确定？

4-3 一个计算机控制系统的最小采样周期受到什么因素限制？

4-4 叙述量化单位和量化误差的含义，以及它们与转换信号、转换器位数的关系。

4-5 以常见A/D转换芯片为例,简述其主要性能指标以及在选用时主要考虑哪些问题。

第 5 章 数字控制器设计

【本章重点】
- 数字控制系统的数学描述和分析方法；
- 数字控制器连续化设计方法、PID 算法与改进及参数整定；
- 数字控制器离散化设计方法、最少拍控制及大林、施密斯预估算法；
- 数字串级控制器的设计。

【课程思政】

控制算法是计算机控制系统的核心思想，"人生处处是闭环"，也是青年学生的重要信念之一。每个学生都应该设定好自己的人生目标，控制生活的各种"误差"。习近平总书记说："青年兴则国家兴，青年强则国家强。"作为青年人，我们必须以主人翁的姿态，坚守自律，跻身历史洪流、勇做时代弄潮儿，不负韶华，利国利民。

自动化控制系统的核心是控制器。控制器的任务是按照一定的控制规律，产生满足工艺要求的控制信号，以输出驱动执行器，达到自动控制的目的。在传统的模拟控制系统中，控制器的控制规律或控制作用是由仪表或电子装置的硬件电路完成的；而在计算机控制系统中，除了计算机装置外，更主要地体现在软件算法上，即数字控制器的设计上。而分析和设计数字控制器（系统）的前提条件是建立它的数学模型，即对其进行有效的数学描述。通常，数字控制器的设计有间接（连续化）设计和直接（离散化）设计两种方法。

对于复杂的过程控制系统（如串级控制）和机械加工类的运动控制系统（如数字程序控制），同样可以通过计算机实现其控制算法。

5.1 数字控制器的连续化设计

5.1.1 数字控制器的连续化设计步骤

在如图 5-1 所示单回路计算机控制系统中，$G(s)$ 是被控对象的传递函数，$H_0(s)$ 是零阶保持器，$D(z)$ 是数字控制器。现在的设计问题是如何根据被控对象 $G(s)$，设计出满足系统性能指标要求的数字控制器 $D(z)$，其设计步骤主要包括以下几方面：

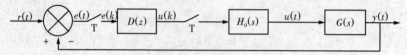

图5-1 计算机控制系统的结构图

（1）设计假想的连续控制器 $D(s)$

设计控制器 $D(s)$ 有两种方法：一种设计方法是事先确定控制器的结构，如后面将要重点介绍的 PID 算法等，然后通过其控制参数的整定完成设计；另一种设计方法是应用连续控制系统的设计方法，如频率特性法、根轨迹法等，设计出控制器的结构和参数。

（2）将 $D(s)$ **离散化为** $D(z)$

将连续控制器 $D(s)$ 离散化为数字控制器的目的是能够或便于用计算机实现。离散化的方法很多，如双线性变换法、差分变换法、冲击响应不变法、零极点匹配法、零阶保持器法等。由于数字控制器是在线控制的，对实时性的要求较高，因此，在保证精度的前提下，应尽量选用简捷的离散化方法。这里，只介绍常用的双线性变换法和差分变换法。

① 双线性变换法。按照 Z 变换的定义，利用级数展开，可得

$$z = e^{sT} = \frac{e^{\frac{sT}{2}}}{e^{\frac{-sT}{2}}} = \frac{1 + \frac{sT}{2} + \cdots}{1 - \frac{sT}{2} - \cdots} \approx \frac{1 + \frac{sT}{2}}{1 - \frac{sT}{2}} \tag{5-1}$$

式（5-1）称为双线性变换法或塔斯廷（Tustin）近似法，并由此可解得

$$s = \frac{2}{T} \frac{z-1}{z+1}$$

则 $D(s)$ 离散化后的脉冲传递函数为

$$D(z) = D(s)\Big|_{s = \frac{2}{T}\frac{z-1}{z+1}}$$

双线性变换法也可以从数值积分的梯形法对应得到，故也称为梯形积分法。

② 差分变换法。又分为前向差分法和后向差分法两种。

• 前向差分法。将 $z = e^{sT}$ 直接展开成泰勒级数，有

$$z = e^{sT} = 1 + sT + L \approx 1 + sT$$

从而得到 s 与 z 之间的变换关系，即

$$s = \frac{z-1}{T}$$

则 $D(s)$ 离散化后的脉冲传递函数为

$$D(z) = D(s)\Big|_{s = \frac{z-1}{T}}$$

• 后向差分法。变形后，再展开成泰勒级数，有

$$Z = e^{sT} = \frac{1}{e^{-sT}} \approx \frac{1}{1 - sT}$$

由此得到 s 与 z 之间的变换关系，即

$$s = \frac{z-1}{Tz}$$

则离散化后的脉冲传递函数为

$$D(z) = D(s)\Big|_{s = \frac{z-1}{Tz}}$$

这种差分变换法也可由数值微分转化成差分方程而求得。

比较上述方法，双线性变换法的优点在于，它把 S 左半平面转换到 Z 平面的单位圆内，所以 $D(s)$ 稳定，则 $D(z)$ 也稳定。而前向差分法会将 S 左半平面区域映射到 Z 平面的单位圆外，因此，即便稳定，也会造成 $D(z)$ 不稳定，数字控制器本身的不稳定势必会使离散系统不稳定；从另一个角度看，用前向差分法所得到的算法 $D(z)$ 在计算控制量 $U(z)$ 时，需要在 A 时刻知道 $A+1$ 时刻的 $e(k+1)$，这在物理上也是难以实现的。因此，在将 $D(s)$ 离散化为 $D(z)$ 的转换中，常用双线性变换法和后向差分变换法。

（3）设计由计算机实现的控制算法

设数字控制器的一般形式为

$$D(z) = \frac{U(z)}{E(z)} = \frac{b_0 + b_1 z^{-1} + \cdots + b_m z^{-m}}{1 + a_1 z^{-1} + \cdots + a_n z^{-n}} \tag{5-2}$$

式中的 $n \geq m$；各系数 a_i，b_i 为实数。

式（5-2）可写为

$$D(z) = \left(-a_1 z^{-1} - a_2 z^{-2} - \cdots - a_n z^{-n}\right)U(z) + \left(b_0 + b_1 z^{-1} + \cdots + b_m z^{-m}\right)E(z) \tag{5-3}$$

式（5-3）用时域表示为

$$u(k) = -a_1 u(k-1) - a_2 u(k-2) - \cdots - a_n u(k-n) + b_0 e(k) + b_1 e(k-1) + \cdots + b_m e(k-m) \tag{5-4}$$

利用式（5-4），即可实现计算机编程，式（5-4）称为数字控制器的控制算法。

（4）校验

控制器 $D(z)$ 设计完并得到控制算法后，需按照图5-2所示计算机控制系统检验其闭环性能是否符合设计要求，这一步可由计算机控制系统的数字仿真来验证。若满足设计要求，则设计结束；否则，应重新修改设计。

5.1.2　PID控制规律

PID控制是连续系统中技术最成熟、应用最为广泛的一种控制方式，PID是proportional（比例）、integral（积分）、differential（微分）三者的缩写，PID控制即根据测量反馈后得到的输入偏差值，按照比例、积分、微分的函数关系进行运算，其运算结果用以输出控制。

图5-2为PID控制系统原理框图，这是由一个模拟PID控制器和被控对象组成的简单控制系统。下面简述比例、积分、微分及其组合的控制规律和作用。

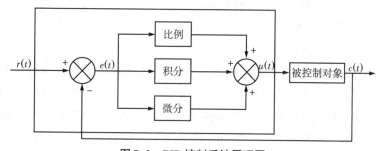

图5-2　PID控制系统原理图

（1）比例控制

比例控制作用是指控制器的输出与输入偏差成比例关系。其数学表达式为

$$u(t) = K_p e(t)$$

式中，$u(t)$ ——控制器的输出；

　　$e(t)$ ——控制器的输入偏差；

　　K_p ——比例系数。

比例控制器的阶跃响应曲线如图5-3所示，在出现偏差的同时，立即能产生与之成比例的控制作用，效果是立即减少偏差。

比例控制作用的强弱，除了与偏差有关，主要取决于比例系数。比例系数越大，控制作用越强，控制系统的动态特性也越好；反之，比例系数越小，控制作用越弱。但对于多数惯性环节，当K_p太大时，会引起自激振荡。

比例控制器的优点是调节及时，缺点是系统存在余差。因此，对于扰动较大、惯性较大的系统，若采用单纯的比例控制器，就难于兼顾动态和静态特性，因此，需要配合其他控制规律。

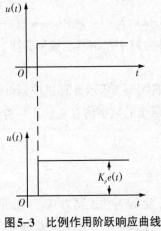

图5-3　比例作用阶跃响应曲线

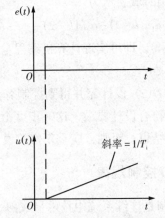

图5-4　积分作用阶跃响应曲线

（2）积分控制

积分控制作用是指控制器的输出与输入偏差的积分成比例关系。其数学表达式为

$$u(t) = \frac{1}{T_i} \int_0^t e(t) \mathrm{d}t$$

式中，T_i ——积分时间，表示积分速度的快慢。

积分作用的阶跃响应特性曲线如图5-4所示，其变化斜率与H有关。T_i越小，积分速度越快，积分控制作用越强。

积分作用的特点是控制器的输出不仅与输入偏差的大小有关，而且与偏差存在的时间有关，只要偏差存在，输出就会随着时间不断变化，直到消除余差。因此，积分作用能消除余差。但从图5-4中可以看出，在偏差刚一出现时，积分输出很小，因而控制作用不能及时克服扰动的影响，致使被调参数的动态偏差增大、稳定性下降。因此，它很少被单独使用。

（3）微分控制

微分控制作用是指控制器的输出与输入偏差的变化速度成比例关系。其数学表达式为

$$u(t) = T_d \frac{\mathrm{d}e(t)}{\mathrm{d}t} \tag{5-5}$$

式中，T_d——微分时间，表示微分作用的强弱；

$\dfrac{\mathrm{d}e(t)}{\mathrm{d}t}$——偏差对时间的导数，即偏差的变化速度。

式（5-5）表示的是理想微分控制作用，实用价值不大。工业上实际的控制器采用的都是一种近似的实际微分作用，也称为不完全微分作用。它的阶跃响应特性曲线如图 5-5 所示，在偏差刚刚出现的瞬间，输出突然升到一个较大的有限数值，然后按照指数规律衰减至零。大时，微分作用衰减缓慢、持续时间长、微分作用强；反之，小时，微分作用弱。

微分作用的特点是，根据偏差变化的趋势（速度），提前给出较大的调节作用，从而加快系统的动作速度，减小了调节时间，因而具有超前控制作用。但对于一个固定的偏差，不管其数值多大，都不会产生微分作用，即不能消除余差。因此，微分作用也不宜单独使用。

（4）比例、积分、微分控制

当把比例、积分、微分三种作用综合起来，就成为比例、积分、微分控制作用，也即PID控制器。其数学表达式为

$$u(t) = K_p \left[e(t) + \frac{1}{T_i} \int_0^t e(t)\mathrm{d}t + T_d \frac{\mathrm{d}e(t)}{\mathrm{d}t} \right] \tag{5-6}$$

或写成传递函数形式

$$G(s) = \frac{U(s)}{E(s)} = K_p \left(1 + \frac{1}{T_i s} + T_d s \right)$$

式中，K_p——比例系数；

T_i——积分时间；

T_d——微分时间。

它的阶跃响应特性曲线也是比例、积分、微分三者响应曲线的叠加，如图 5-5 所示。当偏差阶跃信号刚一出现时，微分作用最大，使控制器总的输出大幅度增加，产生一个较强的超前控制作用，以抑制偏差的进一步增大；随后，微分作用逐渐减弱而积分作用逐渐占主导地位，最终将余差消除。在整个控制过程中，比例作用始终与偏差相对应，它对保持系统的稳定起着至关重要的作用。因此，采用PID控制，无论是从静态还是从动态的角度来说，调节品质均得到了较大的改善，从而使得PID控制器成为一种应用最为广泛的控制器。

显然，PID控制器中的比例、积分、微分作用是通过比例系数 K_p、积分时间 T_i 和微分时间 T_d 这 3 个参数来实现的。所以，只要这 3 个参数选择得合适，就可以获得良好的控制质量。在实际应用中，根据被控对象的特性和控制要求，可以灵活地采用某种控制规律的组合，如比例控制、比例积分控制或比例积分微分控制等。

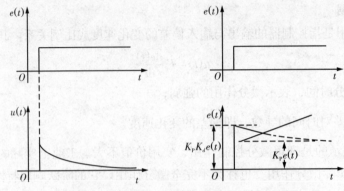

图5-5 比例、积分、微分作用阶跃响应曲线

归纳起来，PID控制规律主要具有以下优点。

① 蕴含了动态控制过程中的过去、现在和将来的主要信息。其中，比例（P）代表当前的信息，起纠正偏差的作用，使过程反应迅速；微分（D）代表将来的信息，在信号变化时，有超前控制作用，使系统的过渡过程加快，克服振荡，提高系统的稳定性；积分（I）代表过去积累的信息，它能消除静差，改善系统静态特性。此3种作用配合得当，可使动态过程快速、平稳、准确，收到良好的控制效果。

② 控制适应性好，有较强的鲁棒性，适合于各种工业应用场合。

③ 算法简单明了，形成了完整的设计和参数整定方法，很容易被工程技术人员掌握。

5.1.3 数字PID控制算法

模拟PID控制器是用硬件电路来实现比例、积分和微分控制规律的，在计算机控制系统中，使用的是数字PID控制器，也即用计算机软件来实现PID控制规律。当采样周期足够短时，用求和代替积分、用后向差分代替微分，就可以使模拟PID离散为数字PID控制算法。

（1）数字PID位置型控制算法

为了便于计算机实现PID控制，必须把式（5-6）变换成差分方程，为此，可作如下近似，即

$$\int_0^t e(t)\mathrm{d}t \approx T\sum_{i=0}^{k}e(i) \tag{5-7}$$

$$\frac{\mathrm{d}e(t)}{\mathrm{d}t} \approx \frac{e(k)-e(k-1)}{T} \tag{5-8}$$

式中，T——采样周期；

k——采样序号。

由式（5-6）、式（5-7）、式（5-8）可得数字PID位置型控制算式为

$$u(k)=K_p\left[e(k)+\frac{T}{T_i}\sum_{i=0}^{k}e(i)+T_d\frac{e(k)-e(k-1)}{T}\right] \tag{5-9}$$

或

$$u(k)=K_p e(k)+K_i\sum_{i=0}^{k}e(i)+K_d\left[e(k)-e(k-1)\right] \tag{5-10}$$

式中， K_p——比例系数， $K_p = 1/\delta$ ；

K_i——积分系数， $K_i = K_p \dfrac{T}{T_i}$ ；

K_d——微分系数， $K_d = K_p \dfrac{T_d}{T}$ 。

式（5-9）或式（5-10）中的输出 $u(k)$ 同调节阀的开度（位置）是——对应的，因此，称为基本数字PID位置型控制算式。

（2）数字PID增量型控制算法

由式（5-9）、式（5-10）可以看出，位置型算式使用很不方便，这是因为要累加所有的偏差 $e(i)$ ，不仅要占用较多的存储单元，而且不便于编写程序。为此，可对式（5-9）、式（5-10）进行递推，获得 $u(k-1)$ 、 $\Delta u(k)$ 的增量型形式。

下面给出另一种方法——后向差分法，对式（5-2）进行散化推导。

传递函数可写为

$$
\begin{aligned}
G(z) &= \frac{U(z)}{E(z)} \approx G(s) \big| s = (1 - z^{-1}) / T \\
&= K_p \left[1 + \frac{T}{T_i(1 - z^{-1})} + \frac{T_d(1 - z^{-1})}{T} \right] \\
&= \frac{1}{1 - z^{-1}} K_p \left[(1 - z^{-1}) + \frac{T}{T_i} + \frac{T_d}{T}(1 - z^{-1})^2 \right] \\
&= \frac{1}{1 - z^{-1}} K_p \left[\left(1 + \frac{T}{T_i} + \frac{T_d}{T} \right) - \left(1 + 2\frac{T_d}{T} \right) z^{-1} + \frac{T_d}{T} z^{-2} \right]
\end{aligned}
$$

注意：在推导过程中，保留分母的 $(1 - z^{-1})$ 因子

$$
\Delta u(k) = u(k) - u(k-1) = q_0 e(k) + q_1 e(k-1) + q_2 e(k-2)
$$

式中

$$
q_0 = K_p \left(1 + \frac{T}{T_i} + \frac{T_d}{T} \right), \quad q_1 = -K_P \left(1 + \frac{2T_d}{T} \right), \quad q_2 = K_p \frac{T_d}{T} \tag{5-11}
$$

式（5-11）称为基本数字PID的增量型控制算式。

（3）数字PID控制算法实现方式比较

在控制系统中，若执行机构采用调节阀，则控制量对应阀门的开度表征了执行机构的位置，此时控制器应采用数字PID位置型控制算法，如图5-6（a）所示。若执行机构采用步进电机，则在每个采样周期，控制器输出的控制量是相对于上次控制量的增加，此时控制器应采用数字PID增量型控制算法，如图5-6（b）所示。

图5-6 数字PID位置型与增量型控制算法示意图

① 增量型控制算法与位置型控制算法相比较，具有以下优点：增量型控制算法不需要做累加，控制量的确定仅与最近几次误差采样值有关，其计算误差或计算精度对控制量的影响较小，而位置型控制算法要求用到过去的误差累加值，容易产生较大的累加误差。

② 增量型控制算法得出的是控制量的增量，例如，在阀门控制中，只输出阀门开度的变化部分，误差影响小，必要时，通过逻辑判断限制或禁止本次输出，不会严重影响系统的工作，而位置型控制算法的输出是控制量的全量输出，因而误动作的影响大。

③ 采用增量型控制算法易于实现从手动到自动的无扰动切换。因此，在实际控制中，增量型控制算法要比位置型控制算法应用得更为广泛。

(4) 数字PID控制算法流程

图5-7给出了数字PID增量型控制算法的流程图。实际上，利用增量型控制算法也可得到位置型控制算法，即

$$u(k) = u(k-1) + \Delta u(k) = u(k-1) + q_0 e(k) + q_1 e(k-1) + q_2 e(k-2) \tag{5-12}$$

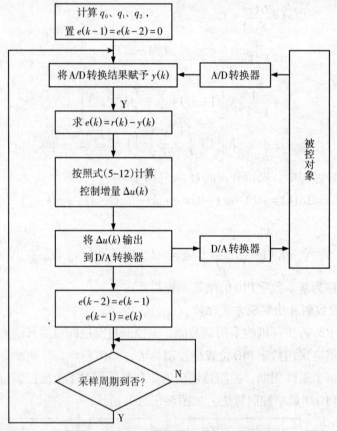

图5-7　数字PID增量型控制算法的流程图

5.1.4　改进的数字PID控制算法

用计算机实现PID控制，不只是简单地把模拟PID离散化，而是要充分发挥计算机的运算速度快、逻辑判断功能强、编程灵便等优势，使PID控制更加灵活多样，更能够满足对控制系统提出的各种要求。下面介绍几种改进的数字PID控制算法。

（1）积分分离算法

在一般的 PID 控制算法中，当有较大的扰动或大幅度改变设定值时，由于短时间内出现大的偏差，加上系统本身具有的惯性和滞后，在积分作用下，将引起系统过量的超调和长时间的波动。特别是对于温度、成分等大惯性、大滞后的系统，这一现象更为严重。考虑到积分的主要作用是消除系统的稳态偏差，在偏差较大的过程中，积分的作用并不明显，为此，可以通过下面的积分分离措施来改变这一情况。

积分分离措施是设置一个积分分离阈值，即在系统的设定值附近画一条带域，其宽度为 2β。当偏差较大时，取消积分作用；当偏差较小时，才投入积分作用，即有以下两种情况：

当 $|e(k)| > \beta$ 时，采用 PD 控制，可使超调量大幅度减小；

当 $|e(k)| \leq \beta$ 时，采用 PID 控制，可保证稳态误差为零。

积分分离阈值是一个根据具体对象及控制要求来确定的相对值。若 β 值过大，则达不到积分分离的目的；若 β 值过小，一旦被控量 y 无法跳出积分分离区，则只进行 PD 控制，将无法消除残差；只有值适中，才能达到兼顾稳态偏差与动态品质的积分分离目的。对于同一控制对象，分别采用普通 PID 控制和积分分离式 PID 控制。

积分分离除了采用上述简单的积分"开关"控制外，还可以采用所谓变速积分的算法。变速积分的基本思想是改变积分增益的大小，使其与输入偏差的大小相对应：偏差越大，积分作用越弱，反之则越强。

下面介绍一种变速积分的算法：设置系数 $f(e(k))$，它是 $e(k)$ 的函数，当 $|e(k)|$ 增大时，f 减小，反之增大。变速积分 PID 的积分项表达式为

$$u_i(k) = K_i \left[\sum_{j=0}^{k-1} e(j) + f(e(k))e(k) \right]$$

f 与偏差当前值 $|e(k)|$ 的关系设为

$$f(e(k)) = \begin{cases} 1, & |e(k)| \leq B \\ \dfrac{A - |e(k)| + B}{A}, & B < |e(k)| \leq A + B \\ 0, & |e(k)| > A + B \end{cases}$$

$f(e(k))$ 在 $0 \sim 1$ 区间内变化：当偏差大于所给分离区间 $A+B$ 后，$f(e(k)) = 0$，即积分项不再继续累加当前值 $e(k)$；当偏差小于等于 B 时，累加当前值 $e(k)$，即积分项与普通 PID 积分项相同，积分动作达到最高速；而当偏差在 B 与 $A+B$ 之间时，则累加进的是部分当前值，其值在 $0 \sim e(k)$ 之间，且随着 $e(k)$ 的大小反向变化。

显然，变速积分是普通积分分离算法的一种改进。与普通 PID 算法相比，积分分离算法的优点是可以减小系统的超调量，容易使系统稳定，提高控制系统的品质。

（2）抗积分饱和算法

虽然 PID 控制系统是作为线性系统来分析处理的，但在某些情况下，往往存在不可避免的非线性因素，如所有的执行机构、阀门和 D/A 转换输出都有限幅，具有上下限的限制。控制系统在运行过程中，控制量输出是一个动态过程（不是与当前的被控量一一对应的），有时不可避免地使控制输出达到系统的限幅值。这时的执行器将保持在极限位置而

与过程变量无关，相当于控制系统处于开环状态。此时，若控制器具有积分作用，输入偏差的存在可能导致持续积分，积分项可能会进一步使 PID 计算的控制输出超出系统的限幅值。当偏差反向时，系统需要很长的时间才能使积分作用返回有效的正常值。这一现象称为积分饱和，积分饱和现象会使控制系统的品质变差。

从上面对积分饱和现象的分析，很容易得到一种简单的抗积分饱和的办法，即当出现积分饱和时，通过停止积分作用的方法来抑制积分的饱和。具体的办法是，当控制输出达到系统的上、下限幅值时，停止对某一方向的积分。设控制器输出满足 $u_{\min} \leqslant u(k) \leqslant u_{\max}$。其中，$u_{\max}$ 和 $u_{\min}$ 分别为控制量容许的上、下限值，当 $u(k)$ 超出此范围时，采取停止积分的措施。以采用正作用的 PID 控制为例，若 $u(k) \geqslant u_{\max}$，且 $e(k) < 0$，则令积分增益 $K_i = 0$，停止积分，防止计算控制量 u 的继续增加；类似的，若 $u(k) \leqslant u_{\max}$，且 $e(k) < 0$，同样积分增益 $K_i = 0$，停止积分，防止计算控制量 u 的继续减小。当然，在要求不高时，也可以不考虑偏差 $e(k)$ 的方向，只要达到控制量容许的上、下限值，就停止积分。

这里要特别注意，是否采取抗积分饱和措施的关键是判断控制系统最终的控制输出是否超出了系统要求的限幅值。在串级控制系统中，积分饱和现象有时非常严重，这时控制最后的输出是副调节器的输出，当它已经达到执行机构容许的上、下限值时，不仅副调节器要采取抗积分饱和措施，更重要的是主调节器要抗积分饱和，例如，在火电厂主蒸汽温度的串级控制中，一般主调节器必须采取抗积分饱和的算法。

从形式上看，尽管积分分离算法和抗积分饱和算法都是通过停止积分作用实现的，但它们判断停止积分的条件完全不同。积分分离算法进行分离的依据是 PID 控制器的输入偏差 e，而抗积分饱和算法的抗积分饱和依据是抗积分饱和算法系统最终的控制输出量 u。如果用一句通俗简单的话来总结积分分离算法和抗积分饱和算法的特点，就是"大偏差时不积分（积分分离），输出超限时也不积分（抗饱和）"。

（3）不完全微分 PID 控制算法

首先，基本数字 PID 控制算式对于具有高频扰动的生产过程，微分作用响应过于灵敏，容易引起控制过程振荡，降低调节品质。其次，当输入偏差变化大而导致 $U(t)$ 有较大的输出变化时，由于计算机对每个控制回路的输出时间是短暂的，而驱动执行器动作又需要一定时间，这会造成短暂时间内执行器达不到应有的开度，使输出失真。为了克服这一缺点，同时又使微分作用有效，可以在 PID 控制输出端串联一个一阶惯性环节，组成一个不完全微分的数字 PID 控制器，如图 5-8 所示。其传递函数为

$$G(s) = \frac{U(s)}{E(s)} = K_p \frac{1}{1 + T_f s}\left(1 + \frac{1}{T_i s} + T_d s\right)$$

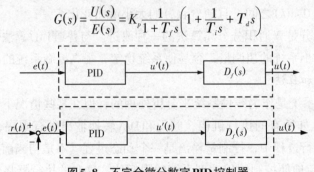

图 5-8　不完全微分数字 PID 控制器

在图5-8中，一阶惯性环节的传递函数为

$$D_f(s) = \frac{1}{T_f s + 1}$$

因为

$$u'(t) = K_p\left[e(t) + \frac{1}{T_i}\int_0^t e(t)\mathrm{d}t + T_d\frac{\mathrm{d}e(t)}{\mathrm{d}t}\right]$$

$$T_f\frac{\mathrm{d}u(t)}{\mathrm{d}t} + u(t) = u'(t)$$

所以

$$T_f\frac{\mathrm{d}u(t)}{\mathrm{d}t} + u(t) = K_p\left[e(t) + \frac{1}{T_i}\int_0^t e(t)\mathrm{d}t + T_d\frac{\mathrm{d}e(t)}{\mathrm{d}t}\right] \tag{5-13}$$

对式（5-13）进行离散化（微分用后向差分替代、积分用求和替代），可得不完全微分数字PID位置型控制算式

$$u(k) = \alpha u(k-1) + (1-\alpha)u'(k)$$

式中，

$$u'(k) = K_p\left[e(k) + \frac{T}{T_i}\sum_{i=0}^k e(i) + T_d\frac{e(k) - e(k-1)}{T}\right]$$

$$\alpha = \frac{T_f}{T_f + T}$$

与基本PID控制器一样，不完全微分PID控制器也有增量型控制算式，即

$$\Delta U(k) = \alpha\Delta U(k-1) + (1-\alpha)\Delta u'(k)$$

式中，

$$\Delta u'(k) = K_p[e(k) - e(k-1)] + K_i e(k) + K_d[e(k) - 2e(k-1) + e(k-2)]$$

图5-9所示为基本PID算法和不完全微分PID算法的阶跃响应曲线。显然，基本PID算法的微分作用仅局限于第一个采样周期，而在其他时间内不起作用；同时，由于在第一个采样周期有一个大幅度的输出，还容易引起振荡。而不完全微分PID算法由于惯性滤波的存在，有效地避免了上述问题的产生，因而具有更好的控制性能。

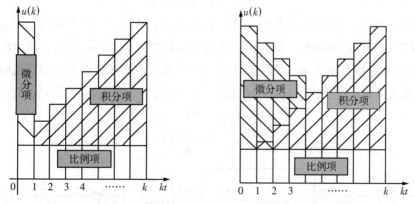

图5-9 基本PID算法和不完全微分PID算法的阶跃响应曲线

（4）微分先行PID控制算法

为了避免给定值的升降给控制系统带来冲击，如超调量过大，调节阀动作剧烈，可采

用一种微分先行的PID控制算法，如图5-10所示。其传递函数为

$$G(s) = \frac{U(s)}{E(s)} = K_p \frac{1 + T_d s}{1 + \frac{T_d}{K_d} s} \left(1 + \frac{1}{T_i s}\right)$$

式中，$1/K_d$——微分增益系数。

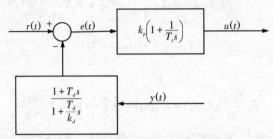

图 5-10　微分先行的 PID 控制算法

它和基本PID控制的不同之处在于，只对被控量（测量值）$y(t)$ 微分，不对偏差 $e(t)$ 微分，也就是说，对给定值无微分作用，这种方法称为微分先行（或测量值微分）PID控制算法，很适合给定值频繁升降的控制系统。

除此之外，还有其他形式的微分改进算法，如

$$G(s) = \frac{U(s)}{E(s)} = K_p \left(1 + \frac{1}{T_i s} + \frac{T_d s}{1 + \frac{T_d}{K_d} s}\right)$$

（5）带死区的数字PID算法

在许多实际的控制系统中，并不要求被控量十分精确地与设定值相等，而是容许偏差在一定范围内变化。在这种情况下，计算机控制中为了避免控制动作过于频繁，以消除由执行机构或阀门的频繁动作所引起的系统振荡，有时采用所谓带死区的数字PID算法，也称带不灵敏区的算法。如图5-11所示，该算法是在原PID算法前面增加一个不灵敏区的非线性环节来实现的，即

$$p(k) = \begin{cases} e(k), & |e(k)| > \beta \\ 0, & |e(k)| \leqslant \beta \end{cases}$$

式中，β 为死区增益，其数值可为0，0.25，0.5，1等，图5-11中只画出 $\beta = 0$ 时的水平直线。死区范围是一个可调参数，其大小一般应根据控制系统对被控量稳态精度的要求和现场的试验结果来确定。值太小，使调节动作过于频繁，不能达到稳定被调对象的目的。如果 β 值取得太大，则系统将产生很大的滞后。当 $\beta = 0$ 或 $\beta = 1$ 时，则为普通的PID控制。

$$G(s) = \frac{U(s)}{E(s)} = K_p \frac{1 + T_d S}{1 + \frac{T_d}{K_d} S} \left(1 + \frac{1}{T_i S}\right)$$

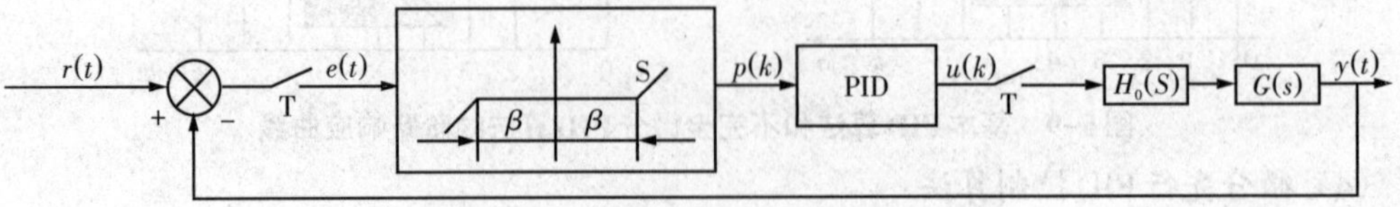

图 5-11　带死区的计算机 PID 控制系统

需要指出的是，死区是一个非线性环节，不能像线性环节一样，随便移到 PID 控制器的后面，对控制量输出设定一个死区，这样做的效果是完全不同的。在生产现场，有时为了延长执行机构或阀门的使用寿命，有一种错误的做法，即不按照设计规范的要求，片面地增大执行机构或阀门的不灵敏区，希望能避免执行机构或阀门频繁动作，这就相当于将死区移到了 PID 控制器后面，这样有时会适得其反。

5.1.5　数字 PID 参数的整定

对由数字 PID 构成的控制系统的设计，当控制器的结构和控制规律已经确定时，系统控制质量的好坏主要取决于参数是否合理，设计确定 PID 参数的工作也称为 PID 的参数整定。整定的实质是通过调整控制器的参数，使其特性与被控对象的特性相匹配，以获得满意的控制效果。

一般的生产过程都具有较大的时间常数，而数字 PID 控制系统的采样周期则要小得多，所以数字 PID 的参数整定完全可以按照模拟调节器的各种参数整定方法进行分析和综合。

整定 PID 控制参数的方法很多，可以归纳为理论整定法与工程整定法两大类。

理论整定法以被控对象的数学模型为基础，通过理论计算（如根轨迹、频率特性等方法）直接求得控制器参数。理论整定需要知道被控对象的精确数学模型，否则整定后的控制系统难以达到预期的效果。而实际问题的数学模型往往都是一定条件下的近似，所以，这种方法主要用于理论分析，在工程上用得并不是很多。

实际中应用最多的是工程整定法，即一种近似的经验方法。由于其方法简单、便于实现，特别是不必依赖控制对象的数学模型，且能解决控制工程中的实际问题，因而被工程技术人员广泛采用。下面将主要介绍在数字 PID 整定中应用较多的扩充临界比例带法与扩充响应曲线法。

数字控制器与模拟控制器相比，除了需要整定 PID 参数，即比例系数、积分时间和微分时间外，还有一个重要参数——采样周期 T。

（1）采样周期 T 的确定

合理地选择采样周期是数字控制系统设计的关键问题之一。

由香农采样定理可知，当采样频率 $f_s \geq 2f_{max}$ 时，系统可由离散的采样信号真实地恢复到原来的连续信号，这应当是选择采样周期 T 的理论基础和最低要求。从理论上讲，采样频率越高，失真越小。

从控制性能来考虑，采样周期越短越好。但是，考虑到计算机软件和硬件的制约，即硬件成本和控制软件的负荷，采样周期又不能太短。当然，目前随着计算机技术的飞速发展，这方面的制约越来越小。

从控制系统方面考虑，影响采样周期 T 选择的因素主要包括以下几种。

① 对象的动态特性。它主要与被控对象的惯性时间常数 T_p 和纯滞后时间 τ 有关。在不考虑计算机的制约因素条件下，对具有自平衡能力的被控对象，如果用 $G(s) = \dfrac{K_p e^{-\tau}}{1 + T_p s}$ 来

近似描述对象的特性，则采样周期的选择有如下经验公式，即

$$T_s \le \frac{1}{5\sim15}(T_p+\tau)$$

② 扰动的特性。在控制系统中，施加到系统的扰动包括两大类：一类是需要控制系统克服的频率较低的主要扰动；另一类是频率较高的随机高频干扰，如测量噪声等，这是采样时要忽略的。这样，采样频率应选择在这两类干扰的频率之间。一般地，采样频率应满足

$$f_s \ge (5\sim10)f_b$$

式中，f_b——需要克服的主要扰动的频率。

③ 控制算法。不同的控制算法对采样周期有不同的影响。例如，采用模拟化连续设计数字控制器时，若忽略零阶保持器，就要求系统具有足够高的采样频率，以使采样控制系统更接近于连续系统。又如，考虑到控制量的幅度都是受限的，对某些直接离散化的设计方法，如最小方差控制、最小拍控制等算法，采样周期又不能太小，否则控制量容易超限。

④ 执行机构的速度。执行机构的响应速度都是有限的，过高的采样频率对控制来说不仅无意义，有时还起到不好的作用。

⑤ 跟踪性能的要求。对于要求输出 y 对参考输入 r 具有很好跟踪响应性能的随动系统，从采样原理出发，就是要求输出 y 能复现参考输入信号 r，因此，一般这时的采样频率应当大于 $5\sim10$ 倍的参考输入信号频率。

由于生产过程千变万化、非常复杂，上面介绍的仅是一些粗略的设计原则，实际的采样周期需要经过现场调试后确定。表5-1列出了采样周期 T 的一组经验数据。

表5-1   **采样周期 T 的经验数据**

被测参数	采样周期/s	备注
流量	1~5	优先选用1~2s
压力	3~10	优先选用6~8s
液位	6~8	优先选用7s
温度	15~20	取纯滞后时间16~18s
成分	15~20	优先选用18s

（2）扩充临界比例带法

扩充临界比例带法是模拟调节器中使用的临界比例带法（也称稳定边界法）的扩充，是一种闭环整定的实验经验方法。按照该方法整定PID参数的步骤如下。

① 选择一个足够短的采样周期 T_{min}，一般为对象纯滞后时间的1/10以下。

② 将数字PID控制器设定为纯比例控制，并逐步减小比例带 $\delta(\delta=1/K_p)$，使闭环系统产生临界振荡。此时的比例带和振荡周期称为临界比例 δ_k 和临界振荡周期 T_k。

③ 选定控制度。所谓控制度，就是以模拟调节器为基准，将DDC的控制效果与模拟调节器的控制效果相比较。控制效果的评价函数通常采用 $\min\int_0^\infty e^2(t)dt$（最小的误差平方

积分）表示，即

$$控制度 = \frac{\left[\min\int_0^\infty e^2(t)\mathrm{d}t\right]_D}{\left[\min\int_0^\infty e^2(t)\mathrm{d}t\right]_A}$$

在实际应用中，并不需要计算出两个误差的平方积分，控制度仅表示控制效果的物理概念。例如，当控制度为1.05时，是指DDC控制与模拟控制效果基本相同；当控制度为2.0时，是指DDC控制只有模拟控制效果的一半。

根据选定的控制度查表，求得 T、K_p、T_i、T_d 值。

表5-2 按照扩充临界比例带法整定 T、K_p、T_i、T_d

控制度	控制规律	T	K_p	T_i	T_d
1.05	PI	$0.03\,T_k$	$0.053\,\delta_k$	$0.88\,T_k$	—
	PID	$0.014\,T_k$	$0.63\,\delta_k$	$0.49\,T_k$	$0.14\,T_k$
1.2	PI	$0.05\,T_k$	$0.49\,\delta_k$	$0.91\,T_k$	—
	PID	$0.043\,T_k$	$0.47\,\delta_k$	$0.47\,T_k$	$0.16\,T_k$
1.5	PI	$0.14\,T_k$	$0.42\,\delta_k$	$0.99\,T_k$	—
	PID	$0.09\,T_k$	$0.34\,\delta_k$	$0.43\,T_k$	$0.20\,T_k$
2.0	PI	$0.22\,T_k$	$0.36\,\delta_k$	$1.05\,T_k$	—
	PID	$0.16\,T_k$	$0.27\,\delta_k$	$0.40\,T_k$	$0.22\,T_k$

④ 按照求得的整定参数投入运行，在投运中观察控制效果，再适当调整参数，直到获得满意的控制效果。

（3）扩充响应曲线法

与上述闭环整定方法不同，扩充响应曲线法是一种开环整定方法。如果可以得到被控对象的动态特性曲线，那么就可以与模拟调节系统的整定一样，采用扩充响应曲线法进行数字PID的整定。其步骤如下。

① 使系统的数字控制器处于手动操作状态下，将被控量调节到给定值附近，当系统达到平衡时，人为地改变手操值，给对象施加一个阶跃输入信号。

② 记录被控量在此阶跃作用下的变化过程曲线（广义对象的飞升特性曲线），如图5-12所示。

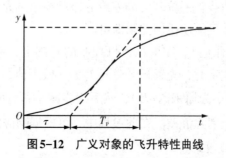

图5-12 广义对象的飞升特性曲线

③ 根据飞升特性曲线，求得被控对象纯滞后时间 τ 和等效惯性时间常数 T_p，以及它

们的比值 T_p/τ。

④ 由求得的 T_p 和 τ 以及它们的比 T_p/τ，选择某一控制度，查表5-3，即可求得数字PID的整定参数的值。

表5-3   按照扩充响应曲线法整定

控制度	控制规律	T	K_p	T_i	T_d
1.05	PI	$0.1\,\tau$	$0.84\,T_p/\tau$	$3.4\,\tau$	—
	PID	$0.05\,\tau$	$1.15\,T_p/\tau$	$2.0\,\tau$	$0.45\,\tau$
1.2	PI	$0.2\,\tau$	$0.78\,T_p/\tau$	$3.6\,\tau$	—
	PID	$0.16\,\tau$	$1.0\,T_p/\tau$	$1.9\,\tau$	$0.55\,\tau$
1.5	PI	$0.5\,\tau$	$0.68\,T_p/\tau$	$3.9\,\tau$	—
	PID	$0.34\,\tau$	$0.85\,T_p/\tau$	$1.62\,\tau$	$0.65\,\tau$
2.0	PI	$0.8\,\tau$	$0.57\,T_p/\tau$	$4.2\,\tau$	—
	PID	$0.6\,\tau$	$0.6\,T_p/\tau$	$1.5\,\tau$	$0.82\,\tau$

⑤ 按照求得的整定参数投入到运行中，观察控制效果，再适当调整参数，直到获得满意的控制效果。

(4) 凑试法

凑试法是通过模拟或实际的系统闭环运行情况，观察系统的响应曲线（如阶跃响应），然后根据各调节参数对系统响应的大致影响，反复凑试参数，以达到满意的效果，从而确定PID调节参数。凑试时，要注意以下特点。

① 增大比例系数 K_p，会加快系统的响应，有利于减少静差，但 K_p 过大会使系统产生较大的超调，甚至振荡，使稳定性变坏。

② 增大积分时间 T_i，有利于减少超调，减少振荡，使稳定性增加，但系统静差的消除将随之减慢。

③ 增大微分时间 T_d，有利于加快系统的响应，使超调量减少，稳定性增加，但系统对扰动的抑制能力减弱，对扰动有敏感响应的系统不宜采用微分环节。

在具体的凑试过程中，应参考以上参数对控制过程的影响趋势，对参数实行下述先比例、后积分、再微分的整定步骤。

① 整定比例部分（纯P作用）。比例系数 K_p 由小变大，观察相应的系统响应，直到得到反应快、超调小的响应曲线。系统若无静差或静差已经小到允许的范围内，并且响应曲线已经符合性能要求，那么只须用比例控制即可。

② 加入积分环节（PI作用）。如果在比例控制的基础上，系统静差不能满足设计要求，则需加入积分控制。整定时，先置积分时间 T_i 为一较大值，并将经第一步整定得到的比例系数 K_p 减小些（如缩小为原来的4/5），然后逐步减小积分时间 T_i，使系统在保持良好动态性能的情况下，直至消除静差。在此过程中，可根据响应曲线的状态，反复改变 K_p 及 T_i，以期得到满意的调节效果。

③ 加入微分环节（PID作用）。若使用PI控制消除了静差，但动态过程仍不能满意，

则可再加入微分环节，构成PID控制。即在第二步整定的基础上，使微分时间 T_d 由0逐步增大，同时相应地改变 K_p 和 T_i，逐步试凑，以获得满意的调节效果。

（5）仿真寻优法

如果能像扩充响应曲线法一样得到被控对象的动态特性曲线，则可以利用计算机系统的强大计算能力，通过辨识、仿真和寻优等过程，整定获得一定意义下最优的PID参数。其主要步骤如下。

① 与扩充响应曲线法类似，通过被控对象的阶跃实验，获得广义对象的飞升特性曲线。

② 通过各种适合飞升特性曲线的辨识方法（如面积法等），得到被控对象的粗略控制模型，例如，对象的静态增益 K_p、纯滞后时间 τ 和等效惯性时间常数 T_p 等（即对象模型用 $G_p(s) = \dfrac{K_p e^{-\tau}}{1 + T_p s}$ 描述）。

③ 如需要将控制模型离散化，与数字PID控制器一起，编程实现一个单回路的计算机仿真系统，也可以采用MATLAB等仿真工具。

④ 在上述仿真系统的基础上，选择某一积分型的性能指标函数，选用各种合适的优化方法，如单纯形法、梯度法等，通过寻优得到在选定性能指标下的优化PID参数。常用的积分型性能指标函数主要有

$$ISE = \int_0^\infty e^2(t)\mathrm{d}t$$

$$IAE = \int_0^\infty |e(t)|\mathrm{d}t$$

$$ITAE = \int_0^\infty t|e(t)|\mathrm{d}t$$

$$J = \int_0^\infty \left[e^2(t) + \rho u^2(t)\right]\mathrm{d}t$$

式中，ρ ——控制量的加权系数，$\rho > 0$。

最优的整定参数应使这些积分指标最小，不同的积分指标对应的系统输出被控量响应曲线稍有差别。一般情况下，ISE 指标的超调量大，上升时间快；IAE 指标的超调量适中，上升时间稍快；$ITAE$ 指标的超调量小，调整时间也短。加入控制量加权函数的指标，是为了限制控制量过大，以减小控制量的频繁波动。

⑤ 考虑到实际控制系统的复杂性，适当改变仿真对象的参数，通过仿真验证控制效果，使控制系统对模型一定程度的失配具有一定的鲁棒性。

⑥ 按照求得的优化整定参数投入运行，在投运中观察控制效果，再适当地调整参数，直到获得满意的控制效果。

5.2 数字控制器离散化设计

随着辨识技术的发展，某些对象的特性可以精确获得，这时可以一开始就把系统看成数字系统，然后按照采样控制理论，以 Z 变换为工具，以脉冲传递函数为数学模型，直接设计满足指标要求的数字控制器，这称为数字控制器的直接离散化设计法，或称直接解析

设计法。

5.2.1 数字控制器的离散化设计步骤

研究如图5-13所示的典型的计算机控制系统。

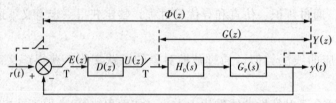

图5-13 典型的计算机控制系统结构图

在图5-13中，$G_p(s)$ 为被控对象，$H_0(s) = \dfrac{1-e^{-Ts}}{s}$ 为零阶保持器，$G(z)$ 是 $H_0(s)$ 和 $G_p(s)$ 相乘后的等效脉冲传递函数，$D(z)$ 是需要设计的数字控制器。该系统的闭环脉冲传递函数为

$$\Phi(z) = \frac{Y(z)}{R(z)} = \frac{D(z)G(z)}{1 + D(z)G(z)} \tag{5-14}$$

误差脉冲传递函数为

$$\Phi_e(z) = \frac{E(z)}{R(z)} = \frac{1}{1 + D(z)G(z)} = 1 - \Phi(z) \tag{5-15}$$

直接离散化设计的目标就是根据预期的控制指标，直接设计满足要求的数字控制器 $D(z)$，而预期的控制指标通常是由理想的闭环脉冲传递函数或误差脉冲传递函数来体现的。由此可以得出数字控制器的离散化设计步骤如下。

设计要求一旦确定，即根据控制系统的性能指标要求和其他约束条件，确定所需的闭环脉冲传递函数 $\Phi(z)$ 或误差脉冲传递函数 $\Phi_e(z)$。

根据被控对象和零阶保持器的传递函数，求出广义对象的脉冲传递函数。

由式（5-14）、式（5-15）可推出数字控制器的脉冲传递函数 $D(z)$，即

$$D(z) = \frac{\Phi(z)}{G(z)[1 - \Phi(z)]} = \frac{\Phi(z)}{G(z)\Phi_e(z)}$$

上述设计的基本思想与人们熟悉的模拟化设计方法有很大的不同：模拟化设计方法是根据被控对象，结合期望的控制性能，设计出合适的控制器结构及参数，再验证闭环的控制效果是否满足性能指标的要求；而直接离散化设计是先根据期望的控制性能指标，设计出满足性能指标的闭环脉冲传递函数，再逆推出控制器 $D(z)$。

下面将分别介绍两种运用直接离散化数字控制器的设计方法，即最少拍控制算法和大林控制算法。

5.2.2 最少拍控制系统设计

所谓最少拍控制系统，是指系统在典型输入信号作用下，具有最快的响应速度。也就是说，系统经过最少个采样周期（或节拍），就能结束瞬态过程，使稳态偏差为零。由于最少拍控制系统主要用于随动系统，因此，也被称为最少拍随动系统。最少拍控制系统又

可分为有纹波最少拍系统和无纹波最少拍系统两种。

（1）最少拍控制系统 $D(z)$ 的设计

设计最少拍系统的数字控制器 $D(z)$，最重要的就是要研究如何根据性能要求，构造一个理想的闭环脉冲传递函数。

由误差表达式

$$E(z) = \Phi_e(z)R(z) = e_0 + e_1 z^{-1} + e_2 z^{-2} + \cdots$$

可知，要实现无静差、最少拍，$E(z)$ 应在最短时间内趋近于零，即 $E(z)$ 应为有限项多项式。因此，在输入一定的情况下，必须对 $\Phi_e(z)$ 提出要求。

最少拍系统典型的输入信号常用的主要有以下几种形式。

单位阶跃输入

$$r(t) = 1(t), \quad R(z) = \frac{1}{1 - z^{-1}}$$

单位速度输入

$$r(t) = t, \quad R(z) = \frac{Tz^{-1}}{(1 - z^{-1})^2}$$

单位加速度输入

$$r(t) = \frac{1}{2}t^2, \quad R(z) = \frac{T^2 z^{-1}(1 + z^{-1})}{2(1 - z^{-1})^3}$$

输入信号的一般表达式可以表示为

$$R(z) = \frac{A(z)}{(1 - z^{-1})^N} \tag{5-16}$$

将式（5-16）代入误差表达式，得

$$E(z) = \Phi_e(z)R(z) = \frac{\Phi_e(z)A(z)}{(1 - z^{-1})^N} \tag{5-17}$$

要使式（5-17）中 $E(z)$ 为有限项多项式，$\Phi_e(z)$ 应能被 $(1 - z^{-1})^N$ 整除，即 $\Phi_e(z)$ 应取 $(1 - z^{-1})^N F(z)$ 的形式。要实现最少拍，$E(z)$ 应尽可能简单，故取 $F(z) = 1$。这样，经过简单计算，可以容易地得到在不同典型输入情况下，$\Phi_e(z)$ 或 $\Phi(z)$ 的表达式，进而设计出最少拍控制器 $D(z)$，如表5-4所列。从表5-4中还可以看到，在单位阶跃、单位速度和单位加速度输入情况下，最少拍系统分别经过一拍（T）、二拍（$2T$）和三拍（$3T$）的调整时间后，系统偏差就可以消失，且过渡时间最短。

表5-4 各种典型输入下的最少拍系统

典型输入 $r(t)$	典型输入 $R(z)$	误差脉冲传递函数 $\Phi_e(z)$	闭环脉冲传递函数 $\Phi(z)$	最少拍调节器 $D(z)$	调节时间
$1(t)$	$\dfrac{1}{1 - z^{-1}}$	$1 - z^{-1}$	z^{-1}	$\dfrac{z^{-1}}{(1 - z^{-1})G(s)}$	T
t	$\dfrac{Tz^{-1}}{(1 - z^{-1})^2}$	$(1 - z^{-1})^2$	$2z^{-1} - z^{-2}$	$\dfrac{2z^{-1} - z^{-2}}{(1 - z^{-1})^2 G(s)}$	$2T$
$\dfrac{1}{2}t^2$	$\dfrac{T^2 z^{-1}(1 + z^{-1})}{2(1 - z^{-1})^3}$	$(1 - z^{-1})^3$	$3z^{-1} - 3z^{-2} + z^{-3}$	$\dfrac{3z^{-1} - 3z^{-2} + z^{-3}}{(1 - z^{-1})^3 G(s)}$	$3T$

【例5-1】 在如图5-13所示的系统中，设被控对象的传递函数 $G_p(s) = \dfrac{10}{s(s+1)}$，采样周期 $T = 1\text{s}$，试在单位速度输入下，设计一个最少拍控制器 $D(z)$。

【解】 被控对象与零阶保持器的等效脉冲传递函数为

$$
\begin{aligned}
G(z) &= Z\left[\frac{1-e^{-TS}}{s} \cdot \frac{10}{s(s+1)}\right] \\
&= (1-z^{-1})Z\left[\frac{10}{s^2(s+1)}\right] \\
&= 10(1-z^{-1})Z\left[\frac{1}{s^2} - \frac{1}{s} + \frac{1}{s+1}\right] \\
&= 10(1-z^{-1})\left[\frac{z^{-1}}{(1-z^{-1})^2} - \frac{1}{1-z^{-1}} + \frac{1}{1-e^{-1}z^{-1}}\right] \\
&= \frac{3.68z^{-1}(1+0.718z^{-1})}{(1-z^{-1})(1-0.368z^{-1})}
\end{aligned}
$$

根据最少拍系统设计要求，对单位速度输入应选 $\Phi_e(z) = (1-z^{-1})^2$，代入，可得

$$
\begin{aligned}
D(z) &= \frac{1-\Phi_e(z)}{G(z)\Phi_e(z)} = \frac{1-(1-z^{-1})^2}{\dfrac{0.368z^{-1}(1+0.718z^{-1})}{(1-z^{-1})(1-0.368z^{-1})} \cdot (1-z^{-1})^2} \\
&= \frac{0.543(1-0.5z^{-1})(1-0.368z^{-1})}{(1-z^{-1})(1+0.718z^{-1})}
\end{aligned}
$$

此时输出

$$
\begin{aligned}
Y(z) &= \Phi(z)R(z) = [1-\Phi_e(z)]R(z) \\
&= (2z^{-1}-z^{-2})\frac{z^{-1}}{(1-z^{-1})^2} \\
&= 2z^{-2} + 3z^{-3} + 4z^{-4} + \cdots
\end{aligned}
$$

误差为

$$
E(z) = \Phi_e(z)R(z) = (1-z^{-1})^2\frac{z^{-1}}{(1-z^{-1})} = z^{-1}
$$

输出和误差变化的波形如图5-14所示。可以看出，系统经过两个采样周期以后，输出完全跟踪了输入，稳态误差为零。

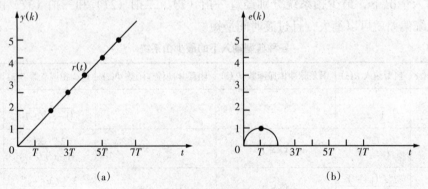

(a)   (b)

图5-14 输出和误差变化的波形

该系统是针对单位速度输入设计的最少拍系统，那么这个系统对其他输入是否还能成为最少拍？下面对单位阶跃和单位加速度输入下系统的响应情况进行分析。

在单位阶跃输入时，输出量为

$$Y(z) = \Phi(z)R(z) = (z^{-1} - z^{-2})\frac{1}{1-z^{-1}} = 2z^{-1} + z^{-2} + z^{-3} + \cdots$$

即输出序列为

$$y(0) = 0,\ y(1) = 2,\ y(2) = y(3) = \cdots = 1$$

输出响应如图5-15所示。可以看出，该系统在单位阶跃响应下，经过两个采样周期，稳定在设定值上，但在第一个采样点上，有100%的超调量。

单位加速度输入时，输入量为

$$Y(z) = \Phi(z)R(z) = (2z^{-1} - z^{-2})\frac{z^{-1}(1+z^{-1})}{2(1-z^{-1})^3}$$

$$= z^{-2} + 3.5z^{-3} + 7z^{-4} + 11.5z^{-5} + \cdots$$

即输出序列为

$$y(0) = 0,\ y(1) = 0,\ y(2) = 1,\ y(3) = 3.5,\ y(4) = 7,\ y(5) = 11.5$$

此时单位加速度输入 $\frac{1}{2}t^2$ 的采样函数 $r(kT) = \frac{1}{2}(kT)^2$，输出序列为 $r(0) = 0$，$r(1) = 0.5$，$r(2) = 2$，$r(3) = 4.5$，$r(4) = 8$，$r(5) = 12.5$，$\cdots$。从第二拍开始，输出与输入误差为1，跟踪波形如图5-15所示。

典型输入设计的最少拍系统用于阶次较低的输入函数时，系统将出现较大的超调，同时响应时间也增加，但是还能保持在采样时刻稳态无差。相反的，当用于阶次较高的输入函数时，输出不能完全跟踪输入，存在静差。

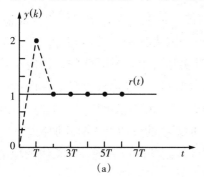
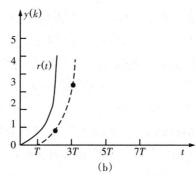

图5-15 跟踪波形

（2）最少拍控制器 $D(z)$ 设计的限制条件

前面在讨论最少拍控制器 $D(z)$ 的设计时，并没有考虑控制器 $D(z)$ 在物理上是否能实现，以及控制器是否稳定的问题，而仅是由 $D(z)$ 表达式简单地求得，显然，位于分母的被控对象 $G(z)$ 将影响到控制器 $D(z)$ 的物理可实现性和稳定性。

设被控对象 $G(z)$ 具有如下一般形式

$$G(z) = \frac{K \cdot z^{-r}(p_0 + p_1 z^{-1} + \cdots + p_z z^{-z})}{q_0 + q_1 + \cdots + q_p z^{-p}} = \frac{K \cdot z^{-r} \prod_{i=1}^{m}(1 - z_i z^{-1})}{\prod_{i=1}^{n}(1 - p_i z^{-1})}$$

式中， r ——纯滞后；

$\quad K$ ——静态增益；

$\quad z_i$， p_i ——对象的零点和极点；

$\quad n$， m ——分母和分子的阶次。

则

$$D(z) = \frac{1}{G(z)} \cdot \frac{\Phi(z)}{\Phi_e(z)} = \frac{\Phi(z) \cdot \prod_{i=1}^{n}(1-p_i z^{-1})}{\Phi_e(z)K \cdot z^{-r}\prod_{i=1}^{m}(1-z_i z^{-1})} = \frac{z^r \Phi(z) \cdot \prod_{i=1}^{n}(1-p_i z^{-1})}{\Phi_e(z) \cdot K\prod_{i=1}^{m}(1-z_i z^{-1})} \qquad (5\text{-}18)$$

由式（5-18）可见，若 $D(z)$ 中存在 z^r 环节，则表示数字调节器具有超前特性，即在环节施加输入信号之前的 r 个采样周期就有输出，这样的超前环节在物理上是不可能实现的。所以，当 $G(z)$ 分子中含有因子时，就必须使闭环脉冲传递函数 $\Phi(z)$ 的分子中也含有 z^{-r} 因子，抵消 $G(z)$ 中的 z^{-r} 因子，以免 $D(z)$ 中存在超前环节 z^r 。

当在 $\prod_{i=1}^{m}(1-z_i z^{-1})$ 中，存在单位圆上（ $z_i = 1$ 除外）和单位圆外的不稳定零点 z_i 时，则 $D(z)$ 将是发散、不稳定的，因此， $D(z)$ 中不容许包含 $G(z)$ 的这类零点，这样，只能把 $G(z)$ 中 $|z_i| \geqslant 1$ （ $|z_i| = 1$ 除外）的零点作为 $\Phi(z)$ 的零点，从而保证 $D(z)$ 的稳定。当然，这样将会使最少拍系统的调节时间加长。

最少拍系统的闭环脉冲传递函数可表示为

$$\Phi(z) = D(z)\Phi_e(z)G(z)$$

当对象 $G(z)$ 的极点 $\prod_{i=0}^{n}(1-p_i z^{-1})$ 中，存在单位圆上（ $p_i = 1$ 除外）和单位圆外的不稳定极点时，从形式上看，可由 $D(z)$ 或 $\Phi_e(z)$ 的零点抵消掉。但实际上，不可能由控制器 $D(z)$ 的不稳定零点完全抵消对象 $G(z)$ 的不稳定极点，这是因为数字系统实现时，总是具有截断误差的，对象 $G(z)$ 的模型也不可能完全准确，且实际对象也是时变的，任何小的误差随着时间的积累，都会使闭环系统不稳定。这样， $G(z)$ 的不稳定极点只能由误差传递函数 $E(z)$ 的零点来抵消。同样，由于要求少的零点包含 $G(z)$ 的不稳定极点，会使 $\Phi_e(z)$ 变得复杂，误差 $E(z)$ 的展开项数增加，这样将会使最少拍系统的过渡过程时间加长。

根据上面的分析，设计最少拍系统时，考虑到控制器的可实现性和系统的稳定性，必须考虑以下几个条件：

① 为实现无静差调节，选择 $\Phi_e(z)$ 时，必须针对不同的输入选择不同的形式，通式为 $\Phi_e(z) = (1-z^{-1})^N F(z)$ ；

② 为保证系统的稳定性， $\Phi_e(z)$ 的零点应包含 $G(z)$ 的所有不稳定极点；

③ 为保证控制器 $D(z)$ 物理上的可实现性， $G(z)$ 的所有不稳定零点和滞后因子均应包含在闭环脉冲传递函数 $\Phi(z)$ 中；

④ 为实现最少拍控制， $F(z)$ 应尽可能简单。 $\Phi(z)$ 的选择要满足恒等式

$$\Phi_e(z) + \Phi(z) \equiv 1$$

【例5-2】 在如图5-13所示单位反馈线性离散系统中，设被控对象的传递函数

$$G_p(s) = \frac{10}{s(0.1s+1)(0.05s+1)}$$

采样周期 $T = 0.2\text{s}$，试在单位阶跃输入下，设计最少拍数字控制器 $D(z)$。

【解】 被控对象与零阶保持器的等效脉冲传递函数为

$$G(z) = (1-z^{-1})Z\left[\frac{G_p(s)}{s}\right] = (1-z^{-1})Z\left[\frac{10}{s^2(0.1s+1)(0.05s+1)}\right]$$

$$E(z) = \Phi_e(z)R(z) = (1-z^{-1})(1+0.516z^{-1})\frac{1}{1-z^{-1}} = 1 + 0.516z^{-1}$$

式中，有一个零点 $(z = -1.065)$ 在单位圆外和一个滞后因子 z^{-1}。

根据设计最少拍系统的限制条件，可假设

$$\Phi_e(z) = (1-z^{-1})F(z) \tag{5-19}$$

$$\Phi(z) = az^{-1}(1+1.065z^{-1}) \tag{5-20}$$

由 $\Phi_e(z) = 1 - \Phi(z)$ 可知，$\Phi_e(z)$、$\Phi(z)$ 应当是同阶次多项式，且尽可能简单，故可取

$$F(z) = (1+bz^{-1}) \tag{5-21}$$

式（5-20）和式（5-21）中的 a 和 b 为待定系数。将式（5-19）、式（5-20）和式（5-21）分别代入恒等式 $\Phi_e(z) + \Phi(z) \equiv 1$，可得

$$az^{-1}(1+1.065z^{-1}) + (1-z^{-1})(1+bz^{-1}) = 1$$

解得 $a = 0.484$，$b = 0.516$。可知

$$\Phi(z) = 0.484z^{-1}(1+1.065z^{-1})$$

$$\Phi_e(z) = (1-z^{-1})(1+0.516z^{-1})$$

故

$$D(z) = \frac{\Phi(z)}{G(z)\Phi_e(z)}$$

$$= \frac{0.484z^{-1}(1+1.065z^{-1})}{\dfrac{0.76z^{-1}(1+0.05z^{-1})(1+1.065z^{-1})}{(1-z^{-1})(1-0.135z^{-1})(1-0.0185z^{-1})}(1-z^{-1})(1+0.516z^{-1})}$$

$$= \frac{0.636(1-0.0185z^{-1})(1-0.135z^{-1})}{(1+0.05z^{-1})(1+0.516z^{-1})}$$

系统经 $D(z)$ 数字校正后，在单位阶跃输入作用下，系统输出响应为

$$Y(z) = \Phi(z)R(z) = 0.048z^{-1}(1+1.065z^{-1})\frac{1}{1-z^{-1}} = 0.48z^{-1} + z^{-2} + z^{-3}$$

该式说明，输出响应经两拍后，完全跟踪输入，稳态误差为零。显然，由于有单位圆外的零点，响应时间也增加了一拍。

系统误差为

$$E(z) = \Phi_e(z)R(z) = (1-z^{-1})(1+0.516z^{-1})\frac{1}{1-z^{-1}} = 1 + 0.516z^{-1}$$

（3）最少拍无纹波控制器的设计

最少拍控制器的设计方法虽然简单，但也存在一定的问题：一是对输入信号的变化适应性差；二是通过扩展 z 变换方法可以证明，最少拍系统虽然在采样点处可以实现无静

差，但在采样点之间却有偏差，通常称之为纹波。这种纹波不但影响系统的控制质量，还会给系统带来功率损耗和机械磨损。为了准确地设计一个无纹波最少拍系统，下面通过一个例子分析最少拍系统中纹波产生的原因和解决办法。

【例5-3】 在如图5-13所示系统中，设被控对象的传递函数 $G_p(s) = \dfrac{10}{s(s+1)}$，采样周期 $T = 1$s。要求：

① 在单位阶跃输入下，设计一个最少拍数字控制器；

② 分析纹波产生的原因及解决的办法；

③ 设计一个无纹波的数字控制器。

【解】 被控对象与零阶保持器的等效脉冲传递函数为

$$G_p(z) = (1 - z^{-1})Z\left[\frac{G_p(s)}{s}\right] = (1 - z^{-1})Z\left[\frac{10}{s^2(s+1)}\right]$$

① 根据最少拍系统的设计准则，在单位阶跃输入下，应取误差传递函数闭环脉冲传递函数

$$\Phi_e(z) = (1 - z^{-1})F_1(z) \tag{5-22}$$

闭环传递函数

$$\Phi(z) = z^{-1}F_2(z) \tag{5-23}$$

在满足 $\Phi_e(z) = 1 - \Phi(z)$ 时，$F_1(z)$、$F_2(z)$ 的最简单形式是 $F_1(z) = 1$，$F_2(z) = 1$，分别代入式（5-22）和式（5-23）后，得数字控制器

$$D(z) = \frac{\Phi(z)}{G(z)\Phi_e(z)} = \frac{z^{-1}}{\dfrac{3.68z^{-1}(1 + 0.718z^{-1})}{(1 - z^{-1})(1 - 0.368z^{-1})}(1 - z^{-1})} = \frac{0.272(1 - 0.368z^{-1})}{(1 + 0.718z^{-1})}$$

此时输出为

$$Y(z) = \Phi(z)R(z) = z^{-1}\frac{1}{1 - z^{-1}} = z^{-1} + z^{-2} + z^{-3} + z^{-4} + \cdots$$

误差为

$$E(z) = \Phi_e(z)R(z) = (1 - z^{-1})\frac{1}{1 - z^{-1}} = 1 = z^0 + 0z^{-1} + 0z^{-2} + \cdots$$

对应 $y(k)$ 和 $e(k)$ 波形如图5-16所示。

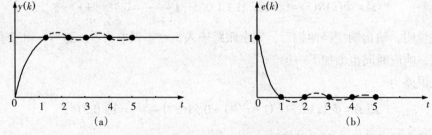

图5-16 $y(k)$ 和 $e(k)$ 输出波形图

② 分析纹波产生的原因及解决办法。从图5-16中可以看出，系统经过一拍以后，进入了稳定，但实际此时控制器的输出

$$U(z) = D(z)E(z) = \frac{0.272(1 - 0.368z^{-1})}{1 + 0.718z^{-1}} \times 1$$
$$= 0.272 + 0.295z^{-1} - 0.27z^{-2} + 0.248z^{-3} - 0.227z^{-4} + \cdots$$

上式说明，系统输出进入稳态后，控制器的输出并没有进入稳态，它作用到被控对象后，就形成了纹波，即在采样点之间存在误差，输出在平衡点附近出现波动，如图 5-16 中的虚线所示。那么，采用什么办法使 $U(z)$ 在有限拍内结束过渡过程呢？由 $U(z) = D(z)\Phi_e(z)R(z)$，可以证明，只要是关于 $D(z)\Phi_e(z)$ 的有限项多项式，那么在 3 种典型输入下，$U(z)$ 一定能在有限拍内结束过渡过程，实现无纹波。

现以单位阶跃输入和单位速度输入两种情况加以分析说明。

第一，当输入为单位阶跃时，即 $R(z) = \dfrac{1}{1 - z^{-1}}$，如果 $D(z)\Phi_e(z) = a_0 + a_1 z^{-1} + a_2 z^{-2}$ 为有限项多项式，则

$$U(z) = D(z)\Phi_e(z)R(z) = \frac{a_0 + a_1 z^{-1} + a_2 z^{-2}}{1 - z^{-1}}$$
$$= a_0(a_0 + a_1 z^{-1})z^{-1} + (a_0 + a_1 + a_2)(z^{-2} + z^{-3} + z^{-4} + \cdots)$$

即从第二个采样周期开始，$U(k)$ 稳定于一个常数。

第二，当输入为单位速度时，即 $R(z) = \dfrac{Tz^{-1}}{\left(1 - z^{-1}\right)^2}$，设 $D(z)\Phi_e(z) = a_0 + a_1 z^{-1} + a_2 z^{-2}$ 为限项多项式，则

$$U(z) = D(z)\Phi_e(z)R(z) = \left(a_0 + a_1 z^{-1} + a_2 z^{-2}\right)\frac{Tz^{-1}}{\left(1 - z^{-1}\right)^2}$$
$$= a_0 Tz^{-1} + T(2a_0 + a_1)z^{-2} + T(3a_0 + 2a_1 + a_2)z^{-3} + T(4a_0 + 3a_1 + 2a_2)z^{-4} + \cdots$$

由此可见，对 $U(k)$ 来说，从第三拍开始，$U(k) = u(k-1) + T(a_0 + a_1 + a_2)$，即按照 $U(k)$ 固定斜率增加且稳定。上述分析是取的项数为三项时的特例。实际上，当 $D(z)\Phi_e(z)$ 为其他有限项时，或输入为单位加速度输入时，仍有上面的结论。

下面讨论为有限项多项式时必须满足的条件。

由

$$D(z) = \frac{\Phi(z)}{G(z)\Phi_e(z)}$$

知

$$D(z)\Phi_e(z) = \frac{\Phi(z)}{G(z)}$$

设被控对象 $G(z) = Q(z)/P(z)$，$P(z)$ 和 $Q(z)$ 分别是 $G(z)$ 的分母和分子多项式，且无公因子。代入，得

$$D(z)\Phi_e(z) = \Phi(z)/\frac{Q(z)}{P(z)} = \frac{\Phi(z)P(z)}{Q(z)}$$

显然，只要闭环脉冲传递函数 $\Phi(z)$ 中包含 $G(z)$ 的全部零点 $Q(z)$，则 $\Phi(z)P(z)$ 就可以被 $Q(z)$ 整除，从而 $D(z)\Phi_e(z)$ 必定为有限项。因此，可以得出设计无纹波最少拍系统的全部条件：

- 为实现无静差调节，应取 $\Phi_e(z) = (1 - z^{-1})^N F(z)$，$N$ 可以根据 3 种典型输入分别取 1，2，3。
- 为保证系统的稳定性，$\Phi_e(z)$ 的零点应包含 $G(z)$ 的所有不稳定极点。
- 要实现无纹波控制，闭环脉冲传递函数 $\Phi(z)$ 应包含 $G(z)$ 的全部零点。
- 为实现最少拍控制，$F(z)$ 应尽可能简单。

③ 无纹波数字控制器设计。

因为被控对象等效脉冲传递函数为

$$G(z) = \frac{3.68z^{-1}(1 + 0.718z^{-1})}{(1 - z^{-1})(1 - 0.368z^{-1})}$$

所以，根据无纹波系统的设计条件，可取

$$\Phi_e(z) = (1 - z^{-1})(1 + az^{-1}), \quad \Phi(z) = bz^{-1}(1 + 0.718z^{-1})$$

式中，a，b——待定系数。

将上面两式代入 $\Phi(z) = 1 - \Phi_e(z)$ 中，可解得 $a = 0.418$，$b = 0.582$，即

$$\Phi_e(z) = (1 - z^{-1})(1 + 0.418z^{-1}), \quad \Phi(z) = 0.582z^{-1}(1 + 0.718z^{-1})$$

数字控制器为

$$D(z) = \frac{\Phi(z)}{G(z)\Phi_e(z)} = \frac{0.158(1 - 0.368z^{-1})}{1 + 0.418z^{-1}}$$

此时系统输出为

$$Y(z) = \Phi(z)R(z) = 0.582z^{-1}(1 + 0.718z^{-1})\frac{1}{1 - z^{-1}}$$

$$= 0.582z^{-1} + z^{-2} + z^{-3} + z^{-4} + \cdots$$

采样点的输出为

$$y(0) = 0, \quad y(1) = 0.582, \quad y(2) = y(3) = y(4) = \cdots = 1$$

误差为

$$E(z) = \Phi_e(z)R(z) = (1 - z^{-1})(1 + 0.418z^{-1})\frac{1}{1 - z^{-1}} = 1 + 0.418z^{-1}$$

采样点的误差为

$$e(0) = 1, \quad e(1) = 0.418, \quad e(2) = e(3) = e(4) = \cdots = 0$$

图 5-17 所示为最少拍无纹波控制下 $y(k)$ 和 $e(k)$ 的波形，可见，系统经过两拍后，实现了无静差完全跟踪。要验证系统是否有纹波，只要看其控制器输出能否在有限拍内结束过渡过程即可。

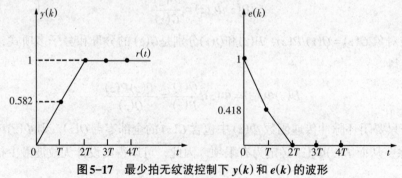

图 5-17　最少拍无纹波控制下 $y(k)$ 和 $e(k)$ 的波形

此时控制器输出为

$$U(z) = D(z)E(z) = D(z)\Phi_e(z)R(z)$$

$$= \frac{0.158 \times (1 - 0.368z^{-1})}{1 + 0.418z^{-1}}(1 + 0.418z^{-1})$$

$$= 0.158 - 0.0581z^{-1}$$

可见，控制信号在第二拍后，$u(2) = u(3) = \cdots = 0$，进入稳态，故保证了系统输出无纹波。当然，由于引入了无纹波条件，其过渡过程时间（$2T$）比普通的最少拍系统增加了 1 拍。

5.2.3 纯滞后控制

工业过程中的许多对象具有纯滞后特性。例如，物料经皮带传送到秤体，蒸汽在长管道内流动至加热罐，都要经过一定的时间后，才能将控制作用送达被控量。这个时间滞后使控制作用不能及时达到效果，扰动作用不能及时被察觉，会延误控制，引起系统的超调和振荡。分析结果表明，时间滞后因素 $e^{-\tau s}$ 将直接进入闭环系统的特征方程，使系统的设计十分困难，极易引起系统的不稳定。

研究结果表明，当对象的纯滞后时间 t 与主过程对象的惯性时间常数 T 之比，即 $\tau/T \geqslant 0.5$ 时，常规的 PID 控制很难获得良好控制效果。长期以来，人们对纯滞后对象的控制作了大量的研究，比较有代表性的方法有大林控制算法和施密斯预估控制算法。

（1）大林（Dahlin）控制算法

1968 年，美国 IBM 公司的大林（E. B. Dahlin）提出了一种控制算法，对被控对象纯滞后的过程控制具有良好的效果。

① 大林算法的基本形式。设有一阶惯性的纯滞后对象 $G(s) = \dfrac{Ke^{-\tau s}}{T_1 s + 1}$，其中，$T_1$ 为被控对象的时间常数，τ 为纯滞后时间，且 τ 为采样周期 T 的整数倍，即 $\tau = NT$。

大林算法的设计目标是：设计一个合适的数字控制器 $D(z)$，使系统在单位阶跃函数作用下，整个系统的闭环传递函数为一个延迟环节（考虑系统的物理可实现性）和一个惯性环节（使输出平滑，解决超调）相串联的形式，即理想的闭环传递函数为 $\Phi(s) = \dfrac{e^{-\tau s}}{T_0 s + 1}$。其中，$T_0$ 为闭环系统的等效时间常数。由于是在 Z 平面上讨论数字控制器的设计，如采用零阶保持器，且采样周期为 T，则整个闭环系统的脉冲传递函数

$$\Phi(z) = (1 - z^{-1}) \tag{5-24}$$

类似的，可得被控对象的脉冲传递函数

$$G(z) = K\frac{z^{-(N+1)}\left(1 - e^{-T/T_1}\right)}{\left(1 - e^{-T/T_1}z^{-1}\right)}$$

根据直接离散化设计原理，可得

$$D(z) = \frac{\Phi(z)}{G(z)[1 - \Phi(z)]} = \frac{\dfrac{z^{-(N+1)}\left(1 - e^{-T/T_0}\right)}{\left(1 - e^{-T/T_0}z^{-1}\right)}}{\dfrac{Kz^{-(N+1)}\left(1 - e^{-T/T_1}\right)}{\left(1 - e^{-T/T_1}z^{-1}\right)}\left[1 - \dfrac{z^{-(N+1)}\left(1 - e^{-T/T_0}\right)}{\left(1 - e^{-T/T_0}z^{-1}\right)}\right]}$$

$$= \frac{\left(1-e^{-T/T_0}\right)\left(1-e^{-T/T_1}z^{-1}\right)}{K\left(1-e^{-T/T_1}\right)\left[1-e^{-T/T_0}z^{-1}-\left(1-e^{-T/T_0}\right)z^{-(N+1)}\right]} \tag{5-25}$$

式（5-25）即为被控对象为带有纯滞后的一阶惯性环节时，大林控制器的表达式，显然，$D(z)$ 可由计算机直接实现。

对带有纯滞后的二阶惯性环节的被控对象，即 $G(s) = \dfrac{Ke^{-\tau s}}{(T_1 s + 1)(T_2 s + 1)}$，设闭环脉冲传递函数仍为式（5-24），则

$$D(z) = \frac{\left(1-e^{-T/T_0}\right)\left(1-e^{-T/T_1}z^{-1}\right)\left(1-e^{-T/T_2}z^{-1}\right)}{K\left(c_1 + c_2 z^{-1}\right)\left[1-e^{-T/T_0}z^{-1}-\left(1-e^{-T/T_0}\right)z^{-(N+1)}\right]}$$

式中，

$$c_1 = 1 + \frac{1}{T_2 - T_1}\left(T_1 e^{-T/T_1} - T_2 e^{-T/T_2}\right)$$

$$c_2 = e^{-T(1/T_1 + 1/T_2)} + \frac{1}{T_2 - T_1}\left(T_1 e^{-T/T_2} - T_2 e^{-T/T_1}\right)$$

② 振铃现象及消除方法。人们发现，直接用上述控制算法构成闭环控制系统时，计算机的输出 $U(z)$ 常常会以 1/2 采样频率大幅度地上下振荡。这一振荡将使执行机构的磨损增加，而且影响控制质量，甚至可能破坏系统的稳定，必须加以消除。通常，这一振荡现象被称为振铃现象。

为了衡量振荡的强烈程度，可以引入振铃幅度 RA 的概念。RA 的定义是：在单位阶跃输入作用下，数字控制器 $D(z)$ 的第 0 次输出与第 1 次输出之差为振铃幅度，即 $RA = U(0) - U(1)$。表 5-5 给出了 $D(z)$ 在不同形式下的振铃特性。

从表 5-5 中可以看出：当极点 $z = -1$ 时，振铃幅度 $RA = 1$；当极点 $z = -0.5$ 时，振铃幅度 $RA = 0.5$。当右半 Z 平面上有极点时，振铃减轻；当右半 Z 平面上有零点时，振铃加剧。可以证明，振铃的根源就是 $z = -1$ 附近的极点所致，且 $z = -1$ 处振铃最严重。

表 5-5　　　　　　　　　　　　单位阶跃输入下的振铃特性

数字控制器 $D(z)$	输出 $u(k)$	振铃幅度 RA	输出序列图
$\dfrac{1}{1+z^{-1}}$	1 0 1 0 1	1	
$\dfrac{1}{1+0.5z^{-1}}$	1.0 0.5 0.75 0.625 0.646	0.5	

续表 5-5

数字控制器 $D(z)$	输出 $u(k)$	振铃幅度 RA	输出序列图
$\dfrac{1}{(1+0.5z^{-1})(1-0.2z^{-1})}$	1.0 0.7 0.89 0.803 0.848	0.3	
$\dfrac{(1-0.5z^{-1})}{(1+0.5z^{-1})(1-0.2z^{-1})}$	1.0 0.2 0.5 0.37 0.46	0.8	

为了消除振铃，大林提出了一个切实可行的办法，就是先找到 $D(z)$ 中可能产生振铃的极点（ $z=1$ 附近的极点），然后令该极点的 $z=1$。这样，既取消了这个极点，又不影响系统的稳态输出。因为根据终值定理，系统的稳态输出 $Y(\infty)=\lim\limits_{z\to 1}(z-1)Y(z)$，显然，系统进入稳态后， $z=1$。

下面讨论消除振铃后，数字控制器的形式。将式（5-21）的分母进行分解，得

$$D(z)=\frac{\left(1-e^{-T/T_0}\right)\left(1-e^{-T/T_1}z^{-1}\right)}{K\left(1-e^{-T/T_1}\right)\left(1-z^{-1}\right)\left[1+\left(1-e^{-T/T_0}\right)\left(z^{-1}+z^{-2}+z^{-3}+\cdots+z^{-N}\right)\right]}$$

显然，式中极点 $z=1$ 是不会引起振铃的。引起振铃的可能因子是 $\left[1+\left(1-e^{-T/T_0}\right)\left(z^{-1}+z^{-2}+z^{-3}+\cdots+z^{-N}\right)\right]$ 项。

当 $N=0$ 时，此因子不存在，无振铃可能。

当 $N=1$ 时，有一个极点 $z=-\left(1-e^{-T/T_0}\right)$。

当 $T_0 \ll T$ 时， $z\to -1$，存在严重的振铃现象。为消除振铃，可令 $z=1$，因子变为 $1+\left(1-e^{-T/T_0}\right)z^{-1}=2-e^{-T/T_0}$，此时

$$D(z)=\frac{\left(1-e^{-T/T_0}\right)\left(1-e^{-T/T_1}z^{-1}\right)}{K\left(1-e^{-T/T_1}\right)\left(1-z^{-1}\right)\left(2-e^{-T/T_0}\right)} \tag{5-26}$$

同理，当 $N=2$ 时，因子变为 $1+\left(1-e^{-T/T_0}\right)\left(z^{-1}+z^{-2}\right)=3-2e^{-T/T_0}$ （令 $z=1$），此时

$$D(z)=\frac{\left(1-e^{-T/T_0}\right)\left(1-e^{-T/T_1}z^{-1}\right)}{K\left(1-e^{-T/T_1}\right)\left(1-z^{-1}\right)\left(3-2e^{-T/T_0}\right)} \tag{5-27}$$

式（5-26）和式（5-27）就是对纯滞后对象（ $N=1$ 和 $N=2$ 时）用大林算法设计出的数字控制器 $D(z)$。

【例 5-4】 已知被控对象 $G(s)=\dfrac{e^{-\tau}}{s+1}$，设采样周期 $T=0.5\text{s}$，设闭环传递函数的时间常数 $T_0=0.1\text{s}$，试按照大林算法设计数字控制器 $D(z)$，并分析系统是否会产生振铃现象？若有，如何消除？

【解】 系统带有纯滞后的一阶惯性环节，将带有一阶惯性的被控对象的通用传递函数 $G(s) = \dfrac{Ke^{-\tau s}}{1 + T_1 s}$ 同已知被控对象的传递函数比较，得出被控对象放大系数 $K = 1$，系统的纯滞后时间 $\tau = NT = 1$，则 $N = 2$，被控对象的时间常数 $T_1 = 1$，被控对象传递函数的 Z 变换为

$$G(z) = (1 - z^{-1})\left[\frac{G(s)}{s}\right] = (1 - z^{-1})\left[\frac{e^{-s}}{s(s+1)}\right]$$

$$= z^{-(N+1)}\frac{1 - e^{-T/T_1}}{1 - e^{-T/T_1}z^{-1}} = z^{-3}\frac{1 - e^{-0.5}}{1 - e^{-0.5}z^{-1}}$$

$$= \frac{0.3935z^{-3}}{1 - 0.6065z^{-1}}$$

由大林算法的设计思想所构造的闭环传递函数为

$$\Phi(z) = \frac{\left(1 - e^{-T/T_\tau}\right)z^{-(N+1)}}{1 - e^{-T/T_\tau}z^{-1}}$$

则

$$D(z) = \frac{\Phi(z)}{G(z)[1 - \Phi(z)]} = \frac{\left(1 - e^{-T/T_0}\right)\left(1 - e^{-T/T_1}z^{-1}\right)}{K\left(1 - e^{-T/T_1}\right)\left[1 - e^{-T/T_0}z^{-1} - \left(1 - e^{-T/T_0}\right)z^{-(N+1)}\right]}$$

$$= \frac{(1 - e^{-5})(1 - e^{-0.5}z^{-1})}{(1 - e^{-0.5})[1 - e^{-5}z^{-1} - (1 - e^{-5})z^{-3}]}$$

$$= \frac{2.524(1 - 0.6065z^{-1})}{(1 - z^{-1})[1 + 0.9933z^{-1} + 0.9933z^{-2}]}$$

由此可见，$D(z)$ 有 3 个极点，分别为 $z = 1$，$z = -0.4967 \pm j0.864$，极点 $z = -0.4967 \pm j0.864$ 产生振铃现象，将 $z = 1$ 代入式 $1 + 0.9933z^{-1} + 0.9933z^{-2}$ 中，得

$$D(z) = \frac{2.524(1 - 0.6065z^{-1})}{(1 - z^{-1})[1 + 0.9933 + 0.9933]} = \frac{0.8451(1 - 0.6065z^{-1})}{1 - z^{-1}}$$

此时，闭环传递函数相当于一个纯滞后的一阶惯性环节，振铃现象被消除。

（2）施密斯预估控制算法

1957 年，施密斯（Smith）提出了一种纯滞后的补偿模型，但当时的模拟仪表无法实现，直至后来利用计算机可以完成大滞后事件补偿的预估控制。

如图 5-18 所示，$G_p(s)$ 和 τ 分别为控制对象的不包含滞后环节的传递函数和纯滞后事件，该算法的核心是控制回路中增加 Smith 预估器 $G_p(s)(1 - e^{-\tau s})$，与常规控制器 $D(s)$ 并联，共同组成纯滞后补偿控制器，即

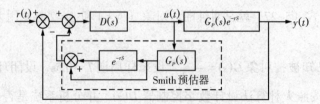

图 5-18 带有 Smith 预估器的结构模型

$$D'(s) = \frac{D(s)}{1 + D(s)G_p(s)(1 - e^{-\tau s})}$$

经补偿后的系统闭环传递函数为

$$\Phi(s) = \frac{D'(s)G_p(s)e^{-\tau s}}{1 + D'(s)G_p(s)e^{-\tau s}} = \frac{D(s)G_p(s)}{1 + D(s)G_p(s)}e^{-\tau s} \tag{5-28}$$

式 (5-28) 说明，对常规控制器 $D(s)$ 来说，包含原控制对象 $G_p(s)e^{-\tau s}$ 与 Smith 预估器的广义被控对象值相当于 $G_p(s)$，即纯滞后环节 $e^{-\tau s}$ 被放在闭环控制回路外。拉普拉斯变换的位移定理说明，$e^{-\tau s}$ 仅将控制作用在时间坐标上推移了一个时间，控制系统的过渡过程及其他性能指标都与对象特性为 $G_p(s)$ 时完全相同。因此，将 Smith 预估器与控制器并联，理论上可以使控制对象的时间滞后得到完全补偿。

采用模拟调节仪表实现上述 Smith 预估器比较困难，这是因为对象模型 $G_p(s)$ 各式各样，纯滞后环节由模拟电路 $e^{-\tau s}$ 模拟也很麻烦。相反的，由计算机来实现 Smith 预估器却很容易。考虑到计算机控制系统中控制输出后具有零阶保持器，为了与离散化的被控对象对应，Smith 预估器的离散化也采用零阶保持器法，设 Smith 预估器的等效脉冲传递函数

$$G_\tau(z) = (1 - z^{-1})Z\left[\frac{G_\tau(s)}{s}\right] = (1 - z^{-1})Z\left[(1 - e^{-\tau s})\frac{G_p(s)}{s}\right]$$
$$= (1 - z^{-1})(1 - z^{-N})Z\left[\frac{G_p(s)}{s}\right] \tag{5-29}$$

式中，$N = \mathrm{INT}(\tau/T)$，一般地，采样周期 T 取纯滞后时间 τ 的整倍数关系。

上述 Smith 预估器 $G_\tau(z)$ 的输入为控制器 $D(z)$ 的输出，式 (5-29) 中后移算子 z^{-1}、z^{-N} 可以通过计算机存储单元的移位方便地实现。而数字控制器 $D(z)$ 除了最常用的 PID 外，还可以是其他控制算法。

一般认为，Smith 预估补偿方法是解决大滞后问题的有效方法，预估系统在模型基本准确时，表现出良好的性能，但预估器对模型的精度或运行条件的变化十分敏感，对预估模型的精度要求较高，鲁棒性较差。研究结果表明，简单 PID 控制系统承受对象参数变化的能力要强于带有 Smith 预估器的系统。正是由于上述 Smith 预估器对模型误差敏感的原因，限制了 Smith 预估补偿方法在工业过程控制系统中的推广应用。为了克服 Smith 预估器对模型误差敏感、鲁棒性差的不足，国内外控制界针对 Smith 预估器，还提出了各种各样的改进算法，这里不一一介绍了。

5.3　数字串级控制器的设计

串级控制是在单回路 PID 控制基础上发展起来的一种控制技术。当 PID 控制应用于单回路控制一个被控量时，其控制结构简单，控制参数易于整定。但是，当系统中同时有几个因素影响同一个被控量时，如果只控制其中一个因素，将难以满足系统的控制性能。串级控制针对上述情况，在原控制回路中，增加一个或几个控制内回路，用以控制可能引起被控量变化的其他因素，从而有效地抑制了被控对象的时滞特性，提高了系统动态响应的

快速性。

5.3.1 串级控制的结构和原理

图5-19所示是一个燃油加热炉的油温控制系统。该加热炉对输入的原料油进行加热，要求达到一定的出口温度，供下道工序使用。为了达到工艺要求，这里采用传感变送器检测油温，送入控制器中并与设定值进行比较，利用二者的偏差，以PID控制规律操纵燃料油管道阀门的开度，如此构成一个单回路反馈控制系统（不包括图5-19中虚线部分），其相应的控制系统方框图如图5-20所示（不包括图中虚线部分）。

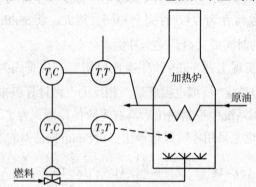

图5-19　燃油加热炉的油温控制系统

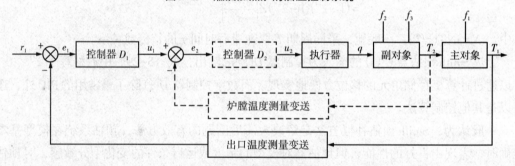

图5-20　油温控制系统框图

影响原料油出口温度的干扰因素很多，有来自入口原料油的初始温度和流量变化f_1，燃料油压力波动及热值的变化f_2和烟囱抽力变化f_3等。该单回路控制系统从理论上可以克服这些干扰，但是对象的调节通道（包括炉膛、管壁及原料油本身）很长，时间常数大，容量滞后大，调节作用不可能及时，所以，出口温度难以达到工艺指标要求。

上述3个干扰是从不同部位进入系统的。f_2，f_3首先影响炉膛温度。由于炉膛热惯性小，f_2和f_3的变化可以在炉膛温度T_2上很快反映出来，所以，如果设计以炉膛温度T_2为被控制量来控制燃料油的控制回路，就可以及时克服f_2和f_3的影响。对于f_1的影响，仍保留原有的控制回路。这样，形成了包括两个回路的串级控制系统，如图5-19、图5-20（含所有虚、实线）所示。

在图5-19和图5-20中，控制器D_1的输出值u_1作为控制器D_2的给定。当T_1下降时，D_1的计算结果使u_1升高，D_2的作用使阀门开度增大，从而使T_1升高，可见，两个系统是串联工作的。D_1称为主控制器，D_2称为副控制器，D_1和T_1形成的回路称为主回路，D_2

和 T_2 形成的回路称为副回路。这种主、副回路串接工作，主回路的输出作为副回路的给定值，由副控制器操纵调节阀的系统称为串级控制系统。随着副回路的加入，干扰进入副回路所引起的主参数的偏差只有单回路时的 1/20 ~ 1/10。对于进入主回路的干扰，由于副回路改善了对象特性，提高了系统的工作频率，加快了过渡过程，所以其对主参数造成的偏差只有单回路时的 1/5 ~ 1/2。

5.3.2 串级控制系统的确定

（1）副回路的确定

副回路的构成是串级控制系统的关键。构成副回路时，首先应当把较多的干扰，尤其是主要干扰包括在副回路内。其次要注意主、副回路时间常数的匹配。如果二者时间常数太接近，不仅会使副回路反应迟钝，失去副回路的优越性，而且由于主、副对象的联系十分密切，万一主、副参数中有一个发生振荡，必然引起另一参数振荡而发生"共振效应"，所以，副回路的时间常数应小于主回路的时间常数的 1/3。

（2）控制规律的确定

在串级控制系统中，主、副控制器担负着不同的任务。

副控制器的任务是迅速克服副回路内的扰动影响，并不要求稳态余差很小，所以，一般只用比例控制作用，且比例系数可取得较大；但是，当副参数是压力或流量时，由于时间常数小，比例系数不能太大时，则应加入积分作用。总之，副回路应具有 P 或 PI 控制规律。

对于主控制器，为了减少系统主参数的稳态余差，提高系统的控制精度，主回路应具有积分作用；对于大容量滞后过程，尤其是温度对象，为了使反应灵敏、动作迅速，还要加入微分作用，即主回路应具有 PI 或 PID 控制规律。

5.3.3 数字串级控制算法

根据图 5-20，主、副控制器 D_1 和 D_2 若由计算机来实现，则计算机串级控制系统如图 5-21 所示。为使问题简化，图中忽略了执行器和测量变送器，$D_1(z)$ 和 $D_2(z)$ 是由计算机实现的数字控制器，$H(s)$ 是零阶保持器，T 为采样周期。

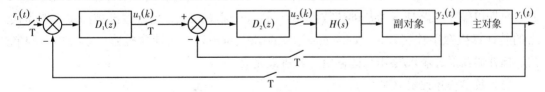

图 5-21 计算机串级控制系统

不管串级控制有多少级，计算的顺序总是从最外面的回路向内进行。对图 5-21 回路串级控制系统，其计算顺序如下。

① 计算主回路的偏差 $e_1(k)$。

$$e_1(k) = r_1(k) - y_1(k)$$

② 计算主控制器 $D_1(z)$ 的输出 $u_1(k)$。

$$u_1(k) = u_1(k-1) + \Delta u(k)$$

$$\Delta u(k) = K_{p_1}[e_1(k) - e_2(k-1)] + K_{i_1}e_1(k) + K_{d_1}[e_1(k) - 2e_1(k-1) + e_1(k-2)]$$

式中，K_{p_1}——比例增益；

$\qquad K_{i_1}$——积分系数，$K_{i_1} = K_p T/T_{i_1}$；

$\qquad K_{d_1}$——微分系数，$K_{d_1} = K_p T_{d_1}/T$。

③ 计算副回路的偏差 $e_2(k)$。

$$e_2(k) = u_1(k) - y_2(k)$$

④ 计算副控制器 $D_2(z)$ 的输出 $u_2(k)$。

$$\Delta u_2(k) = K_{p_2}[e_2(k) - e_2(k-1)] + K_{i_2}e_2(k) +$$
$$K_{d_2}[e_2(k) - 2e_2(k-1) + e_2(k-2)]$$

式中，K_{p_2}——比例增益；

$\qquad K_{i_2}$——积分系数，$K_{i_2} = K_p T/T_{i_2}$；

$\qquad K_{d_2}$——微分系数，$K_{d_2} = K_{p_2} T_{d_2}/T$。

5.4　数字程序控制器设计

在机械制造工业中，绝大多数加工量为单件与小批量生产的零件，生产工艺要求高精度、高效率，而加工形状又十分复杂，这对一般的自动机床、组合机床或专用机床都是难以胜任的。由此，数控技术和数控机床应运而生。数字程序控制主要应用于机床中机械运动的轨迹控制，如用于铣床、车床、加工中心、线切割机的自动控制系统中。采用数字程序控制的机床叫作数控机床。

5.4.1　数字程序控制基础

所谓数字程序控制，就是计算机根据输入的指令和数据，控制生产机械按照规定的工作顺序、运动轨迹、运动距离和运动速度等规律自动地完成工作的自动控制。数字程序控制系统一般由输入装置、输出装置、控制器、伺服驱动装置等组成。随着计算机技术的发展，早期以数字电路技术为基础的数控 NC（numerical control）已经逐渐被淘汰，取而代之的是计算机数字控制 CNC（computer numerical control）。在计算机数控系统中，控制器、插补器及部分输入/输出功能都由计算机来完成。

（1）数字程序控制原理

首先分析如图 5-22 所示的平面曲线图形，如何用计算机在绘图仪或数控机床上重现，以此来说明数字程序控制的基本原理。

① 曲线分割。将所需加工的轮廓曲线分割成机床能够加工的曲线线段，依据的原则是保证线段所连的曲线（或折线）与原图形的误差在允许范围内。如将图 5-22 所示曲线分割成直线段 $\overline{ab}$、$\overline{cd}$ 和圆弧曲线 bc 三段，然后把 a、b、c、d 四点坐标记下来并送给计算机。

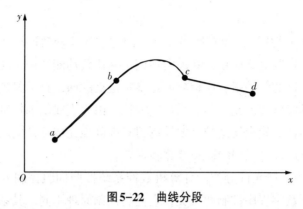

图 5-22　曲线分段

② 插补计算。根据给定的各曲线段的起点坐标、终点坐标（即 a，b，c，d 各点坐标），以一定的规律定出一系列的中间点，要求用这些中间点所连接的曲线段必须以一定的精度逼近给定的线段。确定各坐标值之间的中间值的数值计算方法称为插值或插补。常用的插补形式有直线插补和二次曲线插补两种：直线插补是指在给定的两个基点之间用一条近似直线来逼近，当然，由此定出中间点连接起来的折线近似于一条直线，而并不是真正的直线；二次曲线插补是指在给定的两个基点之间用一条近似曲线来逼近，也就是实际的中间点连线是一条近似于曲线的折线弧。常用的二次曲线有圆弧、抛物线和双曲线等。对图 5-22 所示的曲线，$\overline{ab}$ 和 $\overline{cd}$ 段用直线插补，bc 段用圆弧插补比较合理。

③ 脉冲分配。根据插补运算过程中定出的各中间点，对 x、y 分配脉冲信号，以控制步进电机的旋转方向、速度及转动的角度，步进电机带动刀具，从而加工出所要求的轮廓。根据步进电机的特点，每一个脉冲信号将控制步进电机转动一定的角度，从而带动刀具在 x 或 y 方向移动一个固定的距离。把对应于每个脉冲移动的相对位置称为脉冲当量或步长，常用 Δx 和 Δy 来表示，并且 $\Delta x = \Delta y$。很明显，脉冲当量也就是刀具的最小移动单位，Δx 和 Δy 的取值越小，所加工的曲线就越逼近理想的曲线。

（2）数字程序控制方式

① 按照控制对象的运动轨迹分类。

● 点位控制。只要求控制刀具行程终点的坐标值，即工件加工点的准确定位，对于从一个定位点到另一个定位点的刀具运动轨迹并无严格要求，并且在移动过程中不做任何加工，只是在准确到达指定位置后，才开始加工。在机床加工业中，采用这类控制的有数控钻床、数控镗床和数控冲床等。

● 直线切削控制。除了要控制点到点的准确定位外，还要控制两相关点之间的移动速度和路线，运动路线只是相对于某一直角坐标轴做平行移动，且在运动过程中能以指定的进给速度进行切削加工。需要这类控制的有数控铣床、数控车床、数控磨床和加工中心等。

● 轮廓切削控制。能够对两个或两个以上的运动坐标的位移和速度同时进行控制。控制刀具沿工件轮廓曲线不断地运动，并在运动过程中将工件加工成某一形状。这种方式是借助于插补器进行的，插补器根据加工的工件轮廓向每一坐标轴分配速度指令，以获得给定坐标点之间的中间点。这类控制用于数控铣床、数控车床、数控磨床、齿轮加工机床和加工中心等。

在上述3种控制方式中，点位控制最简单，因为它的运动轨迹没有特殊要求，运动时又不加工，所以它的控制电路简单，只需实现记忆和比较功能。记忆功能是指记忆刀具应走的移动量和已经走过的移动量；比较功能是指将记忆的两个移动量进行比较，当两个数值的差为零时，刀具应立即停止。与点位控制相比，由于直线切削控制进行直线加工，所以控制电路要复杂一些。轮廓切削控制要控制刀具准确地完成复杂的曲线运动，所以控制电路更复杂，且需要进行一系列的插补计算和判断。

② 根据有无检测反馈元件分类。计算机数控系统按照伺服控制方式，主要分为开环数字程序控制和闭环数字程序控制两大类，它们的控制原理不同，其系统结构也有较大的差异。

• 闭环数字程序控制。图5-23给出了闭环数字程序控制的原理图，测量元件采用光电编码器、光栅或感应同步器，随时检测移动部件的位移量，及时反馈给数控系统并与插补运算得到的指令信号进行比较，其差值通过驱动电路控制驱动伺服电机，以带动移动部件消除位移误差。该控制方式控制精度高，主要用于大型精密加工机床，但其结构复杂，难以调整和维护，一些简易的数控系统很少采用。

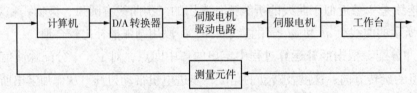

图5-23　闭环数字程序控制原理图

• 开环数字程序控制。开环数字程序控制的原理如图5-24所示，这种控制方式没有反馈检测元件，一般由步进电机作为驱动装置。步进电机根据指令脉冲做相应的旋转，把刀具移动到指令脉冲相当的位置，至于刀具是否准确地到达指令脉冲规定的位置，不做任何检测，因此，这种控制的精度和可靠性基本上由步进电机和转动装置来决定。

图5-24　开环数字程序控制原理图

开环数字程序控制虽然控制精度低于闭环系统，但具有结构简单、成本低、易于调整和维护等优点，因此，在各类数控机床、线切割机、低速小型数字绘图仪等设备中得到了广泛的应用。

5.4.2　逐点比较法插补原理

逐点比较法插补原理是：每当画笔或刀具沿某一方向移动一步，就进行一次偏差计算和偏差判别，也就是到达新的点位置和理想线型上对应点的理想位置坐标之间的偏离程度，然后根据偏差的大小，确定下一步的移动方向，使画笔或刀具始终紧靠理想线型运动，获得步步逼近的效果。由于采用的是"一点一比较，一步步逼近"的方法，因此，称为逐点比较法。

逐点比较法是以直线或折线（阶梯状的）来逼近直线或圆弧等曲线的，它与给定轨迹之间的最大误差为一个脉冲当量，因此，只要把运动步距取得足够小，便可以精确地跟随给定轨迹，以达到精度的要求。

下面分别介绍逐点比较法直线和圆弧插补原理、插补计算及其程序实现方法。

5.4.2.1　逐点比较法直线插补

（1）第一象限内的直线插补

① 偏差计算公式。设加工的轨迹为第一象限中的一条直线 OA，如图5-25所示。

设加工起点为坐标原点，沿直线进给到终点 $A(x_e, y_e)$。点 $m(x_m, y_m)$ 为加工点（动点），若点 m 在直线 OA 上，则有

$$\frac{x_m}{y_m} = \frac{x_e}{y_e},$$

即

$$y_m x_e - x_m y_e = 0$$

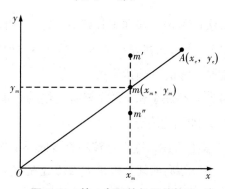

图5-25　第一象限的加工的轨迹

定义直线插补的偏差判别式为

$$F_m = y_m x_e - x_m y_e \tag{5-30}$$

显然，若 $F_m = 0$，表明 m 点在直线段 OA 上；若 $F_m > 0$，m 点在直线段 OA 上方，即点 m' 处；若 $F_m < 0$，m 点在直线段 OA 下方，即点 m'' 处。函数 F_m 的正负反映了刀具与曲线的相对位置关系，这样，根据 F_m 值的大小，就可以控制刀具的进给方向。

由此可得第一象限直线逐点比较法插补的原理是：从直线的起点（坐标原点）出发，当 $F_m \geq 0$ 时，沿 $+x$ 方向走一步；当 $F_m < 0$ 时，沿 $+y$ 方向走一步；当两方向所走的步数与终点坐标 $A(x_e, y_e)$ 相等时，即刀具到达直线终点，完成直线插补。

按照式（5-30）计算偏差，要做两次乘法一次减法。下面介绍一种简化的偏差计算公式。

● 设加工点正处于 m 点，当 $F_m \geq 0$ 时，表明 m 点在直线段 OA 上或 OA 上方，为逼近给定曲线，应沿 $+x$ 方向走一步至 $m+1$，该点的坐标值为

$$\begin{cases} x_{m+1} = x_m + 1 \\ y_{m+1} = y_m \end{cases}$$

该点的偏差为

$$F_{m+1} = y_{m+1}x_e - x_{m+1}y_e = y_m x_e - (x_m + 1)y_e = F_m - y_e \tag{5-31}$$

● 设加工点正处于 m 点，当 $F_m < 0$ 时，表明 m 点在直线段 OA 下方，为逼近给定曲线，应沿 $+y$ 方向走一步至 $m+1$，该点的坐标值为

$$\begin{cases} x_{m+1} = x_m \\ y_{m+1} = y_m + 1 \end{cases}$$

该点的偏差为

$$F_{m+1} = y_{m+1}x_e - x_{m+1}y_e = (y_m + 1)x_e - x_m y_e = F_m + x_e \tag{5-32}$$

由式（5-31）和式（5-32）可见，新的加工点的偏差 F_{m+1} 都可以由前一点偏差 F_m 和终点坐标相加或相减得到，且加工的起点是坐标原点，起点偏差是已知的，即 $F_0 = 0$。

② 终点判断方法。刀具到达终点 (x_e, y_e) 时，必须自动停止进给。因此，在插补过程中，每走一步，就要和终点坐标比较一下：如果没有到达终点，就继续插补运算；如果已经到达终点，就必须自动停止插补运算。逐点比较法的终点判断有多种方法，下面介绍两种方法。

● 设置 N_x 和 N_y 两个减法计数器，在加工开始前，在 N_x 和 N_y 计数器中分别存入终点坐标值 x_e 和 y_e，当 x 坐标或 y 坐标每进给一步时，就在 N_x 计数器或 N_y 计数器中减去 1，直至这两个计数器中的数都减到零时，到达终点。

● 用一个终点判别计数器，存放 x 和 y 两个坐标进给的总步数 N_{xy}，x 或 y 坐标每进给一步，N_{xy} 就减 1，若 $N_{xy} = 0$，即到达终点。

③ 直线插补计算过程。综上所述，逐点比较法直线插补工作过程可归纳为以下四步。

● 偏差判别。判断上一步进给后的偏差值是 $F_m \geq 0$ 还是 $F_m < 0$。

● 坐标进给。根据偏差判别结果和所在象限决定在哪个方向上进给一步。

● 偏差计算。计算出进给一步后的新偏差值，作为下一步进给的判别依据。

● 终点判别。终点判别计数器减 1，判断是否到达终点，若已经到达终点，则停止插补；若未到达终点，则返回到第一步，如此不断循环，直至到达终点为止。

（2）四个象限的直线插补

设 A_1、A_2、A_3、A_4 分别表示第一、第二、第三、第四象限的四种线型，它们的加工起点均从坐标原点开始，则刀具进给方向如图 5-26 所示。

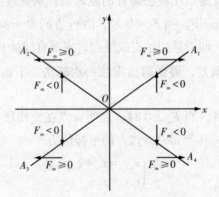

图 5-26　四个象限的直线补偿

四个象限的进给脉冲和偏差计算如表5-6所列，当 $F_m \geqslant 0$ 时，沿 x 方向进给，在第一、第四象限沿 $+x$ 方向进给，在第二、第三象限沿 $-x$ 方向进给。当 $F_m < 0$ 时，沿 y 方向进给，在第一、第二象限沿 $+x$ 方向进给；在第三、第四象限沿 $-y$ 方向进给。不管是哪个象限，都采用与第一象限相同的偏差计算公式，只是式中的终点坐标值均取绝对值。

表5-6 **四个象限直线的偏差符号和进给方向**

偏差判别		$F_m \geqslant 0$	$F_m < 0$
进给	A_1	$+\Delta x$	$+\Delta y$
	A_2	$-\Delta x$	$+\Delta y$
	A_3	$-\Delta x$	$-\Delta y$
	A_4	$+\Delta x$	$-\Delta y$
偏差计算		$F_{m+1} = F_m - |y_e|$	$F_{m+1} = F_m + |x_e|$

（3）直线插补计算的程序实现

在计算机的内存中，开辟6个单元XE、YE、NXY、FM、XOY和ZF，存放终点横坐标 x_e、终点纵坐标 y_e、总步数 N_{xy}、加工点偏差 F_m、直线所在象限XOY和走步方向标志。这里，$N_{xy} = N_x + N_y$，XOY 等于1、2、3、4分别代表第一、第二、第三、第四象限，XOY的值由终点坐标 (x_e, y_e) 的正、负符号来确定，F_m 的初值 $F_0 = 0$，ZF 等于1、2、3、4分别代表 $+x$、$-x$、$+y$、$-y$ 的走步方向。

图5-27所示为直线插补计算的程序流程图，它是按照插补计算过程的四个步骤，即偏差判别、坐标进给、偏差计算、终点判断来实现插补计算程序的。

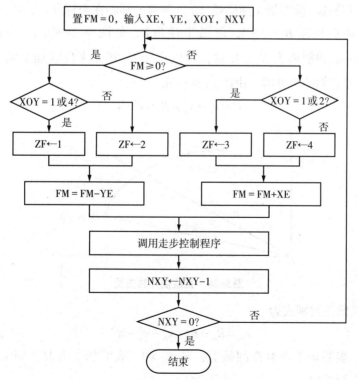

图5-27 四个象限直线插补计算流程图

【例5-5】 设给定的加工轨迹为第一象限的直线 OP，起点为坐标原点，终点坐标为 $A(x_e, y_e)$，其值为（5，4），试进行插补计算，并作出走步轨迹图。

【解】 计算过程如表5-7所列。表中的终点判断采用上述第二种方法，计算长度 $N_{xy} = x_e + y_e = 5 + 4 = 9$，即 x 方向走5步，y 方向走4步，共9步。插补过程如图5-27所示。

表5-7 直线插补过程

序列	偏差判别	坐标 进给	偏差计算	终点判别
0			$F_0 = 0$	$N_{xy} = 9$
1	$F_0 = 0$	$+\Delta x$	$F_1 = F_0 - y_e = -4$	$N_{xy} = 8$
2	$F_1 = -4 < 0$	$+\Delta y$	$F_2 = F_1 + x_e = 1$	$N_{xy} = 7$
3	$F_2 = 1 > 0$	$+\Delta x$	$F_3 = F_2 - y_e = -3$	$N_{xy} = 6$
4	$F_3 = -3 < 0$	$+\Delta y$	$F_4 = F_3 + x_e = 2$	$N_{xy} = 5$
5	$F_4 = 2 > 0$	$+\Delta x$	$F_5 = F_4 - y_e = -2$	$N_{xy} = 4$
6	$F_5 = -2 < 0$	$+\Delta y$	$F_6 = F_5 + x_e = 3$	$N_{xy} = 3$
7	$F_6 = 3 > 0$	$+\Delta x$	$F_7 = F_6 - y_e = -1$	$N_{xy} = 2$
8	$F_7 = -1 < 0$	$+\Delta y$	$F_8 = F_7 + x_e = 4$	$N_{xy} = 1$
9	$F_8 = 4 > 0$	$+\Delta x$	$F_9 = F_8 - y_e = 0$	$N_{xy} = 0$

注：$+\Delta x$ 表示沿 $+x$ 方向进给，$+\Delta y$ 表示沿 y 方向进给一步。

5.4.2.2 逐点比较法圆弧插补

（1）第一象限内的圆弧插补

① 偏差计算公式。设要加工逆圆弧 AB，圆弧的圆心在坐标原点，已知圆弧的起点坐标 $A(x_0, y_0)$ 和终点坐标 $B(x_e, y_e)$，圆弧半径为 R，如图5-28所示。令瞬时加工点为 (x_m, y_m)，它与圆心的距离为 R_m，显然，可以比较 R_m 和 R 来反映加工偏差。比较 R_m 和 R，实际上是比较它们的平方值。由图5-28可知

$$R_m^2 = x_m^2 + y_m^2, \quad R^2 = x_0^2 + y_0^2 \tag{5-33}$$

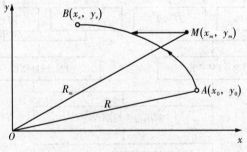

图5-28 直线插补轨迹图

因此，可以定义偏差判别式为

$$F_m = R_m^2 - R^2 = x_m^2 + y_m^2 - R^2 \tag{5-34}$$

若 $F_m = 0$，表明加工点 M 在圆弧上；若 $F_m > 0$，表明加工点 M 在圆弧外；若 $F_m < 0$，表明加工点 M 在圆弧内。

由此可得第一象限内逆圆弧逐点比较插补的原理是：从圆弧的起点出发，若 $F_m \geqslant 0$，为了逼近圆弧，下一步沿 $-x$ 方向进给一步，并计算新的偏差；若 $F_m < 0$，为了逼近圆弧，下一步沿 $+y$ 方向进给一步，并计算新的偏差。如此一步步计算和一步步进给，并在达到终点后停止计算，就可以插补出如图5-28所示的逆圆弧 AB。

依据式（5-34）计算偏差 F_m，需要进行三次乘方和两次加减运算，比较费时，下面推导出简化的递推计算公式。

• 设加工点正处于 $M(x_m, y_m)$ 点，当 $F_m \geqslant 0$ 时，应沿 $-x$ 方向进给一步至 $M'(x_{m+1}, y_{m+1})$ 点，其坐标值为

$$\begin{cases} x_{m+1} = x_m - 1 \\ y_{m+1} = y_m \end{cases} \tag{5-35}$$

新的加工点偏差为

$$F_{m+1} = x_{m+1}^2 + y_{m+1}^2 - R^2 = (x_m - 1)^2 + y_m^2 - R^2 = F_m - 2x_m + 1 \tag{5-36}$$

• 设加工点正处于 $M(x_m, y_m)$ 点，当 $F_m < 0$ 时，应沿 $+y$ 方向进给一步至 $M'(x_{m+1}, y_{m+1})$ 点，其坐标值为

$$\begin{cases} x_{m+1} = x_m \\ y_{m+1} = y_m + 1 \end{cases} \tag{5-37}$$

新的加工点偏差为

$$F_{m+1} = x_{m+1}^2 + y_{m+1}^2 - R^2 = x_m^2 + (y_m + 1)^2 - R^2 = F_m + 2y_m + 1 \tag{5-38}$$

由式（5-37）和式（5-38）可知，只要知道前一点的偏差和坐标值，就可以求出新一点的偏差。因为加工点是从圆弧的起点开始，故起点的偏差 $F_0 = 0$。

② 终点判断方法。圆弧插补的终点判断方法与直线插补相同。可将 x 方向上的走步步数 $N_x = |x_e - x_0|$ 和 y 方向上的走步步数 $N_y = |y_e - y_0|$ 的总和 N_{xy} 作为一个减法计数器，每走一步，就从 N_{xy} 计数器中减去1，当 $N_{xy} = 0$ 时，发出终点到信号，则插补结束。

③ 插补计算过程。圆弧插补计算过程比直线插补计算过程多一个环节，即要计算加工点瞬时坐标（动点坐标）值，其计算公式为式（5-37）和式（5-38）。因此，圆弧插补计算过程分为五个步骤：偏差判别、坐标进给、偏差计算、坐标计算和终点判断。

（2）四个象限的圆弧插补

在实际应用中，要加工的圆弧可以在不同的象限中，而且既可以按照逆时针方向，也可以按照顺时针方向。其他三个象限的逆圆、顺圆的偏差计算公式可以通过与第一象限的逆圆、顺圆相比较而得到。为了导出其他各象限的圆弧插补计算，下面先来推导第一象限顺圆弧的偏差计算公式。

① 第一象限顺圆弧的插补计算。设第一象限顺圆弧 CD，圆弧的圆心在坐标原点，并已知起点坐标为 $C(x_0, y_0)$，终点坐标为 $D(x_e, y_e)$，如图5-29所示。

设加工点现处于 $M(x_m, y_m)$ 点，若 $F_m \geqslant 0$，则沿 $-y$ 方向进给一步到 $M'(x_{m+1}, y_{m+1})$ 点，新加工点坐标将是 $(x_m, y_m - 1)$，可求出新的偏差为

$$F_{m+1} = F_m - 2y_m + 1 \tag{5-39}$$

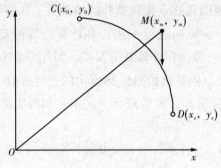

图5-29　第一象限顺圆弧

若$F_m < 0$，则沿$+x$方向进给一步到$M'(x_{m+1}, y_{m+1})$点，新加工点的坐标将是$(x_m + 1, y_m)$，同样可求出新的偏差为

$$F_{m+1} = F_m + 2x_m + 1 \qquad\qquad (5\text{-}40)$$

② 四个象限的圆弧插补计算。式（5-39）、式（5-40）给出了第一象限逆、顺圆弧的插补计算公式，其他象限的圆弧插补可与第一象限的情况相比较而得出，因为其他各象限的所有圆弧总是与第一象限中的逆圆弧或顺圆弧互为对称，如图5-30所示。图5-30中用SR和NR分别表示顺圆弧和逆圆弧，所以可用SR_1、SR_2、SR_3、SR_4分别表示第一、二、三、四象限中的顺圆弧，用NR_1、NR_2、NR_3、NR_4分别表示第一、二、三、四象限中的逆圆弧。

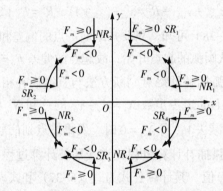

图5-30　四个象限的圆弧插补计算

在图5-30中，SR_1与NR_2对称于$+y$轴，SR_3与NR_4对称于$-y$轴，SR_4与NR_1对称于$+x$轴，SR_2与NR_3对称于$-x$轴，SR_1与NR_4对称于$+x$轴，SR_3与NR_2对称于$-x$轴，SR_2与NR_1对称于$+y$轴，SR_4与NR_3对称于$-y$轴。所有四个象限、8种圆弧插补时的偏差计算公式和坐标进给方向列于表5-8。

表5-8　　　　　　　　　　圆弧插补计算公式和进给方向

偏差	圆弧种类	进给方向	偏差计算	坐标计算
$F_m \geq 0$	SR_1、NR_2	$-\Delta y$	$F_{m+1} = F_m - 2y_m + 1$	$x_{m+1} = x_m$ $y_{m+1} = y_m - 1$
	SR_3、NR_4	$+\Delta y$		
	NR_1、SR_4	$-\Delta x$	$F_{m+1} = F_m - 2x_m + 1$	$x_{m+1} = x_m - 1$ $y_{m+1} = y_m$
	NR_3、SR_2	$+\Delta x$		

续表5-8

偏差	圆弧种类	进给方向	偏差计算	坐标计算
$F_m < 0$	SR_1、NR_4	$+\Delta x$	$F_{m+1} = F_m + 2x_m + 1$	$x_{m+1} = x_m + 1$
	SR_3、NR_2	$-\Delta x$		$y_{m+1} = y_m$
	NR_1、SR_2	$+\Delta y$	$F_{m+1} = F_m + 2y_m + 1$	$x_{m+1} = x_m$
	NR_3、SR_4	$-\Delta y$		$y_{m+1} = y_m + 1$

（3）圆弧插补计算的程序实现

在计算机的内存中开辟8个单元X0、Y0、NXY、FM、RNS、XM、YM和ZF，分别存放起点的横坐标 x_0、起点的纵坐标 y_0、总步数 N_{xy}、加工点偏差 F_m、圆弧种类值 RNS、x_m、y_m 和走步方向标志。这里，$N_{xy} = |x_e - x_0| + |y_e - y_0|$，$RNS = 1$、2、3、4和5、6、7、8分别代表 SR_1、SR_2、SR_3、SR_4 和 NR_1、NR_2、NR_3、NR_4，RNS 的值可由起点坐标和终点坐标的正、负符号来确定，F_m 的初值 $F_0 = 0$，x_m 和 y_m 的初值为 x_0 和 y_0，$ZF = 1$、2、3、4分别代表 $+x$、$-x$、$+y$、$-y$ 的走步方向。

图5-31所示为圆弧插补计算的程序流程图，该图按照插补计算的5个步骤，即偏差判别、坐标进给、偏差计算、坐标计算、终点判断来实现其插补计算程序。

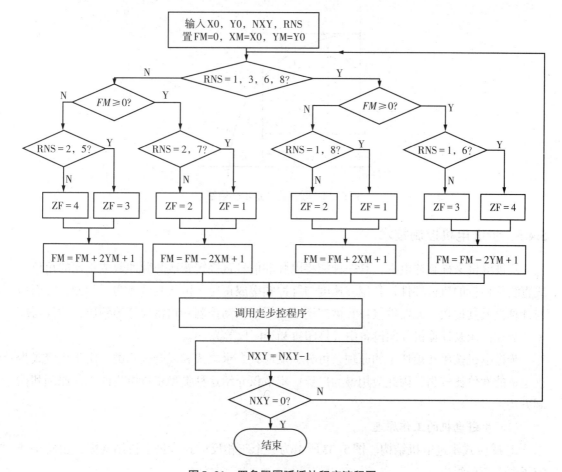

图5-31 四象限圆弧插补程序流程图

【例5-6】 设加工第一象限逆圆弧 AB，已知起点坐标为 $A(4，0)$，终点坐标为 $B(0，4)$，试进行插补计算，并作出走步轨迹图。

【解】 插补计算过程如表5-9所列。

表5-9 圆弧插补计算过程

频数	偏差判别	坐标进给	偏差计算	坐标计算	终点判断
起点			F_0	$x_0=4，y_0=0$	$N_{xy}=8$
1	$F_0=0$	$-\Delta x$	$F_1=F_0-2x_0+1=-7$	$x_1=x_0-1=3，y_1=0$	$N_{xy}=7$
2	$F_1<0$	$+\Delta y$	$F_2=F_1+2y_1+1=-6$	$x_2=3，y_2=y_1+1=1$	$N_{xy}=6$
3	$F_2<0$	$+\Delta y$	$F_3=F_2+2y_2+1=-3$	$x_3=3，y_3=y_2+1=2$	$N_{xy}=5$
4	$F_3<0$	$+\Delta y$	$F_4=F_3+2y_3+1=2$	$x_4=3，y_4=y_3+1=3$	$N_{xy}=4$
5	$F_4>0$	$-\Delta x$	$F_5=F_4-2x_4+1=-3$	$x_5=x_4-1=2，y_5=3$	$N_{xy}=3$
6	$F_5<0$	$+\Delta y$	$F_6=F_5+2y_5+1=4$	$x_6=2，y_6=y_5+1=4$	$N_{xy}=2$
7	$F_6>0$	$-\Delta x$	$F_7=F_6-2x_6+1=1$	$x_7=x_6-1=1，y_7=4$	$N_{xy}=1$
8	$F_7>0$	$-\Delta x$	$F_8=F_7-2x_7+1=0$	$x_8=x_7-1=0，y_8=4$	$N_{xy}=0$

根据表5-9，可作出走步轨迹，如图5-32所示。

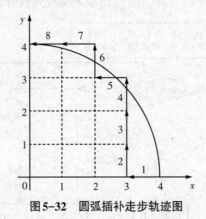

图5-32 圆弧插补走步轨迹图

5.4.3 步进电机控制技术

步进电机又称脉冲电机，是一种能将电脉冲信号直接转变成与脉冲数成正比的角位移或直线位移量的执行部件，其位移速度与脉冲频率成正比。由于其输入为电脉冲，因而易与计算机或其他数字元器件接口，被广泛地应用于自动控制和精密仪器等领域，如仪器仪表、数控机床及计算机外围设备中（打印机和绘图仪等）。

步进电机按照转矩产生的原理，可分为反应式、永磁式和混合式三类。由于反应式步进电机的性价比较高，因此应用最为广泛。本节仅介绍这种类型步进电机的工作原理和控制方法。

（1）**步进电机的工作原理**

①反应式步进电机结构。图5-33所示为一个三相反应式步进电机结构图，由转子和定子两大部分组成。

定子是由硅钢片叠成的，每相有一对磁极（N、S极），每个磁极的内表面都分布着多个小齿，它们大小相同，间距相同。该定子上共有3对磁极，每对磁极都缠有同一绕组，即形成一相。这样，3对磁极有3个绕组，形成三相。同理，四相步进电机有4对磁极、四相绕组，五相步进电机有5对磁极、五相绕组。以此类推。

转子是由软磁材料制成的，其外表面也均匀分布着小齿，这些小齿与定子磁极上小齿的齿距相同、形状相似。

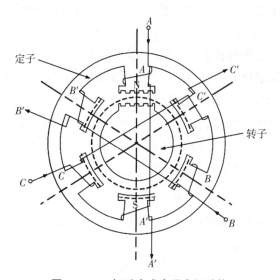

图5-33　三相反应式步进电机结构

② 反应式步进电机的工作原理。步进电机的工作就是步进转动。在一般的步进电机工作中，其电源都采用单极性的直流电源。要使步进电机转动，必须对步进电机定子的各相绕组以适当的时序进行通电。步进电机的步进过程可以用图5-34来说明，其定子的每相都有一对磁极，每个磁极都只有一个齿，即磁极本身，故三相步进电机有3对磁极共6个齿；其转子有4个齿，分别称为0、1、2、3齿。直流电源通过开关 S_A、S_B、S_C 分别对步进电机的A、B、C相绕组轮流通电。

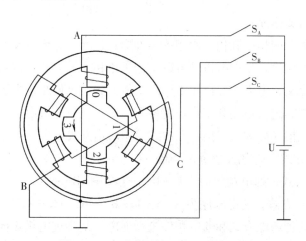

图5-34　步进电机的工作原理分析图

初始状态时，开关 S_A 接通，则 A 相磁极和转子的 0、2 号齿对齐，同时转子的 1、3 号齿和 B、C 相磁极形成错齿状态。当开关 S_A 断开、S_B 接通时，B 相绕组和转子的 1、3 号齿之间的磁力线作用使得转子的 1、3 号齿与 B 相磁极对齐，则转子的 0、2 号齿就与 A、C 相绕组磁极形成错齿状态。此后，开关 S_B 断开、S_C 接通，C 相绕组和转子 0、2 号之间磁力线作用使得转子 0、2 号齿和 C 相磁极对齐，这时转子的 1、3 号齿与 A、B 相绕组磁极产生错齿。当开关 S_C 断开、S_A 接通后，A 相绕组磁极和转子 1、3 号齿之间磁力线作用使转子 1、3 号齿和 A 相绕组磁极对齐，这时转子的 0、2 号齿和 B、C 相绕组磁极产生错齿。很明显，这时转子移动了一个齿距角。

如果对一相绕组通电的操作称为一拍，那么对 A、B、C 三相绕组轮流通电则需要三拍。对 A、B、C 三相绕组轮流通电一次称为一个周期。从上面的分析可以看出，该三相步进电机转子转动一个齿轮，需要三拍操作。由于 A→B→C→A 相轮流通电，此磁场沿 A、B、C 方向转动了 360° 空间角，而这时转子沿 ABC 方向转动了一个齿距位置，图 5-34 中的转子的齿数为 4，故齿距角为 90°，转动了一个齿锯，即转动了 90°。

对于一个步进电机，如果它的转子齿数为 z，则它的齿距角

$$\theta_z = \frac{2\pi}{z} = \frac{360°}{z}$$

而步进电机运行 n 拍可使转子转进一个齿锯位置。实际上，步进电机每一拍执行一次步进，所以，步进电机的步距角

$$\theta = \frac{\theta_z}{n} = \frac{360°}{nz}$$

式中，n ——步进电机工作拍数；

z ——转子的齿数。

对于图 5-33 所示三相反应式步进电机，若采用三拍方式，则它的步距角

$$\theta = \frac{360°}{3 \times 4} = 30°$$

对于转子有 40 个齿且采用三拍方式的步进电机而言，其步距角

$$\theta = \frac{360°}{3 \times 40} = 3°$$

（2）步进电机的工作方式

步进电机有三相、四相、五相、六相等多种形式，为了分析方便，下面仍以三相步进电机为例进行分析和讨论。步进电机既可以工作于单相通电方式，也可以工作于双相通电方式或单相、双相交叉通电方式。选用不同的工作方式，可使步进电机具有不同的工作性能，如减小步距、提高定位精度和工作稳定性等。对于三相步进电机，则有单拍（简称单三拍）方式、双相三拍（简称双三拍）方式、三相六拍方式。

① 单三拍工作方式，通电顺序为 A→B→C→A→…

② 双三拍工作方式，通电顺序为 AB→BC→CA→AB→…

③ 三相六拍工作方式，通电顺序为 A→AB→B→BC→C→CA→A→…

如果按照上述三种通电方式和通电顺序进行通电，则步进电机正向转动；反之，如果通电方向与上述顺序相反，则步进电机反向转动。

5.4.4 步进电机控制接口及输出字表

过去常规的步进电机控制电路主要由脉冲分配器和驱动电路组成。采用微机控制，主要取代脉冲分配器，而给步进电机提供驱动电源的驱动电路是必不可少的，同时用微机实现对步进电机的走步数、转向和速度控制等。

（1）步进电机控制接口

假定微型计算机同时控制 x 轴和 y 轴两台三相步进电机，一种常用的控制接口如图 5-35 所示。此接口电路选用可编程并行接口芯片 8255，8255PA 口的 PA0、PA1、PA2 控制 x 轴三相步进电机，8255PB 口的 PB0、PB1、PB2 控制 y 轴三相步进电机。只要确定了步进电机的工作方式，就可以控制各相绕组的通电顺序，实现步进电机正反转。

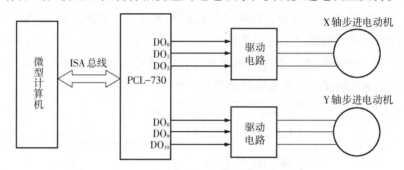

图5-35 两台三相步进电机控制接口示意图

（2）步进电机输出字表

在图 5-35 所示的步进电机控制接口电路中，选定由 PA0、PA1、PA2 通过驱动电路来控 x 轴步进电机，由 PB0、PB1、PB2 通过驱动电路来控制 y 轴步进电机，并假定数据输出为"1"时，相应的绕组通电；数据输出为"0"时，相应的绕组断电。下面以三相六拍控制方式为例加以说明。

当步进电机的相数和控制方式确定之后，PA0～PA2 和 PB0～PB2 输出数据变化的规律就确定了，这种输出数据变化规律可用输出字来描述。为了便于寻找，输出字以表的形式放在计算机指定的存储区域。表 5-10 给出了三相六拍控制方式的输出字表。

表5-10 三相六拍控制方式输出字表

x 轴步进电机输出字表		y 轴步进电机输出字表	
存储地址标号	PA 口输出字	存储地址标号	PB 口输出字
ADX1	00000001=01H	ADY1	00000001=01H
ADX2	00000011=03H	ADY2	00000011=03H
ADX3	00000010=02H	ADY3	00000010=02H
ADX4	00000110=06H	ADY4	00000110=06H
ADX5	00000100=04H	ADY5	00000100=04H
ADX6	00000101=05H	ADY6	00000101=05H

显然，若要控制步进电机正转，则按照 ADX1→ADX2→…→ADX6 和 ADY1→

ADY2→…→ADY6顺序向PA口和PB口送输出字；若要控制步进电机反转，则按照相反的顺序送输出字。

（3）步进电机控制程序

① 步进电机走步控制程序。若用ADX和ADY分别表示x轴和y轴步进输出字表的取数地址指针，且仍用$ZF=1$、2、3、4分别表示$-x$、$+x$、$-y$、$+y$走步方向，则步进电机的走步控制程序流程如图5-36所示。

若将走步控制程序和插补计算程序结合起来，并修改程序的初始化和循环控制等内容，便可以很好地实现xOy坐标平面的数字程序控制，为机床的自动控制提供了有力的手段。

② 步进电机速度控制程序。如前所述，按照正序或反序取输出字来控制步进电机的正转或反转，输出字更换得越快，则步进电机的转速越高。因此，控制图5-36中的延时时间，即可达到调速的目的。步进电机的工作过程是"走一步停一步"的循环过程，即步进电机的步进时间是离散的，步进电机的速度控制就是控制步进电机产生步进动作的时间，从而使步进电机按照给定的速度规律进行工作。

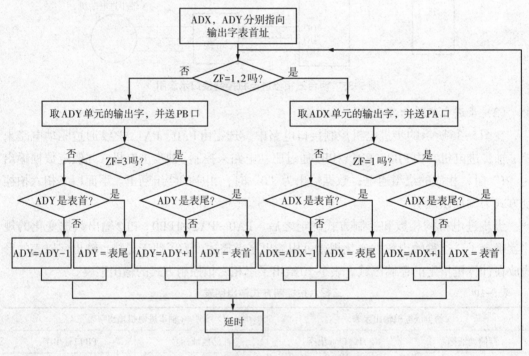

图5-36　步进电机三相六拍走步控制程序流程图

若T_i为相邻两次走步之间的时间间隔（s），v_i为进给一步后的末速度（步/s），a为进给一步的加速度（步/s^2），则有

$$v_i = \frac{1}{T_i}$$

$$v_{i+1} = \frac{1}{T_{i+1}}$$

$$v_{i+1} - v_i = \frac{1}{T_{i+1}} - \frac{1}{T_i} = aT_{i+1}$$

从而有

$$T_{i+1} = \frac{-1 + \sqrt{1 + 4aT_i^2}}{2aT_i} \tag{5-41}$$

根据式（5-41）即可计算出相邻两步之间的时间间隔。由于式（5-39）的计算比较烦琐，因此，一般不采用在线计算来控制速度，而采用离线计算求得各个 T_i，通过一张延时时间表把 T_i 编入程序中，然后按照表地址，依次取出下一步进给的 T_i 值，通过延时程序或定时器产生给定的时间间隔，发出相应的走步命令。若采用延时程序来获得进给时间，则CPU在控制步进电机期间，不能做其他工作，CPU读取 T_i 值后，进入循环延时程序，当延时时间到，便发出走步控制命令，并重复此过程，直到全部进给完毕为止；若采用定时器产生给定的时间间隔，速度控制程序应在进给一步后，把下一步的 T_i 值送入定时器的时间常数寄存器，之后，CPU就进入等待中断状态或处理其他事务，当定时时间到，就向CPU发出中断请求，CPU接收中断后，立即响应，发出走步控制命令，并重复此过程，直到全部进给结束为止。

思考题

5-1 试说明比例、积分、微分控制作用的物理意义。

5-2 已知系统被控对象传递函数为 $G(s) = \dfrac{s}{s^2 + 2s + 1}$，试采用双线性变换法求出对应的脉冲传递函数和差分方程，计算步长取 T，并对所得结果进行分析。

5-3 如果甲乙两个广义调节对象的动态特性完全相同（如均为二阶对象），甲采用PI作用调节器，乙采用P作用调节器。当比例系数完全相同时，试比较甲，乙两系统振荡程度。

5-4 要消除系统的稳态误差，通常选用哪种调节规律？

5-5 什么是数字PID位置式算法和增量式算法？试比较它们的优缺点。

5-6 试分析PID的各种改进算法是针对什么问题提出的。

5-7 什么叫积分饱和？它是怎样引起的？如何消除？

5-8 试画出微分先行PID控制器的结构图，并给出其计算机算法表达式。

5-9 试画出不完全微分PID控制器的结构图，并推导出其增量算式。

5-10 试叙述经验法、扩充临界比例法、阶跃曲线法整定PID参数的步骤。

5-11 数字PID调节系统采样周期的选择，从理论上和算法的具体实现上需要考虑哪些因素？

5-12 最少拍控制器的局限性体现在哪几个方面？

5-13 大林算法的设计目标是什么？振铃现象是什么？振铃幅度如何定义？如何消除振铃现象？

5-14 已知被控对象的传递函数为 $G_c(s) = \dfrac{10}{s(0.1s + 1)}$，采样周期 $T = 1s$。采用零阶保持器，要求：

（1）针对单位速度输入信号设计最少拍无纹级系统的 $D(z)$，并计算输出响应 $y(k)$。

（2）控制信号 $u(k)$ 和设差 $e(k)$ 序列。画出它们对时间变化的波形。

5-15　设加工第一象限直线 OA，起点 $O(0,0)$，终点 $(9,4)$，要求：

（1）按逐点比较法插补进行列表计算；

（2）做出走步轨迹图，并标明进给方向和步数。

5-16　设加工第一象限逆圆弧 $\overparen{AB}$，起点 $A(5,0)$，终点 $B(0,5)$，要求：

（1）按逐点比较法插补进行列表计算；

（2）作出走步轨迹图，并标明进给方向和步数。

5-17　三相步进电机有哪几种工作方式？分别画出各种工作方式的各相通电顺序和电压波形图。

5-18　如何控制步进电机的正反转？如何控制步进电机的转速？

5-19　试推导第三象限逆圆弧的偏差计算公式。

5-20　某电动比例调节器的测量范围为 $100\sim200℃$，其输出为 $0\sim10mA$。当温度从 $140℃$ 变化到 $160℃$ 时，测得调节器的输出从 $3mA$ 变化到 $7mA$。试求该调节器比例带。

第6章 应用程序设计与实现技术

【本章重点】

- 微型计算机控制系统中最常用的程序设计方法；
- 数据处理方法的分类；
- 标度变换及非线性补偿。

【课程思政】

华为鸿蒙系统，是2019年8月9日华为公司在东莞举行华为开发者大会上正式发布的操作系统。如今的中国，我们有强大的制度优势，有持续壮大的科技人才队伍，有科技实力和创新能力的显著提升，我们的创新底气更加充足，创新自信更加坚定，迸发出的创新动能将更加澎湃强劲。习近平总书记曾强调，"创新是一个民族进步的灵魂，是一个国家兴旺发达的不竭动力，也是中华民族最深沉的民族禀赋。"

计算机控制系统基本上是由硬件和软件组成的，硬件是能够完成控制任务的设备基础，软件是控制系统的灵魂。软件是计算机控制系统中具有各种功能的计算机程序的总和。从功能上，可以将软件分为系统软件和应用软件。本章重点介绍计算机控制系统中常用的应用程序设计技术问题。应用软件是根据系统的具体要求，由用户自己设计的面向控制系统的程序。

6.1 概 述

在微型计算机控制系统中，模拟量经A/D转换器转换后，变成数字量送入计算机。这些数字量在进行显示、报警及控制之前，还必须根据需要进行相应的加工处理，如数字滤波、标度变换、数值计算、逻辑判断及非线性补偿等，以满足不同系统的需要。

如果系统结构比较简单，被测参数只与一个变量有关。例如，在温度测量系统中，温度只与热电偶的输出电压值成比例，而且近似为线性关系。对于这样的数据，处理起来比较容易，只要把输出电压值经过放大器放大，再由A/D转换器转换成数字量，即可送入计算机，然后通过软件，对其进行数字滤波及标度变换，便可得到与之相应的温度值。

如果系统参数比较复杂，有时需要几个变量，必须对它们经过一定的数学运算，才能得到被测参数（如在流量测量系统中的流量计算公式，有些参数不但与几个被测量有关，而且是非线性关系；其计算公式不但包含四则运算，而且有对数、指数或三角函数的运算），如果采用模拟电路，就颇为复杂，因此，可用计算机通过查表及数值计算等方法，使问题大为简化。

在很多情况下，人们要考虑的已经不仅仅是传统的工业控制软件的要求，同时希望能够以方便的方式使各类信息顺利地交换。例如，通过国际互联网获得工业现场数据，下达控制指令，进行远程监控等。

以上提及的工作都需要依赖设计好的程序完成，而程序设计是指把所定义的问题用程序的方式对控制任务进行描述，这一步要用到流程图和模块化程序、自顶向下设计、结构化程序等程序设计技术，源程序的编写则是把设计框图变成微型计算机能接受的指令。

6.2　应用程序设计技术

随着工业控制系统的发展、网络技术的广泛应用，硬件条件得到了很大改善；同时，对应用程序（与硬件相对应，也称为软件）提出了新的要求。在当今工业控制系统中，软件占据了相当重要的地位，从控制器的控制算法程序，到上层的图形组态软件，而且由于控制系统中网络的引入，包括现场总线、各类专用控制网、局域网和国际互联网，软件对它们的支持显得至关重要。

软件本身具有很多特点。它所反映的实际问题的复杂性决定了软件的复杂性。因此，在工业控制系统软件开发过程中，开发人员既要有良好的软件开发素养，又要具备控制领域的相关知识，这对开发人员提出了很高的要求。

6.2.1　应用程序设计的基本任务

控制系统中控制任务的实现最终是靠执行应用程序来完成的，应用程序设计得如何，将决定整个控制系统的效率及优劣。一个控制系统要完成的任务常常是错综复杂的，进行程序设计之前，首先要确定控制系统对控制任务的要求，它包括定义输入和输出、处理要求、系统具体指标（如执行时间、精度、响应时间等）及出错处理方法等。

程序设计时，首先了解系统的工艺流程；然后综合考虑软硬件设计方案，权衡利弊，具体确定硬件方案和软件方案；最后，根据分工，分别进行硬件方案设计和程序设计。

程序设计最基本的问题是定义输入和输出。微型计算机作为控制器，必定要和被控对象发生联系，因此，必须仔细了解可能接收的所有输入和产生的所有输出，以什么方式进行信息传送，以及输入/输出的最大数据速率、平均速度、误差校验过程、输入/输出状态指示信号等。此外，诸如字长、时钟、选通信号、格式要求等，也需具体约定和考虑。问题定义时，还要考虑到测试方案、形成文件的标准和程序的可扩展性。另外，如果几个人分工编写软件，要预先协商好软件接口及连接方法。

在输入数据和送出控制信号之间，是一个处理阶段。必须确定对输入的数据进行哪些处理。将输入数据变换为输出结果的基本过程主要取决于控制算法的选择和确定。对于控制过程来说，常对控制顺序和时间有明确的要求，如何时发送数据、何时接收数据、有多少时间延迟等。程序的长短和数据量的多少将决定内存储器容量与缓冲区的大小。这些都和处理要求紧密相关。

错误处理在实时控制系统中也是一个重要内容，必须为排除一般错误和诊断故障确定处理方法。在定义阶段，开发人员必须提出诸如可能发生什么错误、最经常发生的是哪种错误等问题。人的操作差错颇为常见，而传输或通信错误比电气、机械或处理机错误更为常见。开发人员应当知道哪些错误对系统而言是不能及时或每时每刻发现的，应该知道如何以最少时间和数据损失来排除错误等。

6.2.2 应用程序设计的基本步骤与方法

（1）应用程序设计的基本步骤

正如一种思想有一个从产生到成熟的过程，应用程序设计也有一个从有到不断变化调整，以至最后成熟的过程。根据这一思想，把上述基本过程和活动进一步展开，就可以得到程序设计的6个步骤，即计划、问题分析、程序设计、程序编写、测试和运行维护。以下对这6个步骤的任务作概括性的描述。

① 计划。确定程序设计的总目标，给出它的功能、性能、可靠性和接口等方面的要求。

② 问题分析。开发人员和系统用户共同讨论决定哪些需求是可以满足的，并对其加以确切的描述。然后编写出软件需求说明书或系统功能说明书，以及初步的系统用户手册，提交管理机构评审。

③ 程序设计。开发人员将已经确定的各项需求转换成一个相应的体系结构，结构中的每一组成部分都是意义明确的模块，每个模块都与某些需求相对应。进而对每个模块要完成的工作进行具体的描述，为源程序编写打下基础。

④ 程序编写。程序员利用某种特定的程序设计语言完成"源程序清单"。

⑤ 测试。它是保证软件质量的重要手段，其主要方式是在模拟系统使用环境条件下，检验软件的各个组成部分。

⑥ 运行维护。在程序运行过程中，可能需要对它进行修改，其原因有：运行过程中发现软件中的错误，需要修正；为适应变化了的软件工作环境，需对软件作适当的修改；为了增强软件的功能，需对软件作修改。

（2）应用程序设计的方法

这里所说的程序设计，是把问题定义转化为程序设计的准备阶段。如果程序较小且简单，则这一步可能仅是绘制流程图而已。程序设计与流程图常联系在一起，初学者经常是先画出详细的流程图，再根据流程图编写程序。虽然把设计思想画成流程图同编写程序一样麻烦，但流程图在描述程序的结构和读通程序这两方面是很有用的。流程图在形成文件方面可能比程序设计更有效。当程序较大且较复杂时，真正对程序设计有用的是模块化程序、自顶向下程序设计、结构化程序等程序设计技术。虽然结构化程序有很多优越性，但对微型计算机控制系统来说，由于程序往往不大，因而较少采用。下面分别介绍常用的程序设计方法。

① 模块化程序设计。它是把一个完备的功能由若干个小的程序或模块共同完成。这些小的程序或模块在分别进行独立设计、编程、测试和查错之后，最终整合在一起，形成一个完整的程序。在微型计算机控制系统的程序设计中，这种方法非常有用。

单个模块的优点是比一个完整程序更易编写、查错和测试，并可能被其他程序重复使用。模块化程序设计的缺点是在把模块整合在一起时，要对各模块进行连接，以完成模块之间的信息传送。另外，为进行模块测试和程序测试，还要编写测试程序。使用模块化程序设计所占用的内存容量也较多。如果在设计过程中发现很难把程序模块化，或出现了较多的特殊情况需要处理，或使用了大量变量（每个也都需要特别处理），则说明问题定义得不好，需要重新定义问题。

划分模块的原则如下所述。

● 每个模块功能尽量单一，程序不宜太长，否则不易编写和调试。但也不要太短，应以完成某一有效功能为原则。

● 尽量减少模块间的信息交换，以便于单个模块的查询和调试。

● 对一些简单的任务，可不必要求模块化。因为这时编写和修改整个程序比装配修改模块还要容易。

● 当系统需要进行多种判断时，最好在一个模块中集中判断，这样有利于修改。

对于一些常用程序，如延时程序、显示程序、键盘处理程序和标准函数程序等，可以采用已有的标准子程序，不用自己花费时间去编写。

模块化程序设计的出发点是把一个复杂的系统软件分解为若干个功能模块，每个模块执行单一的功能，并且具有单入单出结构。这种方法的基础是将系统功能分解为程序过程或宏指令，但在很大的系统里，这种功能分解往往导致大量过程或子函数，这些过程虽然容易理解，但却有复杂的内部依赖关系，不利于进行调试或测试。

模块化程序设计的优点如下：

● 单一功能模块的编写或调试都很容易；

● 一个模块可以被多个其他程序调用；

● 检查错误容易，因为模块功能单一，且相对独立，不牵涉其他模块。

当然，模块化程序设计也有缺点，如有些程序难以模块化；较难把模块装在一起，当模块相互调用时，易产生相互影响。

② 自顶向下程序设计。模块化程序设计和自顶向下程序设计都离不开流程图。这是因为，流程图具有如下优点：具有标准的符号集，能清晰地表达操作顺序和程序设计段之间的关系，能强调关键的判断点，与特定的程序设计语言没有直接关系。

自顶向下程序设计是在程序设计时，先从系统级的管理程序或者主程序开始设计，低一级的从属程序或者子程序用一些程序标志来代替。当系统级的程序编好后，再将各标志扩展成从属程序或子程序，最后完成整个系统的程序设计。

这种程序设计过程大致有以下几步。

● 写出管理程序并进行测试。尚未确定的子程序用程序标志来代替，但必须在特定的测试条件下产生与原定程序相同的结果。

- 对每一个程序标志进行程序设计，使它成为实际的工作程序。
- 对最后整个程序进行测试。

自顶向下程序设计的优点是设计、测试和连接同时按照一条线索进行，可以较早地发现和解决矛盾或问题。而且测试能够完全按照真实的系统环境来进行，不需要依赖于测试程序。它是将程序设计、手编程序和测试这几步结合在一起的一种设计方法。自顶向下程序设计的主要缺点是上级的错误将对整个程序产生严重的影响，一处修改有可能牵动全局，引起对整个程序的全面修改。另外，总的设计可能同系统硬件不能很好地配合，不一定能充分利用现成软件。

自顶向下程序设计比较符合人们日常的思维习惯，而且研制应用程序的几个步骤可以同时结合进行，因而能提高研制效率。

③ 自底向上模块化设计。它首先是对最底层模块进行编码、测试和调试，这些模块正常工作后，就可以用它们来开发较高层的模块。例如，在编写主程序前，先开发各个子程序，再用一个测试主程序来测试每一个子程序。这是汇编语言设计常用的方法。

6.2.3 工业控制组态软件

计算机控制系统的功能（如实时数据库、历史数据库、数据点的生成、图形、控制回路和报表功能的实现）是靠开发人员通过手工编写一行一行的代码实现的，工作量非常大。这样设计出来的软件的通用性极差，对于每个不同的应用对象，都要重新设计或修改程序。

目前，越来越多的控制工程师已经不再采用从"芯片→电路设计模块制作→系统组装→调试"的传统模式来研制计算机控制系统，而是采用组态模式。组态一词来源于英文单词"configuration"，"组态软件"作为一个专业术语，到目前为止，并没有一个统一的定义。从内涵上说，组态软件是指在软件领域内，操作人员根据应用对象及控制任务的要求，配置（包括对象的定义、制作和编辑，对象状态特征属性参数的设定等）用户应用软件的过程，也就是把组态软件视为"应用程序生成器"。从应用的角度讲，组态软件是完成系统硬件与软件沟通、建立现场与监控层沟通的人-机界面的软件平台。工业控制领域是组态软件应用的重要阵地，计算机控制系统的组态功能分为两个主要方面，即硬件组态和软件组态。

① 硬件组态常以总线式（PC总线或STD总线）工业控制机为主进行选择和配置，即总线式工业。控制机具有小型化、模块化、标准化、组合化、结构开放的特点。因此，在硬件上，可以根据不同的控制对象，选择相应的功能模板，组成各种不同的应用系统，使硬件工作量几乎接近于零，只需按照要求对各种功能模块进行安装和接线即可。

② 软件组态常以工业控制组态软件为主来实现，工业控制组态软件是标准化、规模化、商品化的通用过程控制软件，控制工程师不需了解计算机的硬件和软件，就可在触摸屏上采用菜单方式，利用填表的办法，对输入、输出信号用"仪表组态"方法进行软连接。这种通用填空语言具有简单明了、使用方便的特点，十分适合控制工程师掌握应用，

大大减少了重复性、低层次、低水平应用软件的开发，提高了软件的使用效率，缩短了应用软件的开发周期。

组态操作是在组态软件支持下进行的，组态软件主要包括控制组态、图形生成系统、显示组态、I/O通道登记、单位名称登记、趋势曲线登记、报警系统登记、报表生成系统共8个方面内容。有些系统可根据特殊要求而进行一些特殊的组态工作。控制工程师利用工程师键盘，以人-机会话方式完成组态操作，系统组态结果存入磁盘存储器内，以供运行时使用。下面对上述8种组态中的3种常用组态功能作简要介绍，更详细的内容可参阅有关组态软件使用手册等资料。

（1）控制组态

控制算法的组态生成在软件上可以分为两种实现方式：一种方式是采用模块宏的方式，即一个控制规律模块（如PID运算）对应一个宏命令（子程序），在组态生成时，每用到一个控制模块，则组态生成控制算法产生的执行文件中就将该宏命令所对应的算法换入执行文件；另一种方式是将各控制算法编成各个独立的可以反复调用的功能模块。对应每一模块有一个数据结构，该数据结构定义了该控制算法所需要的各个参数。因此，只要这些参数定义了，控制规律也就定义了。有了这些算法模块，就可以生成绝大多数控制功能。

（2）图形生成系统

计算机控制系统的人-机界面越来越多地采用图形显示技术。图形画面主要用来监视生产过程的状况，并可通过对画面上对象的操作，实现对生产过程的控制。在显示过程中，用静态画面来反映监视对象的环境和相互关系，用动态画面来监视被控对象的变化状态。

（3）显示组态

计算机控制系统的画面显示一般分为3级，即总貌画面、组貌画面和回路画面。若想构成这些画面，就要进行显示组态操作。显示组态操作包括选择模拟显示表、定义显示表和显示登记方法等。

6.2.4 软件工程方法概述

对于软件开发方法，有一种观点认为：人们应该用创意来寻找一种好的开发方法，然后让一般的软件开发人员依靠此方法来非创意地开发软件系统。这样的非创意方式就有一定的规则可以遵循，人们根据这些规则来编程、沟通，如此，依靠团体工作的功效才能得以发挥。基于这样的认识，"软件工程"的概念被提出来。1983年，给出软件工程的定义："软件工程是开发、运行、维护和修复软件的系统方法。"其中，"软件"的定义为计算机程序、方法、规则、相关的文档资料，以及在计算机上运行时所必需的数据。

软件工程包括3个要素：方法、工具和过程。

软件工程方法为软件开发提供了"如何做"的技术。它包括生产厂方的任务，如项目计划与估算，软件系统需求分析，数据结构，系统总体结构的设计，算法的设计、编码、测试和维护等。现在人们已经开发出许多软件工具，能够支持上述软件工程方法。而且已经有人把诸多软件工具集成起来，使得一种工具产生的信息可以为其他工具使用，这样，建立起一种被称为计算机辅助软件工程（CASE）的软件开发支撑系统。CASE将各种软件工具、开发机器和一个存放开发过程信息的工程数据库组合起来，形成一种软件工程环境。

软件工程的过程则是将软件工程的方法和工具综合起来，以达到合理、及时地进行计算机软件开发的目的。过程定义了方法使用的顺序、要求交付的文档资料、为保证质量和协调变化所需要的管理及软件开发各个阶段完成的里程碑。软件工程就是包含上述方法、工具及过程的一些步骤。

6.3 查表技术

在众多的数据处理中，除了数值计算和数据的输入/输出外，还常遇到非数值运算。为了设计高质量的程序，开发人员不但要掌握编程技术，还要研究程序所加工的对象，即研究数据的格式、特性、数据元素间的相互关系。

在利用数据结构中的线性表、数组、堆栈、队列、链表和树解决实际问题的过程中，经常会遇到数据查找。查找是在一列表中查询指定的数据，一般又称为关键字。关键字是唯一标识记录的数据项，例如，利用身份证号码，可以查找到这个人的性别、年龄、住址、单位、职业等。数据查找过程就是将待查关键字与实际关键字比较的过程。常用的有3种方法：直接查找法、顺序查找法和对分查找法。例如，从线性表中查找某个数据元素，就会碰到选择何种查找方法，才能节省查找时间的问题。

查找程序的繁简及查询时间的长短与表格长短有关，更重要的一个因素是与表格的排列方法有关。一般的表格有两种排列方法：无序表格，即表格的排列是任意的，无一定的顺序；有序表格，即表格的排列有一定的顺序，如表格中各项按照大小顺序排列等。

下面介绍几种常用的数据查找方法：顺序查找法、计算查找法和对分查找法等。关于建表，在程序设计或微型计算机原理中讲过，在此不再赘述。

6.3.1 顺序查找法

顺序查找法是一种最简单的查找方法，它是针对无序排列表格的一种方法，其查找方法类似人工查表，对数据表的结构无任何要求。查找过程如下：从数据表头开始，依次取出每个记录的关键字，再与待查记录的关键字比较。如果两者相符，那么表明查到了记录。如果整个表查找完毕，仍未找到所需记录，那么查找失败。顺序查找法虽然比较"笨"，但对于无序表格或较短表格而言，仍是一种比较常用的方法。

对于由n个记录组成的表，平均查找次数为$(0+n)/2$。如果记录数量很大，那么查找的次数也会增加，因此，顺序查找法只适用于数据记录个数较少的情况。

顺序查找法的步骤如下：

① 设定表格的起始地址；

② 设定表格的长度；

③ 设定要搜索的关键字；

④ 从表格的第一项开始，比较表格数据和关键字，进行数据搜索。

【例6-1】 顺序查找法程序举例。设在内存数据区 TABLE 单元开始存放一张数据表，表中为有符号的字数据。表长在30H单元中，要查找的关键字存放在31H单元。编制程序查找表中是否有31H单元中指定的关键字。若有，置位查找成功标志位，否则返回。则其源程序如下所示。

```
FLAG        BIT  10H；定义位变量
SEARCH：     MOV DPTR，#TABLE；设定表格起始地址
            MOV  R1，30H；设定表格长度
            CLR  FLAG；查找成功标志位清0
            CLR  R0
            CLR  A
LOOP：       MOV A，R0；取表地址
            MOVC  A，@A+DPTR
            XRL  A，31H；比较
            JNZ NEXT；未查找到关键字，继续
            SETB FLAG；查找到关键字，置位查找成功标志位
            MOV  A，B；读出关键字在表中的地址
            AJMP RETU；退出查找
NEXT：
            INC R0；指向表格的下一个数据
            MOV  B，R0；表地址暂存
            DJNZ  R1，LOOP；未检索完全部数据，继续
RETU        RET；退出查找程序，子程序返回
TABLE：      DB  42，15，21，26  ；利用程序语句定义数据
            …
            DB  98，75，30，2
```

6.3.2　计算查找法

在计算机数据处理过程中，使用的表格一般都是线性表，它是若干个数据元素 X_1，X_2，…，X_n 的集合，各数据元素在表中的排列方法及所占的存储器单元个数都是一样的。因此，要搜索的内容与表格的排列有一定的关系，并且搜索内容和表格数据地址之间的关系能用公式表示，只要根据所给的数据元素 X_i，通过一定的计算求出对应数值的地址，然后将该地址单元的内容取出即可。

采用计算查找法的数据结构应满足下列条件。一是关键字 K 与存储地址 D 之间应满足

某个函数式 $D(K)$，即数据按照一定的规律排列。二是关键字数值分散性不大；否则，一块内存区将被占用得十分零碎，浪费存储空间。采用计算查找法的关键在于找出一个计算表地址的公式，只要公式存在，查表的时间与表格的长度无关。正因为它对表格的要求比较严格，并非任何表格均可采用，所以它通常适用于某些数值计算程序、功能键地址转移程序和数码转换程序等。

【例6-2】　设计一巡回检测报警装置。要求能对16个通道输入值进行比较。当某一通道输入值超过该路的报警值时，发出报警信号。通道值和报警值存放地址之间的关系为

报警值存放地址＝数据表格起始地址+通道值×2

设通道值（以十六进制表示）存放在30H单元，查找后的上限报警值存放在31H单元中，下限报警值存放在32H单元中。查表程序清单如下。

```
CHNUM  EQU  30H          定义通道号变量
UPPER  EQU  31H          定义上限变量
LOWER  EQU  32H          定义下限变量
CLR C                    进位标志位清0
    MOV DPTR  #TAB       设置数据表首地址
    MOV A  CHNUM         读检测通道值
    RLC A               检测通道值乘以2
    MOVC A  @A+DPTR      读上限值
    MOV UPPER  A         保存上限值
    INC DPTR
    MOVC A  @A+DPTR      读下限值
    MOV LOWER  A         保存下限值
    RET
    TAB   DB 81，25，78，20，100，25，80，20，UPPER15，LOWER15
```

【例6-3】　利用计算查找法编程。完成将键盘输入的一位十进制转换成为对应的七段显示码，输出到显示缓冲单元DISBUF保存。通过

关键字在表中的地址＝表首地址+偏移地址

这个计算公式进行查找。则其源程序清单如下所示。

```
DISBUF EQU 31H
MOV A  30H            取十进制数据
START

MOV DPTR  #DISTAB     取表首地址
MOVC A  @A+DPTR       取（表首地址+偏移地址）对应的显示码
MOV DISBUF  A
```

```
        RET
DISTAB：DB 40H  79H  24H  30H  19H
        DB 12H  02H  78H  60H  18H…
```

6.3.3 对分查找法

在前面介绍的两种查找方法中，顺序查找法的速度比较慢，计算查找法虽然速度很快，但对表格比较挑剔，因而具有一定的局限性。在实际应用中，很多表格都比较长，且难以用计算查找法进行查找，但它们一般都满足从大到小或从小到大的排列顺序，如热电偶mV-℃分度表、流量测量中差压与流量对照表等，对于这样从小到大（或从大到小）顺序排列的表格，通常采用快速而有效的对分查找法。

对分查找法的具体做法是：先取数组的中间值 $D = n/2$ 进行查找，与要搜索的数值进行比较，若相等，则查到。对于从小到大的顺序来说，若 $X > n/2$，则下一次取 $n/2 \sim n$ 的中值，即 $3n/4$ 进行比较；若 $X < n/2$，则下一次取 $0 \sim n/2$ 的中值，即 $n/4$ 进行比较。如此比较下去，则可逐次逼近要搜索的关键字，直到找到为止。

【例6-4】 设8个关键字的排列顺序为11、13、25、27、39、41、43、45，并且使用符号 L、H 和 M 分别表示查找段首、尾和中间关键字的序号。

设要查找关键字41，查找过程如下。

第一次　　　　11　13　25　27　39　41　43　45
　　　　　　　 $L = 1$　　　　$M = 4$　　　　　$H = 8$

第二次　　　　11　13　25　27　39　41　43　45
　　　　　　　 $L = 4$　　　　$M = 6$　　　　　$H = 8$

其中，$M = \text{INT} [(L+H)/2]$，INT表示取整数。经过两次比较，找到关键字41。由此可见，对分查找法的速度比顺序查找法的速度快，但前提是事先应按照关键字大小排列好顺序。

【例6-5】 对分查找单字节无符号升序数据表格。待查找的内容在累加器A中，表首地址在DRTR中，字节数在R7中；OV = 0时，顺序号在累加器八中；OV = 1时，未找到。

```
DDF  MOV B  A          保存待查找的内容
     MOV R2  #0         区间低端指针初始化（指向第一个数据）
     MOV A  R7
     DEC A
     MOV R3  A          区间高端指针初始化（指向最后一个数据）
DF2  CLR C              判断区间大小
     MOV A  R3
     SUBB A  R2
     JC DFEND           区间消失，查找失败
     RRC A              取区间大小的一半
     ADD A  R2          加上区间的低端
```

MOV R4 A	得到区间的中心
MOVC A @A+DPTR	读取该点的内容
CJNE A B DF3	与待查找的内容比较
CLR OV	相同,查找成功
MOV A R4	取顺序号
RET	
DF3 JC DF4	该点的内容比待查找的内容大否
MOV A R4	偏大,取该点位置
DEC A	减1
MOV R3 A	作为新的区间高端
SJMP DF2	继续查找
DF4 MOV A R4	偏小,取该点位置
INC A	加1
MOV R2 A	作为新的区间低端
SJMP DF2	继续查找
DFEND SETB OV	查找失败

6.4 线性化处理技术

在数据采集和处理系统中,计算机从模拟量输入通道得到的有关现场信号与该信号所代表的物理量不一定成线性关系,而在显示时总是希望得到均匀的刻度,即希望系统的输入与输出之间为线性关系,这样,不但读数看起来清楚方便,而且使仪表在整个范围内的灵敏度一致,从而便于读数及对系统的分析和处理。在过程控制中,最常遇到的两个非线性关系是温度与热电势、差压与流量。在流量测量中,从差压变送器来的差压信号 ΔP 与实际流量 G 成平方根关系,即 $G = K\sqrt{\Delta P}$ 。

铂电阻及热电偶与温度的关系也是非线性的,它们的关系为 $R_t = R_0(1+At+Bt^2)$,为了得到线性输出的变量,需要引入非线性补偿,将非线性关系转化成线性的,这种转化过程称为线性化处理。

在常规的自动化仪表中,常采用硬件补偿环节来补偿其他环节的非线性。例如,在流量仪表中的凸轮机构或曲线板、非线性的对数或指数电位器,多个二极管排列成二极管阵列,组成开方、各种对数、指数、三角函数运算放大器等。以上环节或多或少地增加了设备的复杂性,而且补偿方法都是近似的,精度不高。

由于非线性传感器输入和输出信号之间的因果关系无法用一个解析式表示,或者即便可以用一个解析式表达,该解析式也十分复杂且难以直接计算。而使用计算机进行非线性补偿,不仅补偿方法灵活,而且精度高,可以用一台计算机对多个参数进行补偿。

由于最常用的是线性插值法和抛物线插值法,所以下面介绍这两种方法。

6.4.1 线性插值法

（1）线性插值原理

某传感器输入信号 X 和输出信号 Y 之间的关系如图6-1所示。可以将该输出特性曲线按照一定的规则插入若干个点，将曲线分成若干段，插入点 X_0 和 X_i 之间的间距越小，那么在区间 (X_0, X_i) 上实际曲线和近似直线之间的误差就越小，这就是线性插值法的思想。将相邻两点用直线连接起来，用直线替代相应的曲线。这样，原来复杂的非线性关系就可以通过简单的线性方程表示。如果输入信号 X 在区间 (X_i, X_{i+1}) 内，则对应的输出值 X 就可以通过式（6-1）求取：

$$[Y-Y(X_i)]/[Y(X_{i+1})-Y(X_i)] = (X-X_i)/(X_{i+1}-X_i) \tag{6-1}$$

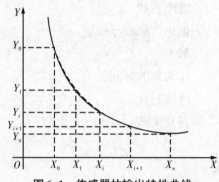

图6-1　传感器的输出特性曲线

将式（6-1）进行化简，可得

$$Y = Y_i + K_i(X - X_i)$$

式中，K_i——第 i 段直线的斜率，$K_i = \dfrac{Y_{i+1} - Y_i}{X_{i+1} - X_i}$。

从图6-1可以得出以下结论。

① 曲线斜率变化越小，替代直线越逼近特性曲线，则线性插值法带来的误差就越小。因此，线性插值法适用于斜率变化不大的特性曲线的线性化。

② 插值基点取得越多，替代直线越逼近实际曲线，插值计算的误差就越小。因此，只要插值基点足够多，就可以获得足够的精度。

在采用分段法进行程序设计之前，必须首先判断输入值处于哪一段。为此，需将不同分点值进行比较，以确定该点所在的区间。然后，转到相应段，采用逼近公式进行计算。值得说明的是，线性插值法总的来讲，其光滑度都不太高，这对于某些应用是有缺陷的。但就大多数工程要求而言，也能基本满足需要，在这种局部化的方法中，要提高光滑度，就得采用更高阶的导数值，多项式的次数也需相应增高。

为了提高精度及缩短运算时间，各段可根据精度要求，采用不同的逼近公式，在这种情况下，线性插值的分段点的选取可以按照实际曲线的情况灵活决定。

为了使基点的选取更合理，可以根据不同的方法分段。主要有以下两种方法。

① 等距分段法。即沿 X 轴等距离地选取插值基点。这种方法的主要优点是使 $X_{i+1} - X_i$

不为常数，从而简化了计算过程。当函数的曲率或斜率变化比较大时，将会产生一定的误差。要想减小误差，必须把基点分得很细，但这样就会占用更多的内存，并使计算机的开销加大。

② 非等距分段法。这种方法的特点是函数基点的分段不是等距离，而是根据函数曲线形状变化率的大小来修正插值点间的距离。曲率变化大的部位，插值距离取小一点；而在曲线较平缓的部分，插值距离取大一点，但是非等距插值点的选取比较麻烦。

（2）线性插值的计算机实现

利用计算机实现线性插值的步骤如下。

① 用实验法测出传感器输出特性曲线 $Y=f(x)$ 或各插值节点的值 $(X_i，Y_i)$ $(i=0，1，2，\cdots，n)$。为了使测量结果更接近实际值，应反复进行测量，以便求出一条比较精确的输入输出曲线。

② 将上述曲线进行分段，选取各插值基点。

③ 根据各插值基点的 $(X_i，Y_i)$ 值，使用相应的插值公式，计算并存储各相邻插值之间逼近曲线的斜率 K_i，求出模拟 $Y=f(x)$ 的近似表达式 $P_n(X)$。

④ 计算 $X_{i+1}-X_i$。

⑤ 读出 X 所在区间的斜率 K_i，计算 $Y=Y_i+K_i(X-X_i)$。

⑥ 根据 $P_n(X)$ 编写出汇编语言应用程序。

根据以上步骤，可以画出计算机实现的线性插值计算流程图，如图6-2所示。

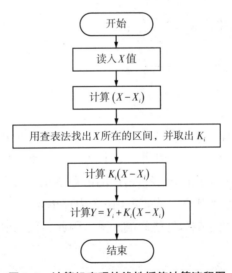

图6-2　计算机实现的线性插值计算流程图

（3）线性插值法非线性补偿实例

热电偶是工业生产中常用的测温元件，热电偶的输出电压随着温度变化而变化，其输出电压和温度之间是非线性关系，因此，计算机在处理数据前，必须进行非线性补偿。

根据热电偶的技术数据，可以绘制出输出电压信号 V 和温度 T 之间的特性曲线。假设热电偶的输出特性曲线如图6-3所示，该热电偶的输出特性曲线斜率的变化不大，可以采用线性插值法进行非线性补偿。

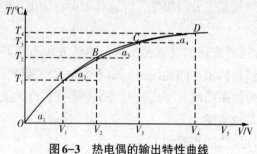

图6-3　热电偶的输出特性曲线

选择4个插值基点 (V_1, T_1)、(V_2, T_2)、(V_3, T_3) 和 (V_4, T_4)，然后写出每段曲线的插值函数表达式，如下式所示。

$$T = K_1 V_1 \qquad （当 0 < V_i < V_1 时）$$
$$T = T_1 + T_2(V_i - V_1) \qquad （当 0 < V_i < V_1 时）$$
$$T = T_2 + K_3(V_i - V_2) \qquad （当 V_1 < V_i < V_2 时）$$
$$T = T_3 + K_4(V_i - V_3) \qquad （当 V_3 < V_i < V_4 时）$$
$$T = K_5 V_1 \qquad （当 V_i > V_4 时）$$

式中，V_i——热电偶的输出电压信号；

K_1——直线 OA 的斜率，　$K_1 = \dfrac{T_1}{V_1}$；

K_2——直线 AB 的斜率，　$K_2 = \dfrac{T_2 - T_1}{V_2 - V_1}$；

K_3——直线 BC 的斜率，　$K_3 = \dfrac{T_3 - T_2}{V_3 - V_2}$；

K_4——直线 CD 的斜率，　$K_4 = \dfrac{T_4 - T_3}{V_4 - V_3}$。

从图6-4可以看出，对于曲线曲率变化比较大的部分，如果采用线性插值法对位于该区域的信号进行非线性补偿，就会产生很大的误差。虽然增加插值基点的数量也可以提高非线性补偿的精度，但随着基点的增多，占用的内存单元也增多（从热电偶的线性插值法实例中可以看到，每增加1个基点，就要占用6个内存单元）；并且插值基点越多，CPU的计算量就越大，对系统的快速响应性能影响越大。因此，仅靠增加插值基点的数量来减少误差是不可行的。

6.4.2　抛物线插值法

抛物线插值法可以很好地解决斜率变化较大曲线的非线性补偿问题。抛物线插值法就是通过特性曲线上的3点做一条抛物线，用此抛物线替代特性曲线进行参数计算。由于抛物线比直线能更好地逼近特性曲线，所以抛物线插值法能够提高非线性补偿的精度。线性插值法和抛物线插值法补偿精度比较如图6-4所示。和线性插值法相比，抛物线插值法只增加了一个插值基点，对系统性能的影响也不是很大。

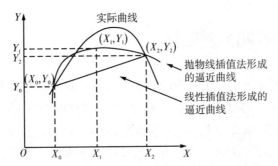

图6-4　线性插值法和抛物线插值法补偿精度比较

抛物线方程可以用式（6-2）表示：

$$Y = M_0 + M_1(X-X_0) + M_2(X-X_1)(X-X_0) \tag{6-2}$$

其中，系数 M_0，M_1，M_2 可以根据抛物线经过的特性曲线上的3个点求解。设特性曲线上的3点分别为 $(X_0，Y_0)$，$(X_1，Y_1)$，$(X_2，Y_2)$，则系数 M_0，M_1，M_2 的计算公式用式（6-3）至式（6-5）表示：

$$M_0 = Y_0 \tag{6-3}$$

$$M_1 = \frac{Y_1 - Y_0}{X_1 - X_0} \tag{6-4}$$

$$M_2 = \frac{\dfrac{Y_2 - Y_0}{X_2 - X_0} - \dfrac{Y_1 - Y_0}{X_1 - X_0}}{X_2 - X_1} \tag{6-5}$$

在采用抛物线插值法进行线性补偿时，先利用3个插值基点求出系数 M_0，M_1，M_2，再利用式（6-3）至式（6-5），即可求出 X 对应的 Y 值。假设系数 M_0，M_1，M_2 处已经求出并存储到相应的内存单元中，根据上面的讨论，可以画出用抛物线插值法进行线性化的程序流程框图，如图6-5所示。

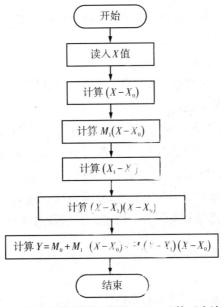

图6-5　用抛物线插值法实现非线性补偿程序流程图

6.5 量程自动转换和标度变换

在计算机过程控制系统中，生产中的各个参数都有着不同的数值和量纲，如测温单元器件用热电偶或热电阻，温度单位为摄氏度（℃），且热电偶输出的热电势信号也各不相同，如铀铑-铂热电偶在1600℃时，其热电势为16.677 mV，而镍铬-镍铬热电偶在1200℃时，其热电势为48.87 mV。又如测量压力用的弹性元件膜片、膜盒和弹簧管等，其压力范围从几帕到几十兆帕。而流量则采用节流装置。所有这些参数都经过变送器转换成A/D转换器所能接收的0~5 V统一电压信号，又由D/A转换器转换成00H~FFH（8位）的数字量。为实现显示、记录、打印和报警等操作，必须把这些数字量转换成不同的单位，以便操作人员对生产过程进行监视和管理，这就是所谓的标度变换。标度变换有许多不同的类型，取决于被测参数测量传感器的类型，设计时，应根据实际情况，选择适当的标度变换类型。另一方面，传感器和显示器的分辨率一旦确定，而仪表的测量范围很宽时，为了提高测量精度，智能化测量仪表应能自动转换量程。

6.5.1 量程自动转换

由于传感器所提供的信号变化范围很宽（电压范围从毫伏到伏特），特别是在多回路检测系统中，当各回路的参数信号不一样时，必须提供各种量程的放大器，才能保证送到计算机的信号一致。在模拟系统中，为了放大不同的信号，往往使用不同放大倍数的放大器。而在电动单元组合仪表中，常使用各种类型的变送器，如温度变送器、差压变送器和位移变送器等。

但是，这种变送器的造价比较高，系统也比较复杂。随着微型计算机的应用，为了减少硬件设备，现在已经研制出一种可编程增益放大器PGA（programmable gain amplifier）。它是一种通用性很强的放大器，其放大倍数可根据需要，利用程序进行控制。采用这种放大器，可通过程序调节放大倍数，使A/D转换器满量程信号达到均一化，从而大大提高测量精度。这就是所谓的量程自动转换。

PGA有两种：一种是由其他放大器外加一些控制电路组成，称为组合型PGA；另一种是专门设计的PGA电路，即集成PGA。

集成PGA电路的种类很多，如美国B-B公司生产的PGA101、PGA102、PGA 202/203，美国模拟器件公司生产的LHDC84等，都属于PGA。下面以PGA为例，说明这种电路的原理及应用，其他与此类似。PGA102是一种高速、数控增益可编程放大器，由①脚和②脚的电平来选择增益为1、10或100。每种增益均有独立的输入端，通过一个多路开关进行选择。PGA102的内部结构如图6-6所示，其增益选择见表6-1。

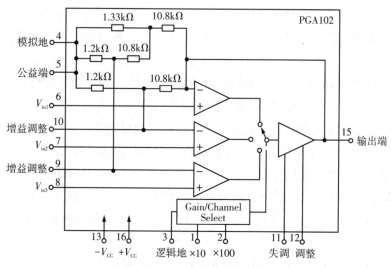

图6-6 PGA102的内部结构

表6-1   **PGA102增益选择**

输　入	增　益	①脚	②脚
		×10	×100
V_{in1}	$G = 1$	0	0
V_{in2}	$G = 10$	1	0
V_{in3}	$G = 100$	0	1
V_{in4}	无效	1	1

设图6-7中PGA的增益为1，10，100三挡，可画出用软件实现量程自动转换的流程图，如图6-8所示。

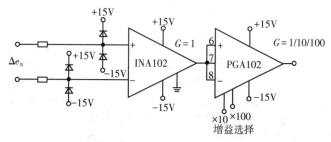

图6-7 增益可编程仪用放大器

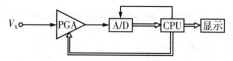

图6-8 利用计算机实现量程自动转换的数字电压表原理

由图6-8可以看出，首先对被测参数进行A/D转换，然后判断是否超值。若超值（某些转换器可发出超值报警信号），且这时PGA的增益已经降到最低挡，则说明被测量超过数字电压表的最大量程，此时转到超量程处理；否则，把PGA的增益降一挡，再进行A/D转换，并判断是否超值。若仍然超值，再作如上处理。若不超值，则判断最高位是否为零。若是零，则再看增益是否为最高挡。如果不是最高挡，将增益升高一级，再进行A/D转换及判断，如果最高位是1，或PGA已经升到最高挡，则说明量程已经转换到最合适挡，微型计算机将对此信号作进一步的处理，如数字滤波、标度变换、数字显示等。由此可见，采用PGA可使系统选取合适的量程，以便提高测量精度。

利用PGA可进行量程自动转换。特别是当被测参数动态范围比较宽时，使用PGA的优越性更为显著。例如，在数字电压表中，其测量动态范围可从几微伏到几百伏。对于这样大的动态范围，要想提高测量精度，必须进行量程转换。以前多用手动进行转换，现在，在智能化数字电压表中，采用人机交互的方式，即可以很容易地实现量程自动转换。其原理框图如图6-9所示。

组合型PGA由运算放大器、仪器放大器或隔离型放大器，再加上一些附加电路组合而成。如图6-9所示为采用多路开关CD4051和由普通运算放大器组成的PGA。在图6-9中，A_1，A_2，A_3组成差动放大器，A_4为电压跟随器，其输入端取自共模输入端V_{cm}，输入端接到A_1，A_2放大器的正相输入端。A_1，A_2的电源电压的浮动幅度将与V_{cm}相同，从而减弱了共模干扰的影响。实验证明，这种电路与基本电路相比，其共模抑制比至少提高20dB。

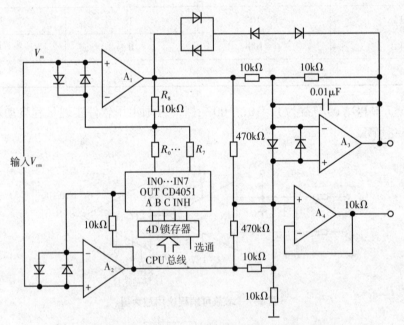

图6-9　多路开关CD4051和由普通运算放大器组成的PGA

采用CD4051作为模拟开关，通过一个4D锁存器CPU；总线相连，改变输入到CD4051选择输入端C、B、A的数字，即可使$R_0 \sim R_7$这8个电阻中的一个接通。这8个电阻的阻值可根据放大倍数的要求，由公式求得，从而可以得到不同的放大倍数。当CD4051所有的开关都断开时，相当于R_i为∞，此时，放大器的放大倍数为$A_V = 1$。

6.5.2 标度变换

生产过程中的各种参数都具有不同的量纲和数值变化范围，如电压的单位为V、电流的单位为A、温度的单位为℃等。而且经一次检测仪表输出信号的变化范围也各不相同，如热电偶的输出为毫伏信号，电压互感器的输出为 0 ~ 100 V，电流互感器的输出为 0 ~ 5A 等，这些具有不同量纲和数值范围的信号必须进行转换，以方便操作人员进行监视和执行机关控制。

（1）线性参数标度变换

所谓线性参数，指一次仪表测量值与A/D转换结果具有线性关系，或者说一次仪表是线性刻度的。其标度变换公式为

$$A_X = A_0 + (A_M - A_0)\frac{N_X - N_0}{N_M - N_0} \tag{6-6}$$

式中，A_0——一次测量仪表的下限；

A_M——一次测量仪表的上限；

A_X——实际测量值（工程量）；

N_0——仪表下限对应的数字量；

N_M——仪表上限对应的数字量；

N_x——测量值对应的数字量。

其中，A_M、A_x、N_0、N_M、N_x对于某一个固定的被测参数来说是常数，不同的参数有不同的值。为了使程序简单，一般取被测参数的起点A_0（输入信号为零）所对应的A/D输出值为零，即$N_0 = 0$。这样，式（6-6）可化作

$$A_X = A_0 + (A_M - A_0)\frac{N_X}{N_M}$$

有时，工程量的实际值还需要经过一次变换，如电压测量值是电压互感器的二次侧的电压，则其一次侧的电压还有一个互感器的变化问题，这时，式（6-6）应再乘以一个比例系数，即

$$A_X = K\left[A_0 + (A_M - A_0)\frac{N_X}{N_M}\right]$$

【例6-6】 某热处理炉温度测量仪表的量程为200 ~ 800℃，在某一时刻，计算机采样，并经数字滤波后的数字量为0CDH。求此时温度值。（设仪表量程为线性）

【解】 根据标度变换公式，已知$A_0 = 200℃$，$A_M = 800℃$。$N_x = 0CDH = (205)D$，$N_M = 0FFH = (255)D$，所以此时温度为

$$A_X = A_0 + (A_M - A_0)\frac{N_X}{N_M} = 200 + (800 - 200) \times \frac{205}{255} = 682℃$$

在微机控制系统中，为了实现上述转换，可设计专门的子程序，把各个不同参数所对应的A_0、A_M、N_0、N_M存放在存储器中。当某一参数要进行标度变换时，只要调用标度变换子程序即可。

【例6-7】 传感器的输出与被测量是线性关系时的标度变换。采样值存放在R_2、R_3

中，最大采样值A_M，量程K和参量的下限值A_0在DPTR所指向的程序存储器中，标度变换后的输出值在R_4、R_5中，若$A = 0FFH$，则表示测量不正常，使用的寄存器为：$R_0 \sim R_7$，标志位CY。调用程序：NMUL，NADD，READP。说明：线性变换采用的公式为

$$A_X = A_0 + (A_M - A_0)\frac{N_X}{N_M} = A_0 + K\frac{N_X}{N_M}$$

式中，A_M、A_0——参量的上限和下限值；

K——传感器的量程，$K = A_M - A_0$；

X——采样值，即该参量经A/D转换后的数字；

X_M——最大采样值（对应参量的上限值）；

Y——参量的实际数值。

UNEX1	LCALL	READP
LCALL	NSUB	
JNC	A，R6	
PUSH	A	
MOV	A，R7	
PUSH	A	
LCALL	READP	
LCALL	NMUL	
MOV	A，R4	
MOV	R2，A	
MOV	A，R5	
MOV	R3，A	
MOV	A，R6	
MOV	R4，A	
MOV	A，R7	
MOV	R5，A	
POP	A	
MOV	R7，A	
POP	A	
MOV	R6，A	
LCALL	NDIV	
MOV	A，R4	
MOV	R2，A	
MOV	A，R5	
MOV	R3，A	
LCALL	READP	

```
LCALL        NADD
MOV          A，#00H
RET
OVERB    MOV    A    #0FFH
RET
```

（2）非线性参数标度变换

上面介绍的标度变换公式仅适用于线性变化的参量。如果被测参数为非线性的，需重新建立标度变换公式。

一般而言，非线性参数的变化规律各不相同，故其标度变换公式也需要根据各自的具体情况建立。

① 公式变换法。例如，在流量测量中，流量与差压间的关系式为

$$G = K\sqrt{\Delta P}$$

据此，可得测量流量时的标度变换为

$$\frac{G_X - G_0}{G_M - G_0} = \frac{\sqrt{N_X - N_0}}{\sqrt{N_M - N_0}} \tag{6-7}$$

$$G_X = \frac{\sqrt{N_X - N_0}}{\sqrt{N_M - N_0}}(G_M - G_0) + G_0 \tag{6-8}$$

式中，G_X——被测量的流量值；

$\quad G_M$——流量仪表的上限值；

$\quad G_0$——流量仪表的下限值；

$\quad N_X$——差压变送器所测得的差压值（数字量）；

$\quad N_M$——差压变送器上限所对应的数字量；

$\quad N_0$——差压变送器下限所对应的数字量。

对于流量仪表，通常其下限值 $G_0 = 0$，所以式（6-8）可简化为

$$G_X = G_M \frac{\sqrt{N_X - N_0}}{\sqrt{N_M - N_0}} \tag{6-9}$$

如果取差压变送器下限所对应的数字量 $N_0 = 0$，则式（6-9）可以进一步简化为

$$G_X = G_M \frac{\sqrt{N_X}}{\sqrt{N_M}} \tag{6-10}$$

式（6-8）至式（6-10）就是不同初始条件下的流量变换公式，可以分别写为：

$$G_{X1} = K_1\sqrt{N_X - N_0} + G_0$$

式中，$K_1 = \dfrac{G_M - G_0}{\sqrt{N_M - N_0}}$。

$$G_{X2} = K_2\sqrt{N_X - N_0}$$

式中，$K_2 = \dfrac{G_M}{\sqrt{N_M - N_0}}$。

$$G_{X3} = K_3 \sqrt{N_X}$$

式中，$K_3 = \dfrac{G_M}{\sqrt{N_M}}$。

以上3个公式就是实际应用中的流量标度变换公式。例如，根据上面的式（6-9），可以设计出标度变换的程序。

具体程序如下。

```
DATA   EQU   30H
CONST1  EQU   33H
CONST2  EQU   36H
CONST3  EQU   39H
BCD   EQU   3CH
MED1   EQU   3FH
MED2   EQU   42H
FLOW   MOV   R0, #DATA        ;指向NX存放单元的地址
     MOV   R1, #CONST2       ;指向N0存放单元的地址
     LCALL  FSUB          计算NX-N0结果，送R4，R2和R3
     MOV   R0, #MED1
     LCALL  FSTRO
     MOV   R1, #MED2
     LCALL  FSQR          ;计算（NX-N0）0.5
     MOV   R0, #CONST1
     LCALL  FMUL          ;计算K（NX-N0）0.5
     MOV   R0, #MED1
     LCALL  FSTRO
     MOV   R0, #CONST3
     LCALL  FMIL
     CLR   3AH
     LCALL  FABP
     MOV   R0, #MED2
     LCALL  FSTRO
     LCALL  FBTD；转换成十进制
     RET
FSRR0  MOV   A, R4          ;把R4、R2、R3送R0位首地址的单元
     MOV   @RO, A
```

```
INC   R0
MOV   A，R2
MOV   @R0，A
INC   R0
MOV   A，R3
MOV   @R0，A
DEC   R0
DEC   R0
```

② 其他标度变换法。许多非线性传感器并不像上面讲的流量传感器那样，可以写出一个简单的公式，或者虽然能够写出，但计算相当困难。这时，可采用多项式插值法，也可以用线性插值法或查表法进行标度变换。

关于这些方法的详细内容，请参阅相关参考书。

6.6 报警程序设计

在微机测控系统中，为了保证生产设备、生产人员、生产环境的安全，对于一些重要的参数或系统部位，都要设置紧急状态报警系统，提醒现场操作人员注意，以便采取相应的措施。其方法就是将系统采集的相关参数经计算机进行数据处理、数字滤波、标度变换之后，与该参数的上、下限约定值进行比较，如果等于或超出上、下限值，就实施报警；否则，作为采样的正常值，进行显示和控制。

简单报警程序设计如下。

（1）微机测控系统中常用的报警方式

在微机测控系统中，正常的工作状态通常采用信号灯、LED、CRT 等指示，随时提供生产现场的实时信息，以供操作人员或值班人员参考。但对于一些紧急情况，仅靠这些指示是远远不够的，还需要以特殊的方式提醒现场操作人员注意并采取相应的补救措施。

对于测控系统，通常可采用声、光及语言等形式进行报警。就声音报警而言，可采用简单的电铃、电笛或频率可调的蜂鸣器。当然，若能采用集成电子音乐芯片，则可在系统出现异常情况时，将悦耳的音乐送入人耳，加之突现的警灯的作用，便能在和谐的气氛中，提醒现场人员注意并采取应急措施，确保系统安全生产。灯光效果一般利用 LED 或闪烁的白炽灯。

语言报警可使系统不仅能起到报警作用，而且能给出报警对象的具体信息，使得系统报警更为准确。目前，随着汉语语音产品、语音芯片的发展与成熟，这种报警技术已成为现实并广泛应用于工业测控系统中。在具有语言报警的系统中，如果配有打印机和显示器，那么，不但能同时看到发生报警的顺序、时间、回路编号、具体内容及次数等画面，而且能打印出用以存档的文档。一些更高级的报警系统除了具备上述各项功能外，还具有一定的控制能力，如将运行切换到人工操作，切断阀门，自动拨出电话号码等，使系统的紧急情况及时得以缓解或通报给有关人员。

① 简单声光报警。报警驱动电路因报警方法不同，其组成方式也有所不同。下面仅介绍简单声光报警的驱动方法。

② LED与白炽灯驱动电路。通常，LED需要5～10mA的驱动电流，因此，不能直接由TTL电平驱动，一般采用类似于74LS06或74LS076这样的CMOS驱动器。为了能保持报警状态，需要采用锁存器（如74LS273、74LS375、74LS573）或带有锁存器的I/O接口芯片（如Intel 8155、8255A）。其电路原理如图6-10所示。当某路需要报警时，就将该路输出相应的电平即可；如果需要利用白炽灯报警，其驱动电路中就要使用微型继电器或固态继电器。

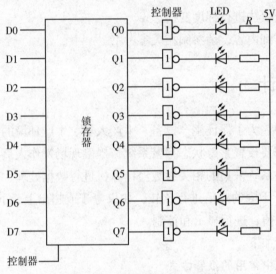

图6-10　简单报警电路原理图

③ 声音报警驱动电路。对于声音报警，目前最常用的方法是采用模拟声音集成电路芯片，如HY8010系列。该系列芯片是一种采用CMOS工艺的报警集成芯片，具有以下特点：

- 工作电压范围宽；
- 静态电流小；
- 模拟声音的放音节奏可通过外接振荡电阻进行调节；
- 可通过外接小功率晶体管驱动扬声器。

（2）报警程序的设计技术

传感器与报警参数的具体情况不同，报警程序的设计技术也有所不同。一般有两种设计方法。一种是全软件报警程序，这种方法的基本思想是把温度、流量、压力、速度、成分等被测参数，经传感器、信号调理电路、转换器送到单片机后，再与规定的上、下值进行比较，根据比较结果进行报警或处理，整个过程都由软件实现。这种报警程序又分为上、下限报警程序以及上、下限报警处理程序。另一类报警程序叫作硬件申请、软件处理报警程序,这种方法的基本思想是:报警要求不是利用软件比较法得到的,而是直接由传感器产生的(例如,电接点式压力报警装置,当压力高于或低于某一极限值时,接点即闭合,正常时则打开),将这类由传感器产生的数字量信号作为单片机的中断信号,当单片机响应中断后,完成对相应报警的处理,从而实现对参数或位量的监测。

① 软件报警程序设计技术。下面以水位自动调节系统为例来介绍软件报警程序的设计方法。锅炉正常工作的主要指标是锅筒水位,液面太高会影响锅筒的汽水分离,产生蒸汽带液现象;水位过低,则由于锅筒的容积较小、负荷很大,水的汽化就会加快。因此,液面的调节如果不及时,将会导致锅炉被烧坏,甚至发生严重的爆炸事故。为了对锅炉的生产情况进行实时监控,一般采用具有3个报警参数(即水位上、下限,炉膛温度上、下限和蒸汽压力下限)的三冲量自动调节系统,如图6-11所示。

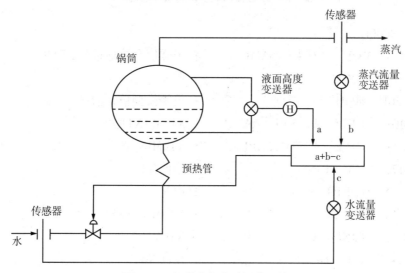

图6-11 锅炉水位自动调节系统

图6-12所示为锅炉水位自动调节系统报警电路原理图,图中的锁存器在单片机接口资源比较宽松的情况下,可以用它的某一个口代替。当系统各参数全部正常时,"运行正常"灯亮。若某一个参数不正常,则对应的LED灯亮,同时电笛鸣响,从而给出报警信号。由于各LED都由反相器驱动,因此,当某位为"1"时,该位对应的LED灯亮。针对图6-12,采用如下程序设计思想:设置一个报警标志单元,该单元的每一位对应一个报警参数;将各参数的采样值分别与其上、下限值进行比较,如果某参数超限,就将该参数在报警标志单元对应位置"1";所有参数比较结束后,再判断报警标志单元的内容是否为00H。如果为00H,则所有参数均正常,"运行正常"发光;否则,说明有参数超限,输出报警标志单元的内容。其程序如下。

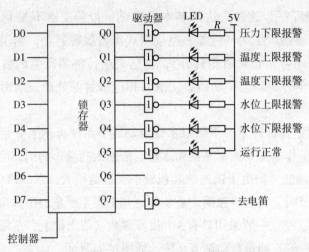

图6-12 锅炉水位自动调节系统软件报警电路原理图

```
        ORG     8000H
ALARM:  MOV     DPTR, #SAMP        ; 采样值存放地址指DPTR
        MOVX    A, @DPTR           ; 取X1
        MOV     20H, #00H          ; 报警模型单元清0
ALARM0: CJNE    A, 30H, AA         ; X1>MAX1吗?
ALARM1: CJNE    A, 31H, BB         ; X1<MIN1吗?
ALARM2: INC     DPTR               ; 指向X2
        MOVX    A  @DPTR           ; 取X2
        CJNE    A, 32H, CC         ; X2>MAX2吗?
ALARM3: CJNE    A, 33H, DD         ; X2<MIN2吗?
ALARM4: INC     DPTR               ; 指向X3
        CJNE    A, 34H, EE         ; X3<MIN3吗?
DONE:   MOVE    A, #00H            ; 判是否有报警参数
        CJNE    A, 20H, FF         ; 若有, 则转FF
        SETB    05H                ; 若无, 置绿灯亮模型
        MOV     A, 20H
        MOVE    P1, A              ; 输出绿灯亮模型
RET:
FF:     SETB    07H                ; 置电笛响标志位
        MOV     A, 20H
        MOV     P1, A              ; 输出报警信号
        RET
SAMP    EQU     8100H
AA:     JNC     AOUT1              ; X1>MAX1, 转AOUT1
```

```
      AJMP    ALARM1
BB:   JC      AOUT2                       ; X1<MIN1，转AOUT2
      AJMP    ALARM2
CC:   JNC     AOUT3                       ; X2>MAX2，转AOUT3
      AJMP    ALARM3
DD:   JC      AOUT4                       ; X2<MIN2，转AOUT4
      AJMP    ALARM4
EE:   JC      AOUT5
      AJMP    DONE
AOUT1：SETB   00H                         ; 置X1上限报警标志
      AJMP    ALARM2
AOUT2：SETB   01H                         ; 置X1下限报警标志
      AJMP    ALARM2
AOUT3：SETB   02H                         ; 置X2上限报警标志
      AJMP    ALARM4
AOUT4：SETB   03H                         ; 置X2下限报警标志
      AJMP    ALARM4
AOUT5：SETB   04H                         ; 置X3下限报警标志
      AJMP    DONE
```

② 硬件直接报警的程序设计技术。如果系统中报警输入信号为开关量，并且被测参数与给定值的比较已在传感器内部完成，那么，为了简化系统设计，可以不采用上述软件报警技术，而采用硬件申请中断的方法，直接将报警信号传送到报警接口中。例如，电接点式压力计、电接点式温度计、色带指示报警仪等，都属于这种传感器。但无论采用哪种技术，它们都有一个共同特点，即当检测值越限时，接点开关闭合，从而产生报警信号。图6-13所示就是一个典型的硬件直接报警的原理图。

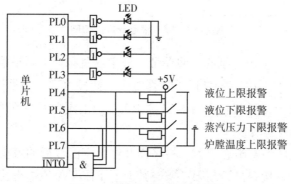

图6-13　硬件直接报警原理图

在图6-13中，4个开关分别为压力下限、炉膛温度上限、液位上限、液位下限报警接点。当各参数处于正常范围，P1.4~P1.7各位均为高电平，无报警信号。如果4个参数中的一个或几个超限（接点闭合），CPU的外部中断 $\overline{INT0}$ 就会由高变低，向CPU发出中断请求。响应中断后，读入报警接点状态P1.4~P1.7，然后从P1口的低4位输出，完成超限报警。这种方法不需要对参数进行反复采样与比较，也不需要专门确定报警模型。很明显，采用硬件中断方式，既节省了时间资源，又具有实时报警功能。程序流程图如图6-14所示。

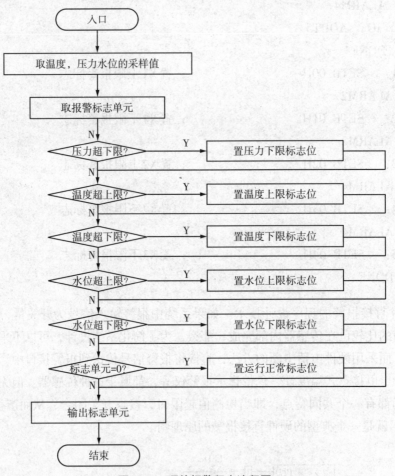

图6-14   硬件报警程序流程图

在图6-14中，上、下限分别有一回差带。规定：只有当被测量值越过H2时，才算超上限；测量值穿越带区，下降到H1以下才算复限。同样道理，测量值在L1~L2带区内摆动均不作超下限处理，只有它回归于L1之上时，才作越下限后的复位处理，这样，就避免了频繁的报警和复限现象。

设计超限报警程序的基本思想为：将采样并经数字滤波后的数据与被测点参数的上、下限给定值进行比较，检查是否超限；或与其上、下限复位值进行比较，检查是否复限。如果超限，就分别置上、下限标志，并输出相应的声、光报警信号，如果复限，就清除相应标志。当上述报警处理完之后，便返回主程序。程序流程图如图6-15所示，被测参数采样值与各上、下限报警值均为12位数据。

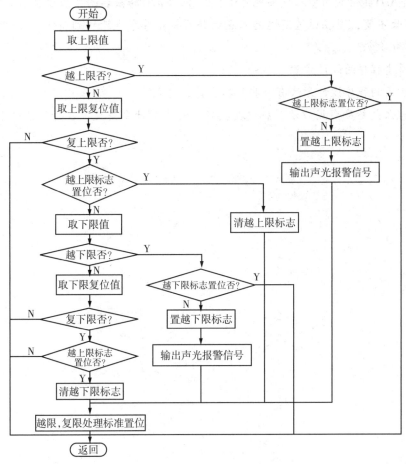

图6-15 越限报警子程序流程图

报警标志单元和越限、复位处理次数单元在初始化程序中应首先清零。除了上面讲的带有上、下限报警带的报警处理程序外，还有各种各样的报警处理程序，读者可以根据需要自行设计。

在计算机控制系统中，被测参数经过上述数据处理后，参数送显示。但为了安全生产，对应一些重要的参数要判断是否超出规定工艺参数的范围。如果超越了规定的数值，要进行报警处理，以便操作人员及时采取相应的措施。例如，在锅炉水位调节系统中，水位的高低是非常重要的参数，水位太高将影响蒸汽的产量，水位太低则有爆炸的危险。有些报警系统要求不仅能发声和有光报警信号，而且要有打印输出（如记下报警参数、时间等），并能自动进行处理，如自动切换到手动操作等。

思考题

6-1 监控组态软件的网络结构体系分为几种？各有什么特点？

6-2 简述监控组态软件的体系结构及功能。

6-3 什么是模块化程序设计和结构化程序设计？

6-4 某热处理炉温度变化范围为0~1500℃，要求分辨率为3℃，温度变送器输出范围为0~5V。若A/D转换器的输入范围也为0~5V，则求A/D转换器的字长应为多少倍。若A/D转换器的字长不变，现在通过变送器零点迁移而将信号零点迁移到600℃，此时对炉温变化的分辨率为多少？

6-5 简述程序的设计步骤。

6-6 常用的程序设计方法有哪些？各有什么特点？

6-7 什么是标度变换方法？标度变换在工程上有什么意义？在什么情况下使用标度变换？

第 7 章　工业控制网络技术

【本章重点】

- 工业控制网络的特点；
- 工业网络的拓扑结构；
- 以太网的关键技术；
- 典型的现场总线技术。

【课程思政】

5G 网络具有大带宽、低时延、广连接等特点，正在工业、能源、医疗、教育、交通等多个行业发挥赋能效应，形成多个具备商业价值的典型应用场景。特别是新冠肺炎疫情暴发以来，不断催生"非接触式"消费需求，为 5G 产业发展提供了有利的市场环境。党的十八大以来，习近平总书记深刻把握历史发展规律和大势，围绕实施创新驱动发展战略、加快推进以科技创新为核心的全面创新，提出了一系列新思想新论断新要求。

7.1　工业控制网络概述

7.1.1　企业信息化

工业控制网络作为工业企业综合自动化系统的基础，从结构上看，可分为 3 个层次，即管理层、控制层和现场设备层，如图 7-1 所示。

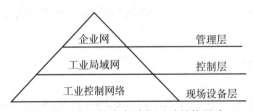

图 7-1　企业综合自动化系统结构层次

最上层的是企业信息管理网络，它主要用于企业的生产调度、计划、销售、库存、财务、人事和经营管理等方面信息的传输。管理层上各终端设备之间一般以发送电子邮件、下载网页、数据库查询、打印文档、读取文件服务器上的计算机程序等方式进行信息交换，数据报文通常都比较长，数据吞吐量比较大，而且数据通信的发起是随机的、无规则的，因此，要求网络必须具有较大的带宽。目前，企业管理网络主要由快速以太网 10M、

100M、10G等组成。

中间的过程监控网络主要用于将采集到的现场信息置入实时数据库。进行先进控制与优化计算、集中显示、过程数据的动态趋势与历史数据查询、报表打印。这部分网络主要由传输速率较高的网段（如10M、100M、以太网等）组成。

最底层的现场设备层网络则主要用于控制系统中大量现场设备之间测量与控制信息，以及其他信息（如变送器的零点漂移、执行机构的阀门开度状态、故障诊断信息等）的传输。这些信息报文的长度一般都比较小，通常仅为几位（bit）或几个字节（byte），因此，对网络传输的吞吐量要求不高，但对通信响应的实时性和确定性要求较高。目前，现场设备网络主要由现场总线（如FF、Profibus、WorldFIP、DeviceNet等）低速网段组成。

7.1.2　控制网络的特点

工业控制网络作为一种特殊的网络，直接面向生产过程，肩负着工业生产运行、测量、控制信息传输等特殊任务，并产生或引发物质或能量的运动和转换，因此，它通常应满足强实时性、高可靠性、恶劣的工业现场环境适应性、总线供电等特殊要求和特点。

与此同时，开放性、分散化和低成本也是工业控制网络另外三大重要特征，即工业控制网络应该具有如下特点。

① 较好的响应实时性。工业控制网络不仅要求传输速度快，而且在工业自动化控制中还要求响应快，即响应实时性要好，一般为0.1～1ms级。

② 高可靠性，即能安装在工业控制现场，具有耐冲击、耐振动、耐腐蚀、防尘、防水和较好的电磁兼容性，在现场设备或网络局部链路出现故障的情况下，能在很短的时间内，重新建立新的网络链路。

③ 力求简洁，以减小软硬件开销，从而降低设备成本，同时可以提高系统的健壮性。

④ 开放性要好，即工业控制网络尽量不要采用专用网络。

在DCS中，工业控制网络是一种数字–模拟混合系统，控制站与工程师站、操作站之间采用全数字化的专用通信网络，而控制系统与现场仪表之间仍然使用传统的方法，传输可靠性差、成本高。

7.1.3　控制网络的类型

控制网络一般指以控制"事物对象"为特征的计算机网络系统。从工业自动化与信息化层次模型来说，控制网络可分为面向设备的现场总线控制网络与面向自动化的主干控制网络。在主干控制网络中，现场总线作为主干网络的一个接入节点。按照网络的组网技术来划分，控制网络通常有两类，即共享式控制网络与交换式控制网络。控制网络的类型及其相互关系如图7-2所示。

图7-2 控制网络类型

7.2 网络技术基础

控制网络是一类特殊的局域网，它既有局域网共同的基本特征，也有控制网络固有的技术特征。控制网络的基本技术要素包括网络拓扑结构、介质访问控制技术和差错控制技术。

7.2.1 网络拓扑结构

网络中互连的点称为节点或站，节点间的物理连接结构称为拓扑结构。通常有星形、环形、总线型和树形拓扑结构，如图7-3所示。

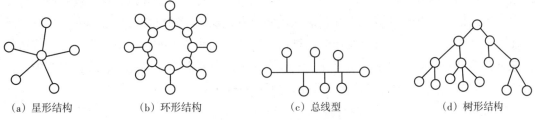

（a）星形结构　　　　（b）环形结构　　　　（c）总线型　　　　（d）树形结构

图7-3 网络拓扑结构

（1）星形结构

星形的中心节点是主节点，它接收各分散节点的信息，再转发给相应节点，具有中继交换和数据处理功能。当某一节点想传输数据时，它首先向中心节点发送一个请求，以便同另一个目的节点建立连接。一旦两节点建立了连接，则在这两点间就像有一条专用线路连接起来一样，进行数据通信。可见，中心节点负担重、工作复杂、可靠性差是星形结构的最大弱点。星形结构网络的主要特点如下：

① 网络结构简单，便于控制和管理，建网容易；

② 网络延迟时间短，传输错误率较低；

③ 网络可靠性较低，一旦中央节点出现故障，将导致全网瘫痪；

④ 网络资源大部分在外围点上，相互之间必须经过中央节点中转才能传送信息；

⑤ 通信电路都是专用线路，利用率不高，网络成本较高。

（2）环形结构

各节点通过环连接于一条首尾相连的闭合环形通信线路中，环网中数据按照事先规定好的方向从一个节点单向传送到另一个节点。任何一个节点发送的信息都必须经过环路中的全部环接口。只有当传送信息的目的地址与环上某节点的地址相等时，信息才被该节点的环接口接收；否则，信息传至下一节点的环接口，直至发送到该信息发送的节点环接口为止。由于信息从源节点到目的节点都要经过环路中的每个节点，故任何节点的故障均导致环路不能正常工作，可靠性差。环形网络结构较适合信息处理和自动化系统中使用，是微机局部网络中常用的结构之一，特别是IBM公司推出令牌环网之后，环形网络结构被越来越多的人采用。环形结构网络的主要特点如下：

① 信息流在网络中沿固定的方向流动，两节点之间仅有唯一的通路，简化了路径选择控制；

② 环路中每个节点的收发信息均由环接口控制，因此，控制软件较简单；

③ 当某节点出现故障时，可采用旁路环的方法提高网络可靠性；

④ 节点数量的增加将影响信息的传输效率，故环结构的扩展受到一定的限制。

（3）总线型结构

在总线型结构中，各节点接口通过一条或几条通信线路与公共总线连接，其任何节点的信息都可以沿着总线传输，并且能被总线中的任何一节点接收。由于它的传输方向是从发送节点向两端扩散，类同于广播电台发射的电磁波向四周扩散一样，因此，总线型结构网络又被称为广播式网络。总线型结构网络的接口内具有发送器和接收器。接收器接收总线上的串行信息，并将其转换为并行信息送到节点；发送器则将并行信息转换成串行信息广播发送到总线上。当总线上发送的信息目的地址与某一节点的接口地址相符时，传送的信息就被该节点接收。由于一条公共总线具有一定的负载能力，因此，总线长度有限，其所能连接的节点数也有限。总线型网络的主要特点如下：

① 结构简单灵活，扩展方便；

② 可靠性高，响应速度快；

③ 资源共享能力强，便于广播式工作；

④ 设备少，价格低，安装和使用方便；

⑤ 所有节点共用一条总线，因此，总线上传送的信息容易发生冲突和碰撞，不宜用在实时性要求高的场合。

（4）树形结构

树形结构是分层结构，适用于分级管理和控制系统。与星形结构相比，由于通信线路总长度较短，故它联网成本低，易于维护和扩展，但结构较星形结构复杂。网络中除叶节点外，任一节点或连线的故障均影响其所在支路网络的正常工作。

在上述4种网络结构中，总线型结构是目前使用最广泛的结构，也是一种最传统的主流网络结构，该种结构最适于信息管理系统、办公室自动化系统、教学系统等领域的应用。实际组网时，其网络结构不一定仅限于其中的某一种，通常是几种结构的综合。

7.2.2 介质访问控制技术

在局部网络中，由于各节点通过公共传输通路传输信息，因此，任何一个物理信道在某一时间段内只能为一个节点服务，即被某节点占用来传输信息，这就产生了如何合理使用信道、合理分配信道的问题，各节点能充分利用信道的空间、时间传送信息，而不至于发生各信息间的互相冲突。传输访问控制方式的功能就是合理解决信道的分配。目前，常用的传输访问控制方式有3种：冲突检测的载波侦听多路访问、令牌环和令牌总线。

（1）冲突检测的载波侦听多路访问（CSMA/CD）

CSMA/CD由Xerox公司提出，又称随机访问技术或争用技术，主要用于总线型和树形网络结构。该控制方法的工作原理是：当某一节点要发送信息时，首先要侦听网络中有无其他节点正在发送信息，若没有，则立即发送；若网络中某节点正在发送信息（信道被占用），该节点就须等待一段时间，再侦听，直至信道空闲时再开始发送。

在CSMA/CD技术中，须解决信道被占用时等待时间的确定和信息冲突两个问题。确定等待时间的方法是：当某节点检测到信道被占用后，继续检测，待发现信道空闲时，立即发送；当某点检测到信道被占用后，就延迟一个随机时间，再检测。重复这一过程，直到信道空闲，开始发送。

解决冲突问题有多种办法，这里只说明冲突检测的解决办法。当某节点开始占用网络信道发送信息时，该点再继续对网络检测一段时间，也就是说，该点一边发送一边接收，且把收到的信息和自己发送的信息进行比较，若比较结果相同，说明发送正常进行，可以继续发送；若比较结果不同，说明网络上还有其他节点发送信息，引起数据混乱，发生冲突，此时应立即停止发送，等待一个随机时间后，再重复以上过程。

CSMA/CD方式原理较简单，且技术上较易实现。网络中各节点处于不同地位，无需集中控制，但不能提供优先级控制，所有节点都有平等竞争的能力，在网络负载不重的情况下，有较高的效率，但当网络负载增大时，分送信息的等待时间加长，效率显著降低。

（2）令牌环

令牌环（Token Ring）的全称是令牌通行环，仅适用于环形网络结构。在这种方式中，令牌是控制标志，网络中只设一张令牌，只有获得令牌的节点，才能发送信息，发送完后，令牌又传给相邻的另一节点。令牌传递的方法是：令牌一次沿每个节点传送，使每个节点都有平等发送信息的机会。令牌有"空""忙"两个状态。"空"表示令牌没有被占用，即令牌正在携带信息发送。当"空"的令牌传送至正待发送信息的节点时，该节点立即发送信息，并置令牌为"忙"状态。在一个节点占用令牌期间，其他节点只能处于接收状态。当所发信息绕环一周，回到发送节点，由发送节点清除，"忙"令牌又被置为"空"状态，沿环传送至下一节点，下一节点得到这令牌，就可发送信息。

令牌环的优点是能提供可调整的访问控制方式，能提供优先权服务，有较强的实时性。其缺点是需要对令牌进行维护，空闲令牌的丢失将会降低环路的利用率，控制电路复杂。

（3）令牌总线

令牌总线（Token Bus）方式主要用于总线型或树形网络结构中。受令牌环的影响，它把总线型或树形传输介质上的各个节点形成一个逻辑环，即人为地给各节点规定一个顺序（例如，可以按照各节点号的大小排列）。逻辑环中的控制方式类同于令牌环。不同的是在令牌总线中，信息可以双向传送，任何节点都能"听到"其他节点发出的信息。为此，节点发送的信息中要有指出下一个要控制节点的地址。由于只有获得令牌的节点才可以发送信息（此时其他节点只收不发），因此，该方式不需检测冲突就可以避免冲突。

令牌总线具有如下优点：吞吐能力强，吞吐量随着数据传输速率的提高而增加；控制功能不随着电缆线长度的增加而减弱；不需冲突检测，信号电压可以有较大的动态范围；具有一定的实时性。因此，采用令牌总线方式的网络的联网距离较 CSMA/CD 及 Token Ring 方式的网络远。

令牌总线的主要缺点是节点获得令牌的时间开销较大，一般一个节点都需要等待多次无效的令牌传送后，才能获得令牌。表7-1对3种访问控制方式进行了比较。

表7-1   3种访问控制方式的比较

负荷	CSMA/CD	Token Bus	Token Ring
低负载	好	差	中
高负载	差	好	好
短包	差	中	中
长包	中	差	好

7.2.3 差错控制技术

由于通信线路上有各种干扰，信息在线路上传输时，可能产生错误，接收端收到错误信息。提高传输质量的方法有两种：第一种是改善信道的电性能，使误码率降低；第二种是接收端检验出错误后，自动纠正错误，或让发送端重新发送，直至接收到正确的信息为止。差错控制技术包括检验错误和纠正错误。两种检错方法是奇偶校验和循环冗余校验，3种纠错方法是重发纠错、自动纠错和混合纠错。

奇偶校验（Parity Check）是一个字符校验一次，在每个字符的最高位置后，附加一个奇偶校验位。通常用一个字符（$b_0 \sim b_7$）来表示，其中 $b_0 \sim b_6$ 为字符码位，而最高位 b_7 为校验位。这个校验位可为1或0，以便保证整个字节为1的位数是奇数（称奇校验）或偶数（偶校验）。发送端按照奇或偶校验的原则编码后，以字节为单位发送，接收端按照同样的原则检查收到的每个字节中1的位数。如果为奇校验，发送端发出的每个字节中1的位数也为奇数。若接收端收到的字节中1的位数也为奇数，则传输正确；否则传输错误。偶校验方法类似。奇偶校验通常用于每帧只传送一个字节数据的异步通信方式。而同步通信方式每帧传送由多个字节组成的数据块，一般采用循环冗余校验。

循环冗余校验（CRC码）的原理是：发送端发出的信息由基本信息位和CRC校验位两部分组成。发送端首先发送基本的信息位，同时校验位生成器用基本的信息位除以多项式 $g(x)$，一旦基本的信息位发送完，CRC校验位也就生成，并紧接其后面再发送CRC校验位。接收端在接收基本信息位的同时，CRC校验位用接收的基本信息位除以同一个生成多项式 $g(x)$。当基本信息位接收完之后，接着接收CRC校验位也继续进行这一计算。当两个字节的CRC校验位接收完，如果这种除法的余数为0，即能被生成多项式除尽，则认为传输正确；否则，传输错误。

① 重发纠错方式。发送端发送能够检错的信息码，接收端根据该码的编码规则，判断传输中有无错误，并把判断结果反馈给发送端。如果传输错误，则再次发送，直到接收端认为正确为止。

② 自动纠错方式。发送端发送能够纠错的信息码，而不仅仅是检错的信息码。接收端收到该码后，通过译码，不仅能自动地发现错误，而且能自动地纠正错误，但是，纠错位数有限，如果为了纠正比较多的错误，则要求附加的冗余码将比基本信息码多，因而传输效率低，译码设备也比较复杂。

③ 混合纠错方式。这是上述两种方法的综合，发送端发送的信息码不仅能发现错误，而且具有一定的纠错能力。接收端收到该码后，如果错误位数在纠错能力以内，则自动地进行纠错；如果错误多，超过了纠错能力，则接收端要求发送端重发，直到正确为止。

7.2.4 参考模型

(1) OSI模型

OSI模型是国际标准化组织创建的一种标准。它为开放式系统环境定义了一种分层模型。"开放"是指：只要遵循OSI标准，一个系统就可以和位于世界上任何地方的、也遵循这同一标准的其他任何系统进行通信。

基于分层原则，可将整个网络的功能从垂直方向分为7层，由底层到高层分别是：物理、数据链路层、网络层、传输层、会话层、表示层、应用层。图7-4中带箭头的水平虚线（物理层协议除外）表示不同节点的同等功能层之间按照该层的协议交换数据。物理层之间由物理通道（传输介质）直接相连，物理层协议的数据交换通过物理通道直接进行。其他高层的协议数据交换是通过下一层提供的服务来实现的。

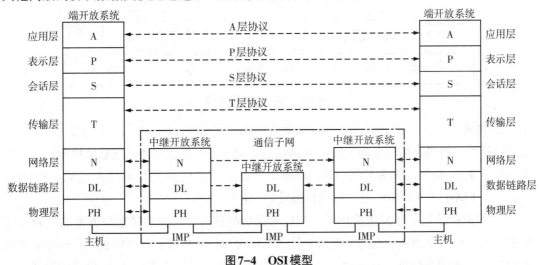

图7-4 OSI模型

层次结构模型中数据的实际传送过程如图7-5所示。图中发送进程给接收进程传送数据的过程，实际上是经过发送方各层从上到下传递到物理媒体；通过物理媒体传输到接收方后，再经过从下到上各层的传递，最后到达接收进程。在发送方从上到下逐层传递的过程中，每层都要加上适当的控制信息，如图中H_5，H_4，H_3，H_2所示，统称为报头。到最底层成为由"0"和"1"组成的数据比特流，再转换为电信号，在物理媒体上传输至接收方。接收方在向上传递时，过程正好相反，要逐层剥去发送方相应层加上的控制信息。

可以用一个简单的例子来比喻上述过程。有一封信从最高层向下传，每经过一层，就包上一个新的信封。包有多个信封的信传送到目的站后，从第一层起，每层拆开一个信封后，就交给它的上一层。传到最高层后，取出发信人所发的信，交给收信用户。

虽然应用进程数据要经过如图7-5所示的复杂过程，才能送到对方的应用进程，但这些复杂过程对用户来说，却都被屏蔽掉了，以致应用进程AP_1觉得好像是直接把数据交给了应用进程。同理，任何两个同样层次（例如在两个系统的四层）之间，也好像如同图7-5中的水平虚线所示的那样，将数据（即数据单元加上控制信息）通过水平虚线直接传递给对方。这就是所谓的"对等层"之间的通信。以前经常提到的各层协议，实际上就是在各个对等层之间传递数据时的各项规定，OSI参考模型中的下三层（1～3层）主要负责通信功能，一般称为通信子网层。上三层（5～7层）属于资源子网的功能范畴，称为资源子网层。传输层起着衔接上下三层的作用。

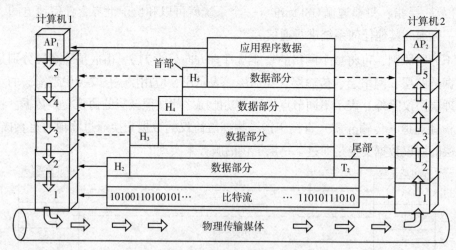

图7-5 数据的传送过程

① 物理层。它为建立、维护和拆除物理链路提供所需的机械的、电气的、功能的和规程的特性；提供在传输介质上传输非结构的位流功能；提供物理链路故障检测指示。在这一层，数据的单位称为比特（Bit）。属于物理层定义的典型规范代表包括：EIA/TIA RS-232、EIA/TIA RS-449、V.35、RJ-45等。

② 数据链路层。在发送数据时，数据链路层的任务是将在网络层交下来的IP数据报组装成帧，在两个相邻节点间的链路上传送以帧为单位的数据。每一帧包括数据和必要的控制信息（如同步信息、地址信息、差错控制和流量控制信息等），使接收端能够知道一

个帧从哪个比特开始和到哪个比特结束。控制信息还使接收端能够检测到所收到的帧中有无差错。如发现有差错，数据链路层就丢弃这个出现差错的帧，然后采取下面两种方法之一：不作任何其他处理；或者由数据链路层通知对方重传这一帧，直到正确无误地收到此帧为止。数据链路层有时也常简称为链路层。数据链路层协议的代表包括SDLC、HDLC、PPP、STP、帧中继等。

③ 网络层。它负责为分组交换网上的不同主机提供通信。在发送数据时，网络层将传输层产生的报文段或用户数据报封装成分组或包进行传送。在TCP/IP体系中，分组也叫作IP数据报，或简称为数据报。网络层的另一个任务就是要选择合适的路由，使源主机传输层所传下来的分组能够交付到目的主机。这里要强调指出，网络层中的"网络"二字，不是指通常谈论的具体网络，而是计算机网络体系结构模型中的专用名词。网络层协议的代表包括IP、IPX、RIP、OSPF、ARP、RARP、ICMP、IGMP等。

④ 传输层。它的任务是负责主机中两个进程之间的通信。互联网的传输层可使用两种不同的协议，即面向连接的传输控制协议（TCP协议）和无连接的用户数据报协议（UDP），传输层的数据传输的单位是报文段。

当使用TCP/IP或用户数据报或UDP时，面向连接的服务能够提供可靠的交付，但无连接服务则不保证提供可靠的交付，它只是"尽最大努力交付"。这两种服务方式都很有用，各有优缺点。传输层协议的代表包括TCP、UDP、SPX等。

⑤ 会话层。它是组织和同步两个通信的会话服务用户之间的对话，为表示层实体提供会话连接的建立、维护和拆除功能；完成通信进程的逻辑名字与物理名字间对应，提供会话管理服务。会话层协议的代表包括NetBIOS、ZIP（AppleTalk区域信息协议）等。

⑥ 表示层。它主要用于处理在两个通信系统中交换信息的表示方式，如代码转换、格式转换、文本压缩、文本加密与解密等。表示层不用协议。

⑦ 应用层。它是体系结构中的最高层。应用层确定进程之间通信的性质，以满足用户的需要（这反映在用户所产生的服务请求）。这里的进程是指正在运行的程序。应用层不仅要提供应用进程所需要的信息交换和远地操作，而且要作为互相作用的应用进程的用户代理来完成一些为进行语义上有意义的信息交换所必需的功能。应用层直接为用户的应用进程提供服务。应用层协议的代表包括Telnet、FTP、HTTP、SNMP等。

OSI/AM定义是一种抽象结构，它给出的仅是功能和概念上的框架标准，而不是具体的实现。在该7层中，每层完成各自定义的功能，对某层功能的修改不影响其他层。同一系统内部相邻层的接口定义了服务原语和向上层提供的服务。不同系统的同层实体间使用该层协议进行通信，只有最底层才发生直接数据传送。

（2）TCP/IP模型

TCP/IP模型是传输控制网际协议。它起源于美国ARPANET网，由它的两个主要协议，即TCP协议和IPI协议而得名。TCP/IP是Internet所有网络和主机之间进行交流所使用的共同"语言"，是Internet上使用的一组完整的标准网络连接协议。通常所说的TCP/IP协议实际上包含了大量的协议和应用，且由多个独立定义的协议组合在一起。因此，更确切地说，应该称其为TCP/IP协议集。

OSI参考模型研究的初衷是希望为网络体系结构与协议的发展提供一种国际标准，但随着Internet在全世界的飞速发展，TCP/IP协议得到了广泛的应用，虽然TCP/IP协议不是ISO标准，但广泛的使用也使TCP/IP成为一种"实际上的标准"，并形成了TCP/IP参考模型。不过，ISO的OSI参考模型的制定也参考了TCP/IP协议集及其分层体系结构的思想，而TCP/IP在不断发展的过程中，也吸收了OSI标准中的概念及特征。

TCP/IP协议共有4个层次，分别是主机至网络层、互联网层、传输层和应用层。

TCP/IP的层次结构与OSI层次结构的对照关系如图7-6所示。

① 互联网层。它是TCP/IP整个体系结构的关键部分。它的功能是使主机可以把分组发往任何网络的任何主机，并使分组独立地传向目标（可能经由不同的路径），这些分组到达的顺序和发送的顺序可能不同，因此，当需要按照顺序发送及接收时，高层必须对分组排序。

这里不妨把它与邮政系统作个对比。某个国家的一个人把一些国际邮件投入邮箱，在一般情况下，这些邮件大都会被投递到正确的地址。这些邮件可能会经过几个国际邮件通道，但这对用户是透明的。而且每个国家（每个网络）都有自己的邮戳，要求的信封大小也不同，而用户是不知道投递规则的。

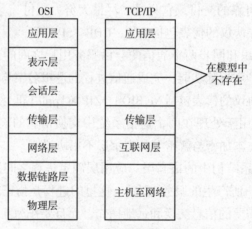

图7-6　TCP/IP参考模型

互联网层定义了正式的分组格式和协议，即IP协议互联网层的功能是把IP分组发送到应该去的地方。分组路由和避免阻塞是这里主要的设计问题。由于这些原因，所以TCP/IP互联网层和OSI网络层在功能上非常相似。

② 传输层。它是在TCP/IP模型中，位于互联网层之上的那一层。它的功能是使源端和目标端主机上的对等实体可以进行会话，和OSI的传输层一样，这里定义了两个端到端的协议。

第一个是传输控制协议TCP。它是一个面向连接的协议，允许从一台机器发出的字节流无差错地发往互联网上的其他机器。它把输入的字节流分成报文段，并传给互联网层。在接收端，接收进程把收到的报文再组装成输出流。还要处理流量控制，以免快速发送方向低速接收方发送过多报文而使接收方无法处理。

第二个协议是用户数据报协议UDP。它是一个不可靠的无连接协议，用于不需要TCP

的排序和流量控制，而是自己完成这些功能的应用程序。它被广泛地应用于只有一次的、客户–服务器模式的请求–应答查询，以及快速递交比准确递交更重要的应用程序，如传输语音或影像。

③ 应用层。它位于传输层上面，向用户提供一组常用的应用层协议。它包含所有的高层协议。最早引入的是虚拟终端协议 TELNET、文件传输协议 FTP 和电子邮件协议 SMTP。虚拟终端协议允许一台机器上的用户登录到远程机器上并且进行工作。文件传输协议提供了有效地把数据从一台机器移动到另一台机器的方法。电子邮件协议最初仅是一种文件传输，但是后来为它提出了专门的协议。近些年来，又增加了不少协议。例如，域名系统服务 DNS（Domain Name Service）用于把主机名映射到网络地址，NNTP 协议用于传递新闻文章，HTTP 协议用于在万维网上获取主页等。

④ 主机至网络层。TCP/IP 参考模型没有真正描述互联网层的下层，只是指出主机必须使用某种协议与网络连接，以便能在其上传递 IP 分组。这个协议未被定义，并且随着主机和网络的不同而不同。

7.3 工业以太网

7.3.1 工业以太网与以太网

工业以太网技术是普通以太网技术在控制网络延伸的产物。前者既源于后者又不同于后者。以太网技术经过多年的发展，特别是它在 Internet 中的广泛应用，使得它的技术更加成熟，并得到了广大开发商与用户的认同。因此，无论是从技术上还是从产品价格上，以太网较其他类型的网络技术具有明显的优势。另外，随着技术的发展，控制网络与普通计算机网络、Internet 的联系更为密切。控制网络技术需要考虑与计算机网络连接的一致性，需要提高对现场设备通信性能的要求，这些都是控制网络设备的开发者与制造商把目光转向以太网技术的重要原因。

为了促进以太网在工业领域的应用，国际上成立了工业以太网协会（IEA）、工业自动化开放网络联盟（IAONA）等组织，目标是在世界范围内，推进工业以太网技术的发展、教育和标准化管理，在工业应用领域的各个层次运用以太网。美国电气电子工程师协会也正着手制定现场装置与以太网通信的标准。这些组织还致力于促进以太网进入工业自动化的现场级，推动以太网技术在工业自动化领域和嵌入式系统的应用。

以太网技术最早由 Xerox 公司开发，后经数字设备公司 DEC、英特尔公司联合扩展，于 1982 年公布了以太网规范。IEEE 802.3 就是以这个技术规范为基础制定的。按照 ISO 开放系统互联参考模型的分层结构，以太网规范只包括通信模型中的物理层与数据链路层。而现在人们俗称中的以太网技术以及工业以太网技术，不仅包含了物理层与数据链路层的以太网规范，还包含 TCP/IP 协议，即包含网络层的 IP 及传输层的 TCP/IP 等。有时甚至把应用层的简单邮件传送协议 SMTP 域名服务（DNS）、文件传输协议 FTP，再加上超文本链接 HTTP 动态网页发布等互联网上的应用协议都与以太网这个名词捆绑在一起。因此工业以太网技术实际上是上述一系列技术的统称。

OSI模型	工业以太网
应用层	应用协议
表示层	
会话层	
传输层	TCP/IP
网络层	IP
数据链路层	以太网MAC
物理层	以太网物理层

图7-7　工业以太网与OSI互联参考模型

工业以太网的物理层与数据链路层采用IEEE 802.3规范，网络层与传输层采用TCP/IP协议组，应用层的一部分可以沿用上面提到的互联网应用协议。这些沿用部分正是以太网的优势所在。工业以太网如果改变了这些已有的优势部分，就会削弱甚至丧失工业以太网在控制领域的生命力。因此，工业以太网标准化的工作主要集中在ISO/OSI模型的应用层，需要在应用层添加与自动控制相关的应用协议。由于历史原因，应用层必须考虑与现有的其他控制网络的连接和映射关系、网络管理、应用参数等问题，解决自控产品之间的互操作性问题。因此，应用层标准的制定比较棘手，目前没有取得共识的解决方案。

7.3.2　以太网的优势

以太网由于应用的广泛性和技术的先进性，已经逐渐垄断了商用计算机的通信领域和过程控制领域中上层的信息管理与通信，并且有进一步直接应用到工业现场的趋势。与目前的现场总线相比，以太网具有以下优点。

①应用广泛。以太网是目前应用最为广泛的计算机网络技术，受到广泛的技术支持。几乎所有的编程语言都支持以太网的应用开发，如Visual C++、Visual Basic及JAVA等。这些编程语言由于广泛使用，并受到软件开发商的高度重视，具有很好的发展前景。因此，如果采用以太网作为现场总线，可以有多种开发工具、开发环境供选择。

②成本低廉。由于以太网的应用最为广泛，因此，受到硬件开发与生产厂商的高度重视与广泛支持，有多种硬件产品供用户选择，而且硬件价格也相对低廉。目前，以太网网卡的价格只有Profibus、FF等现场总线的十分之一，并且随着集成电路技术的发展，其价格还会进一步下降。

③通信速率高。目前，通信速率为10MBit/s、100MBit/s、1000MBit/s的快速以太网已经被广泛应用，采用光技术的100GBit/s光以太网也已实现，其通信速率远高于目前的现场总线，以太网可以满足对带宽的更高要求。

④软硬件资源丰富。由于以太网已经应用多年，人们对以太网的设计、应用等方面有很多经验，对其技术也十分熟悉，大量的软件资源和设计经验可供借鉴，能显著降低系统的开发和培训费用，从而降低系统的整体成本，并大大加快系统的开发和推广

速度。

⑤ 可持续发展潜力大。随着以太网的广泛应用，它的发展一直受到广泛的重视，吸引了大量的技术投入。同时，在信息瞬息万变的时代，企业的生存与发展在很大程度上依赖于一个快速而有效的通信管理网络，信息技术与通信技术的发展将更加迅速，也更加成熟，由此保证了以太网技术不断地持续向前发展。

⑥ 易于与 Internet 连接，能实现办公自动化网络与工业控制网络的无缝集成。工业控制网络采用以太网，可以避免其发展游离于计算机网络技术的发展主流之外，从而使工业控制网络与信息网络技术互相促进、共同发展，并保证技术上的可持续发展，在技术升级方面无需单独的研究投入。

7.3.3 工业以太网的关键技术

正是由于以太网具有上述优势，它受到越来越多的关注，但如何利用 COTS 技术来满足工业控制需要，是目前迫切需要解决的问题，这些问题包括通信实时性、现场设备的总线供电、本质安全、远距离通信、可互操作性等，这些技术直接影响以太网在现场设备中的应用。

（1）通信实时性

长期以来，以太网通信响应的"不确定性"是它在工业现场设备中应用的致命弱点和主要障碍之一。由于以太网采用 CSMA/CD 机制来解决通信介质层的竞争，因而导致非确定性的产生。因为在一系列的碰撞后，报文可能会丢失，节点与节点之间的通信将无法得到保障，从而使控制系统需要的通信确定性和实时性难以保证。

采用星形网络结构、以太网交换技术，可以大幅减少（半双工方式）或完全避免碰撞（全双工方式），从而使以太网的通信确定性得到了大大增强，并为以太网技术应用于工业现场控制清除了主要障碍。

在网络拓扑上，采用星形连接代替总线型结构，使用网桥或路由器等设备将网络分割成多个网段（segment）。在每个网段上，以一个多口集线器为中心，将若干个设备或节点连接起来。这样，挂接在同一网段上的所有设备形成一个冲突域（collision domain），每个冲突域均采用 CSMA/CD 机制来管理网络冲突，这种分段方法可以使每个冲突域的网络负荷和碰撞概率都大大减小。

使用以太网交换技术，将网络冲突域进一步细化。用交换式集线器代替共享式集线器，使交换机各端口之间可以同时形成多个数据通道，正在工作的端口上的信息流不会在其他端口上广播，端口之间信息报文的输入和输出已经不再受到（CSMA/CD）介质访问控制协议的约束。因此，在以太网交换机组成的系统中，每个端口就是一个冲突域，各个冲突域通过交换机实现了隔离。

采用全双工通信技术，使设备端口间两对双绞线（或两根光纤）上可以同时接收和发送报文帧，从而不再受到（CSMA/CD）的约束，这样，任一节点发送报文帧时，不会再发生碰撞，冲突域也就不复存在。

此外，通过降低网络负载和提高网络传输速率，可以使传统共享式以太网上的碰撞大大降低。实际应用经验表明，对于共享式以太网来说，当通信负荷在25%以下时，可保证通信畅通；当通信负荷在5%左右时，网络上碰撞的概率几乎为零。

（2）总线供电

所谓"总线供电"或"总线馈电"，是指连接到现场设备的线缆不仅传送数据信号，还能给现场设备提供工作电源。

采用总线供电可以减少网络线缆，降低安装复杂性与费用，提高网络和系统的易维护性，特别是在环境恶劣与危险场合，"总线供电"具有十分重要的意义。由于以太网以前主要用于商业计算机通信，一般的设备或工作站（如计算机）本身已具备电源供电，没有总线供电的要求，因此，传输媒体只用于传输信息。

（3）互操作性

互操作性是指连接到同一网络上不同厂家的设备之间通过统一的应用层协议进行通信与互用，性能类似的设备可以实现互换。作为开放系统的特点之一，互操作性向用户保证了来自不同厂商的设备可以相互通信，并且可以在多厂商产品的集成环境中共同工作。这一方面提高了系统的质量，另一方面为用户提供了更大的市场选择机会。互操作性是决定某一通信技术能否被广大自动化设备制造商和用户接受，并进行大面积推广应用的关键。

要解决基于以太网的工业现场设备之间的互操作性问题，唯一有效的方法就是在以太网协议基础上，制定统一并适用于工业现场控制的应用层技术规范，同时参考有关标准，在应用层上增加用户层，将工业控制中的功能块进行标准化，通过规定各自的输入、输出、算法、事件、参数，并把它们组成可在某个现场设备中执行的应用进程，便于实现不同制造商设备的混合组态与调用。这样，不同自动化制造商的工控产品共同遵守标准化的应用层和用户层，这些产品再经过一致性和互操作性测试，就能实现它们之间的互操作。

（4）网络生存性

所谓网络生存性，是指以太网应用工业现场控制时，必须具备较强的网络可用性。任何一个系统组件发生故障，不管它是否硬件，都会导致操作系统、网络、控制器和应用程序乃至整个系统瘫痪，这说明该系统的网络生存能力非常弱。因此，为了使网络正常运行时间最大化，需要以可靠的技术来保证在网络维护和改进时，系统不发生中断。工业以太网的生存性或高可用性包括以下几个方面。

① 可靠性。工业现场的机械、气候（包括温度、湿度）、尘埃等条件非常恶劣，因此，对设备的可靠性提出了更高的要求。

在基于以太网的控制系统中，网络成为相关装置的核心，从I/O功能模块到控制器中的任何一部分都是网络的一部分。网络硬件把内部系统总线和外部世界连成一体，同时网络软件驱动程序为程序的应用提供了必要的逻辑通道。系统和网络的结合使得可靠性成为自动化设备制造商的设计重点。

② 可恢复性。所谓可恢复性，是指当以太网系统中任一设备或网段发生故障，不能正常工作时，系统能依靠事先设计的自动恢复程序，将断开的网络重新连接起来，并将故

障进行隔离，使任一局部故障不会影响整个系统的正常运行，也不会影响生产装置的正常生产。同时，系统能自动定位故障，使故障能够得到及时修复。

可恢复性不仅仅是网络节点和通信信道具有的功能，通过网络界面和软件驱动程序，网络可恢复性以各种方式扩展到其子系统。一般来讲，网络系统的可恢复性取决于网络装置和基础组件的组合情况。

③ 可维护性。它是高可用性系统最受关注的焦点之一。通过对系统和网络的在线管理，可以及时地发现紧急情况，并使故障能够得到及时的处理。

（5）网络安全性

目前，工业以太网已经把传统的三层网络系统（即信息管理层、过程监控层、现场设备层）合成为一体，使数据的传输速率更快、实时性更高，同时它可以接入Internet，实现数据共享，使工厂高效率地运作，但与此同时，也引入了一系列的网络安全问题。

对此，一般可采用网络隔离（如网关隔离）的办法，如采用具有包过滤功能的交换机，将内部控制网络与外部网络系统分开。该交换机除了实现正常的以太网交换功能外，还作为控制网络与外界的唯一接口，在网络层中，对数据包实施有选择的通过（即所谓的包过滤技术），也就是说，该交换机可以依据系统内事先设定的过滤逻辑，检查数据流中每个数据包的部分内容后，根据数据包的源地址、目的地址、所用的TCP/IP端口与TCP/IP链路状态等因素来确定是否允许数据包通过，只有完全满足包过滤逻辑要求的报文，才能访问内部控制网络。

此外，还可以通过引进防火墙机制，进一步实现对内部控制网络访问进行限制，防止非授权用户得到网络的访问权，强制流量只能从特定的安全点去向外界，防止服务拒绝攻击，以及限制外部用户在其中的行为等效果。

（6）本质安全与安全防爆技术

在生产过程中，很多工业现场不可避免地存在易燃、易爆与有毒等物品。对应用于这些工业现场的智能装备和通信设备，都必须采取一定的防爆技术措施来保证工业现场的安全生产。

（7）远距离传输

由于通用以太网的传输速率比较高（如10MBit/s、100MBit/s、1000MBit/s），考虑到信号沿总线传播时的衰减与失真等因素，以太网协议（见IEEE 802.3协议）对传输系统的要求作了详细的规定。如每一段双绞线（10BASE2T）的长度不得超过100m；使用细同轴电缆10BASE22时，每段的最大长度为185m；对于距离较长的终端设备，可使用中继器（但不超过4个）或者光纤通信介质进行连接。

然而，在工业生产现场，由于生产装置一般都比较复杂，各种测量和控制仪表的空间分布比较分散，彼此间的距离较远，有时设备与设备之间的距离长达数千米。对于这种情况，如遵照传输的方法设计以太网，使用10BASE2T双绞线就显得远远不够，而使用10BASE2或10BASE5同轴电缆则不能进行全双工通信，而且布线成本也比较高。同样，如果在现场都采用光纤传输介质，布线成本可能会比较高，但随着互联网和以太网技术的大范围应用，光纤成本肯定会大大降低。

此外，在设计应用于工业现场的以太网络时，将控制室与各个控制域之间用光纤连接成骨干网，这样，不仅可以解决骨干网的远距离通信问题，而且由于光纤具有较好的电磁兼容性，因此，可以大大提高骨干网的抗干扰能力和可靠性。通过光纤连接，骨干网具有较大的带宽，为将来网络的扩充、速度的提升留下了很大的空间。各控制域的主交换机到现场设备之间可采用屏蔽双绞线，而各控制域交换机的安装位置可选择在靠近现场设备的地方。

7.3.4 常见工业以太网协议

目前，主要应用的工业以太网协议有以下几种。

（1）Modbus/TCP

Modbus/TCP是MODICON公司在20世纪70年代提出的一种用于PLC之间通信的协议。由于Modbus是一种面向锁存器的主从式通信协议，协议简单实用，而且文本公开，因此，在工业控制领域，作为通用的通信协议使用。最早的Modbus协议基于RS232/485/422等低速异步串行通信接口，随着以太网的发展，将Modbus数据报文封装在TCP数据帧中，通过以太网实现数据通信，这就是Modbus/TCP。

（2）Ethernet IP

Ethernet IP是由美国ROCKWELL公司提出的以太网应用协议，其原理与Modbus/TCP相似，只是将Control Net和Device Net使用的CIP（control information protocol）报文封装在TCP数据帧中，通过以太网实现数据通信，满足CIP的3种协议（Control Net、Device Net和Ethernet）共享相同的对象库、行规和对象，相同的报文可以在3种网络中任意传递，实现即插即用和数据对象共享。

（3）FF HSE（high speed ethernet）

HSE是IEC61158现场总线标准中的一种，HSE的1~4层分别是以太网和TCP/IP，用户层与FF相同，现场总线信息规范FMS在H1中定义了服务接口，在HSE中采用相同的接口。

（4）PROFI NET

PROFI NET是在PROFIBUS基础上纵向发展形成的一种综合系统解决方案。PROFI NET主要基于Microsoft的DCOM中间件，实现对象的实时通信，自动化对象以DCOM对象的形式在以太网上交换数据。

7.4 现场总线

7.4.1 现场总线概述

现场总线（Fieldbus）是近年来发展迅速的一种工业数据总线，它主要解决现场的智能化仪器仪表、控制器、执行机构等现场设备间的数字通信，以及这些现场控制设备与高级控制系统之间的信息传递问题。

人们把20世纪50年代前的气动信号控制系统称作第一代；把4~20mA等电动模拟信

号控制系统称为第二代；把数字计算机集中式控制系统称为第三代；把20世纪70年代中期以来的集散式控制系统DCS称作第四代；把现场总线系统称为第五代控制系统，也称作FCS（现场总线控制系统）。现场总线控制系统FCS作为新一代控制系统，一方面突破了DCS系统采用通信专用网络的局限，采用了基于公开化、标准化的解决方案，克服了封闭系统造成的缺陷；另一方面把DCS的集中与分散相结合的集散系统结构变成新型的全分布式结构，把控制功能彻底下放到现场。可以说，开放性、分散性与数字通信是现场总线系统最显著的特征。

（1）现场总线技术概述

根据国际电工委员会（International Electrotechnical Commission）和美国仪表协会（ISA）的定义，现场总线是连接智能现场设备和自动化系统的数字式、双向传输、多分支结构的通信网络。它的关键标志是能支持双向、多节点、总线式的全数字通信。

（2）现场总线及其体系结构

现场总线的本质含义表现在以下6个方面。

① 现场通信网络。传统DCS的通信网络截止于控制站或输入输出单元，现场仪表仍然是一对一模拟信号系统。现场总线把通信线一直延伸到生产现场或生产设备，用于过程自动化和制造自动化的现场设备或现场仪表互连的现场通信网络，如图7-8所示，该图代表了现场总线控制系统的网络结构。

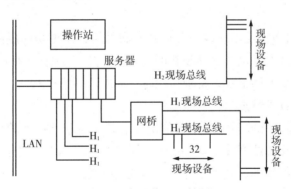

图7-8 新一代FCS控制

② 现场设备互连。现场设备或现场仪表是指传感器、变送器、执行器、服务器和网桥、辅助设备和监控设备等，这些设备通过一对传输线互连（见图7-8），传输线可以使用双绞线、同轴电缆、光纤和电源线等，并可以根据需要，选择不同类型的传输介质。

③ 互操作性。现场设备或现场仪表种类繁多，来自不同制造厂的现场设备，不仅可以互相通信，而且可以统一组态，构成所需的控制回路，共同实现控制策略。也就是说，用户将选用的各种品牌的现场设备集成在一起，实现"即接即用"。现场设备互连是基本要求，只有实现互操作性，用户才能自由地集成FCS。

④ 分散功能块。FCS废弃了DCS的输入/输出单元和控制站，把DCS控制站的功能块分散地分配给现场仪表，从而构成虚拟控制站。例如，流量变送器不仅具有流量信号变换、补偿和累加输入功能，而且有PID控制和运算功能；调节阀的基本功能是信号驱动和执行，还内含输出特性补偿功能，也可以有PID控制和运算功能，甚至有阀门特性自校验

和自诊断功能。功能块分散在多台现场仪表中，并可统一组态，供用户灵活选用各种功能，构成所需控制系统，实现彻底的分散控制，如图7-9所示，其中差压变送器含有模拟量输入功能块（AI110），调节阀含有PID控制功能块及模拟量输出功能块（AO110）。这3个功能块构成流量控制回路。

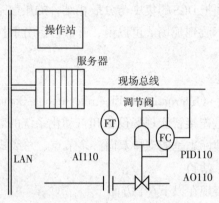

图7-9　现场总线的分散功能

⑤ 通信线供电。通信线供电方式允许现场仪表直接从通信线上摄取能量，这种方式提供用于本质安全环境的低功耗现场仪表，与其配套的还有安全栅。众所周知，化工、炼油等企业的生产现场有可燃性物质，所有现场设备必须严格遵循安全防爆标准，现场总线设备也不例外。

⑥ 开放式互联网络。现场总线为开放式互联网络，既可与同层网络互联，也可与不同层网络互联。开放式互联网络还体现在网络数据库共享，通过网络对现场设备和功能块统一组态，把不同厂商的网络及设备融为一体，构成统一的FCE。

（3）现场总线的技术特点

① 系统的开放性。开放系统是指通信协议公开，各不同厂家的设备之间可进行互连并实现信息交换。现场总线开发者就是要致力于建立统一的工厂底层网络的开放系统。这里的开放是指对相关标准的一致、公开性，强调对标准的共识与遵从。一个开放系统可以与任何遵守相同标准的其他设备或系统相连。一个具有总线功能的现场总线网络系统必须是开放的，开放系统把系统集成的权利交给了用户，用户可以按照自己的需要和对象，把来自不同供应商的产品组成大小随意的系统。

② 互可操作性与互用性。互可操作性是指实现互联设备间、系统间的信息传送与沟通，可实行点对点、一点对多点的数字通信。互用性是指不同生产厂家的性能类似的设备可进行互换而实现互用。

③ 现场设备的智能化与功能自治性。它将传感测量、补偿计算、工程量处理与控制等功能分散到现场设备中完成，仅靠现场设备即可完成自动控制的基本功能，并且可以随时诊断设备的运行状态。

④ 系统结构的高度分散性。由于现场设备本身已经可以完成自动控制的基本功能，使得现场总线已经构成一种新的全分布式控制系统的体系结构，从根本上改变了现有DCS集中与分散相结合的集散控制系统体系，简化了系统结构，提高了可靠性。

⑤ 对现场环境的适应性。工作在现场设备前端，作为工厂网络底层的现场总线，是专为在现场环境工作而设计的，它可以支持双绞线、同轴电缆、光缆、射频、红外线、电力线等，具有较强的抗干扰能力，能采用两线制实现送电与通信，并可以满足本质安全防爆要求等。

（4）现场总线的优点

由于现场总线的以上特点，特别是现场总线系统结构的简化，使控制系统的设计、安装、投入到正常生产运行及其检修维护，都体现出优越性。

① 节省硬件数量与投资。由于现场总线系统中分散在设备前端的智能设备能直接执行多种传感、控制、报警和计算功能，因而可以减少变送器的数量，不再需要单独的控制器、计算单元等，也不再需要DCS系统的信号调理、转换、隔离等功能单元及其复杂接线，还可以用工控作为PC操作站，减少了控制设备，节省了硬件投资。

② 节省安装费用。现场总线系统的接线十分简单，由于一对双绞线或一条电缆上通常可挂接多个设备，因而电缆、端子、槽盒、桥架的用量大大减少，连线设计与接头校对的工作量也大大减少。当需要增加现场控制设备时，无须增设新的电缆，可就近连接在原有的电缆上，既节省了投资，也减少了设计、安装的工作量。据有关典型试验工程的测算，可节约安装费用60%以上。

③ 节省维护开销。由于现场控制设备具有自诊断与简单故障处理的能力，并通过数字通信将相关的诊断维护信息送往控制室，用户可以查询所有设备的运行，诊断维护信息，以便早期分析故障原因并快速排除，缩短了维护停工时间，同时由于系统结构简化、连线简单而减少了维护工作量。

④ 用户具有高度的系统集成主动权。用户可以自由选择不同厂商提供的设备来集成系统，大大扩展了系统设备的选择范围，不会为系统集成中不兼容的协议、接口而一筹莫展，系统集成过程中的主动权完全掌握在用户手中。

⑤ 提高了系统的准确性与可靠性。由于现场总线设备的智能化、数字化，与模拟信号相比，它从根本上提高了测量与控制的准确度，减少了传送误差。同时，由于系统的结构简化，设备与连线减少，现场仪表内部功能加强，减少了信号的往返传输，提高了系统工作的可靠性。此外，它的设备标准化和功能模块化，还使它具有设计简单、易于重构等优点。

7.4.2 典型现场总线

自20世纪80年代末以来，有几种现场总线技术已经逐渐产生影响，并在一些特定的应用领域显示出自己的优势和较强的生命力。目前，较为流行的现场总线主要有以下5种。

（1）FF（Fundation Fieldbus）基金会现场总线

FF基金会现场总线是在过程自动化领域得到广泛支持和具有良好发展前景的技术，该总线协议是以，以美国Fisher Rosemount公司为首，联合Foxboro、横河、ABB、西门子等80家公司制定的ISP协议，以及以Honeywell公司为首，联合欧洲等地150家公司制定的

WordFIP协议为基础。这两大集团于1994年9月合并，成立了现场总线基金会，致力于开发出国际上统一的现场总线协议。它以ISO/OSI开放系统互联模型为基础，取其物理层、数据链路层、应用层为FF通信模型的相应层次，并在应用层上增加了用户层。用户层主要针对自动化测控应用的需要，定义了信息存取的统一规则，采用设备描述语言规定了通用的功能模块集。

基金会现场总线分为低速H1和高速H2两种通信速率。H1的传输速率为3125kBit/s，通信距离可达1900m（可加中继器延长），可支持总线供电，支持本质安全防爆环境。H2的传输速率为1MBit/s和2.5MBit/s两种，其通信距离为750m和500m。物理传输介质可支持比绞线、光缆和无线发射，协议符合IEC1158-2标准。其物理媒介的传输信号采用曼彻斯特编码。

FF的主要技术内容包括：FF通信协议，用于完成开放互连模型中第2～7层通信协议的通信栈（Communications stack），用于描述设备特征、参数、属性及操作接口的DDL设备描述语言、设备描述字典，用于实现测量、控制、工程量转换等应用功能的功能块，实现系统组态、调度、管理等功能的系统软件技术，以及构成集成自动化系统、网络系统的系统集成技术。

为了满足用户需要，Honeywell、Ronan等公司已经开发出可完成物理层和部分数据链路层协议的专用芯片，许多仪表公司已经开发出符合FF协议的产品，总线已通过α测试和β测试，完成了由13个不同厂商提供设备而组成的FF现场总线工厂试验系统。2总线标准也已经形成。1996年10月在芝加哥举行的ISA96展览会上，由现场总线基金会组织实施，向世界展示了来自40多家厂商的70多种符合FF协议的产品，并将这些分布在不同楼层展览大厅的不同展台上的FF展品，用醒目的橙红色电缆，互连为七段现场总线演示系统，各展台现场设备之间可以实地进行现场互操作，展现了基金会现场总线的成就与技术实力。

（2）LonWorks局部操作网络

LonWorks局部操作网络是又一具有强劲实力的现场总线技术，它是由美国Ecelon公司推出并由它们与摩托罗拉、东芝公司共同倡导，于1990年正式公布而形成的。它采用了ISO/OSI模型的全部七层通讯协议和面向对象的设计方法，通过网络变量把网络通信设计简化为参数设置，其通信速率从300 Bit/s至15MBit/s不等，直接通信距离可达到2700m（78kBit/s，双绞线），支持双绞线、同轴电缆、光纤、射频、红外线、电源线等多种通信介质，并开发出相应的本安防爆产品，被誉为通用控制网络。

LonWorks技术所采用的LonTalk协议被封装在称之为Neuron的芯片中，并得以实现。集成芯片中有3个8位CPU：第一个用于完成开放互连模型中第1～2层的功能，称为媒体访问控制处理器，实现介质访问的控制与处理；第二个用于完成第3～6层的功能，称为网络处理器，进行网络变量处理的寻址、处理、背景诊断、函数路径选择、软件计量时、网络管理，并负责网络通信控制、收发数据包等；第三个是应用处理器，执行操作系统服务与用户代码。芯片中还具有存储信息缓冲区，以实现CPU之间的信息传递，并作为网络缓冲区和应用缓冲区。如摩托罗拉公司生产的神经元集成芯片MC143120E2就包含了

2KRAM和2KEEPROM。

Neuron芯片的编程语言为Neuron C，它由ANSI C派生出来。LonWorks提供了一套开发工具LonBuilder和node Builder。LonWorks技术的不断推广促成了神经元芯片的低成本，促进了LonWorks技术的推广应用。此外，LonTalk协议还提供了5种基本类型的报文服务：确认（acknowledge）、非确认（unacknowledge）、请求响应（request response）、重复（repeat）、非确认重复（unacknowledge repeated）。

LonTalk协议的介质访问控制子层（MAC）对CSMA（载波信号多路监听）作了改进，采用了一种新的被称作预测的P坚持CSMA的协议。带预测的P坚持CSMA在保留CSMA协议优点的同时，注意克服了它在控制网络中的不足。所有的节点根据网络积压参数等待随机时间片来访问介质，有效地避免了网络的频繁碰撞。

表7-2　　　　　　　　　　　　　　　LonWorks模型的分层

模型分层	作用	服务
应用层7	网络应用程序	标准网络变量类型：组态性能文件传递
表示层6	数据表示	网络变量外部帧传送
会话层5	远程传送控制	请求/响应，确认
传输层4	端与端传输可靠性	单路多路应答服务，重复信息服务，复制检查
网络层3	报文传递	单路多路寻址，路径
数据链路层2	媒体访问与成帧	成帧，数据编码，校验，冲突回避与仲裁，优先级
物理层1	电气连接	媒体特殊细节（如调制、收发种类，物理连接）

LonWorks技术产品已经被广泛地应用在楼宇自动化、家庭自动化、保安系统、办公设备、交通运输、工业过程控制等行业。在开发智能通信接口、智能传感器方面，LonWorks神经元芯片也具有独特的优势。

（3）Profibus过程现场总线

Profibus是作为德国国家标准DIN 19245和欧洲标准EN50170的现场总线。由Profibus-DP、Profibus-FMS、Profibus-PA组成了Profibus系列。DP型用于分散外设间的高速传输，适合于加工自动化领域的应用。FMS意为现场信息规范，适用于纺织、楼宇自动化、可编程控制器、低压开关等一般自动化。而PA型则适用于过程自动化的总线类型，它遵从IEC1158-2标准。该项技术是由西门子公司为主的十几家德国公司共同研究并推出的。它采用了OSI模型的物理层、数据链路层，由这两部分形成了其标准第一部分的子集，DP型隐去了第3～7层，而增加了直接数据连接拟合作为用户接口；FMS型只隐去第3～6层，采用了应用层，作为标准的第二部分。Profibus的传输速率为9.6kBit/s～12MBit/s，最大传输距离在12kBit/s时为1000m，15MBit/s时为400m，可用中继器延长至10km。其传输介质可以是双绞线，也可以是光缆，最多可挂接127个站点。PA型的标准目前还处于制定过程中，其传输技术遵从IEC1158-2（1）标准，可以实现总线供电与本质安全防爆。

Profibus5引入功能模块的概念，不同的应用需要使用不同的模块。在一个确定的应用，按照Profibus规范来定义模块，写明其硬件和软件的性能，规范设备功能与通信功能的一致性。Profibus为开放系统协议，为保证产品质量，在德国建立了FZ1信息研究中心，对制造厂和用户开放，并对其产品进行一致性检测和实验性检测。

Porfibus支持主–从系统、纯主站系统、多主多从混合系统等几种传输方式。主站具有对总线的控制权，可以主动发送信息。对多主站系统来说，主站之间采用令牌方式传递信息，得到令牌的站点可在一个事先规定的时间内拥有总线控制权，并事先规定好令牌在各主站中循环一周的最长时间。按照Profibus的通信规范，令牌在主站之间按照地址编号顺序，沿上行方向进行传递。主站在得到控制权时，可以按照主–从方式，向从站发送或索取信息，实现点对点通信。主站可以采取对所有站点广播（不要求应答），或有选择地向一组站点广播。

（4）HART可寻址远程传感器数据通路

HART是highway addressable remote transduer的缩写。最早由Rosemout公司开发并得到80多家著名仪表公司的支持，于1993年成立了HART通信基金会。这种被称为可寻址远程传感高速通道的开放通信协议，其特点是在现有模拟信号传输线上实现数字通信，属于模拟系统向数字系统转变过程中工业过程控制的过渡性产品，因而在当前的过渡时期具有较强的市场竞争能力，得到了较好的发展。

HART通信模型由3层组成：物理层、数据链路层和应用层。物理层采用FSK（frequency shift keying）技术，在4~20mA模拟信号上叠加一个频率信号，频率信号采用Bell202国际标准；数据传输速率为1200 Bit/s，逻辑"0"的信号频率为2200Hz，逻辑"1"的信号传输频率为1200Hz。数据链路层用于按照HART通信协议规则建立HART信息格式。其信息构成包括开头码、显示终端与现场设备地址、字节数、现场设备状态与通信状态、数据、奇偶校验等。其数据字节结构为1个起始位、8个数据位、1个奇偶校验位、1个终止位。应用层的作用在于使HART指令付诸实现，即把通信状态转换成相应的信息。它规定了一系列命令。按照命令方式工作，它有3类命令：第一类称为通用命令，这是所有设备理解、执行的命令；第二类称为一般行为命令，它所提供的功能可以在许多现场设备（尽管不是全部）中实现，这类命令包括最常用的现场设备的功能库；第三类称为特殊设备命令，以便在某些设备中实现特殊功能，这类命令既可以在基金会中开放使用，又可以为开发此命令的公司所独有。在一个现场设备中，通常可发现同时存在这3类命令。

HART采用统一的设备描述语言DDL。现场设备开发商采用这种标准语言来描述设备特性，由HART基金会负责登记管理这些设备描述，并把它们编为设备描述字典，主设备运用DDL技术来理解这些设备的特性参数，而不必为这些设备开发专用接口。但由于这种模拟数字混合信号制，导致难以开发出一种能满足各公司要求的通信接口芯片。HART能利用总线供电，可以满足本安防爆要求，并可以组成由手持编程器与管理系统主机作为主设备的双主设备系统。

（5）CAN控制器局域网

CAN是控制网络control area network的简称，最早由德国BOSCH公司推出，用于汽车内部测量与执行部件之间的数据通信。其总线规范现已被ISO国际标准组织制定为国际标准，得到了摩托罗拉、英特尔、菲利浦、西门子、NEC等公司的支持，已经被广泛地应用在离散控制领域。

CAN协议也是建立在国际标准组织的开放系统互连模型基础上的，不过，其模型结构只有3层，只取OSI底层的物理层、数据链路层和应用层。其信号传输介质为双绞线，通信速率最高可达1MBit/s(40m)，直接传输距离最远可达10km/(kBit/s)，可挂接设备最多可达110个。CAN的信号传输采用短帧结构，每一帧的有效字节数为8个，因而传输时间短，受干扰的概率低。当节点严重错误时，具有自动关闭功能，以切断该节点与总线的联系，使总线上的其他节点及其通信不受影响，具有较强的抗干扰能力。

CAN支持多主方式工作，网络上任何节点均在任意时刻主动向其他节点发送信息，支持点对点、一点对多点和全局广播方式接收/发送数据。它采用总线仲裁技术，当出现几个节点同时在网络上传输信息时，优先级高的节点可以继续传输数据，而优先级低的节点则主动停止发送，从而避免了总线冲突。已有多家公司开发生产了符合CAN协议的通信芯片，如英特尔公司的82527，摩托罗拉公司的MC68HC05X4，菲利浦公司的82C250等。还有插在PC机上的CAN总线接口卡，具有接口简单、编程方便、开发系统价格便宜等优点。目前，已经被广泛地用于汽车、火车、轮船、机器人、智能楼宇、机械制造、数控机床、纺织机械、传感器、自动化仪表等领域。

表7-3给出5种现场总线的比较。

表7-3　　　　　　　　　　5种现场总线的比较

特性	FF	Profibus	CAN	LonWorks	HART
OSI网络层次	1，2，3，8	1，2，3	1，2，7	1~7	1，2，7
通信介质	双绞线、光纤、电缆等	双绞线、光纤	双绞线、光纤	双绞线、光纤、电缆、	电缆
介质访问方式	令牌（集中）	令牌（分散）	仲裁	P-P　CSMA	查询
纠错方式	CRC	CRC	CRC		CRC
通信速率	31.25kBit/s	31.25K/12M	1MBit/s	780kBit/s	9600 Bit/s
最大节点数/网段	32	127	110	2EXP(48)	15
优先级	有	有	有	有	有
保密性				身份验证	
本安性	是	是	是	是	是
开发工具	有	有	有	有	

思考题

7-1　何谓总线？总线有什么功能？总线标准是怎样形成的？

7-2　试述总线的分类、各类总线间的关系。

7-3　根据总线传送信号的形式，总线可分为哪两种？

7-4 简述 RS232C 总线的特点。

7-5 什么是现场总线？有哪几种典型的现场总线？它们各有什么特点？

7-6 简述 STD 总线的特点。

7-7 总线的通信方式有哪些？各自的特点是什么？

7-8 工业局域网络通常有哪 4 种拓扑结构？各有什么特点？

7-9 工业局域网络经常用的传输访问控制方式有哪 3 种？各有什么优缺点？

7-10 OSI 模型是怎样的？

第8章 抗干扰技术

【本章重点】

- 干扰的来源与传播途径；
- 硬件抗干扰措施；
- 程序运行监视系统。

【课程思政】

2020年9月，中国明确提出2030年"碳达峰"与2060年"碳中和"目标。"双碳"战略倡导绿色、环保、低碳的生活方式。以习近平同志为核心的党中央举旗定向，以前所未有的力度抓生态文明建设，全党全国推动绿色发展的自觉性和主动性显著增强，美丽中国建设迈出重大步伐，我国生态环境保护发生历史性、转折性、全局性变化。

计算机控制系统的被控变量分布在生产现场的各个角落，因而计算机处于干扰频繁的恶劣环境中，干扰是有用信号以外的噪声，这些干扰会影响系统的测控精度，降低系统的可靠性，甚至导致系统的运行混乱，造成生产事故。

但干扰是客观存在的，所以，人们必须研究干扰，以采取相应的抗干扰措施。本章主要讨论干扰的来源、传播途径及抗干扰的措施。

8.1 干扰的来源与传播途径

8.1.1 干扰的来源

干扰的来源是多方面的，有时甚至是错综复杂的。干扰有的来自外部，有的来自内部。

外部干扰由使用条件和外部环境因素决定。外部干扰环境如图8-1所示，有天电干扰，如雷电或大气电离作用，以及其他气象引起的干扰电波；天体干扰，如太阳或其他星球辐射的电磁波；电气设备的干扰，如广播电台或通信发射台发出的电磁波，动力机械、高频炉、电焊机等都会产生干扰。此外，荧光灯、开关、电流断路器、过载继电器、指示灯等具有瞬变过程的设备也会产生较大的干扰；来自电源的工频干扰也可视为外部干扰。

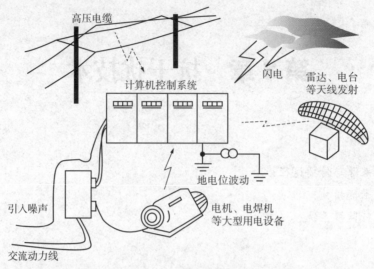

图8-1　外部干扰环境

内部干扰则是由系统的结构布局、制造工艺所引入的。内部干扰环境如图8-2所示，有分布电容、分布电感引起的耦合感应，电磁场辐射感应，长线传输造成的波反射；多点接地造成的电位差引入的干扰；装置及设备中各种寄生振荡引入的干扰，以及热噪声、闪变噪声、尖峰噪声等引入的干扰；甚至元器件产生的噪声等。

图8-2　内部干扰环境

不管什么样的干扰源，总会以某种途径进入计算机控制系统。

8.1.2　干扰的传播途径

干扰传播的途径主要有3种：静电耦合、磁场耦合、公共阻抗耦合。

（1）静电耦合

静电耦合是电场通过电容耦合途径窜入其他线路的。两根并排的导线之间会构成分布电容，如印制电路板上印制线路之间、变压器绕线之间都会构成分布电容。图8-3给出了两根平行导线之间静电耦合的示意电路，C_{12} 是两个导线之间的分布电容，C_{1g} 和 C_{2g} 是导线对地的电容，R 是导线2对地电阻。如果导线上有信号 U_1 存在，那么它就会成为导线2的干扰源，在导线2上产生干扰电压 U_n。显然，干扰电压 U_n 与干扰源 U_1、分布电容 C_{1g} 和

C_{2g} 的大小有关。

（2）磁场耦合

空间的磁场耦合是通过导体间的互感耦合进来的。在任何载流导体周围空间中都会产生磁场，而交变磁场则对其周围闭合电路产生感应电势。如设备内部的线圈或变压器的漏磁会引起干扰，还有普通的两根导线平行架设时，也会产生磁场干扰，如图8-4所示。

如果导线1为承载着10kV·A，220V的交流输电线，导线2为与之相距1m并平行走线10m的信号线，两线之间的互感 M 会使信号线上感应到的干扰电压 U_n 高达几十毫伏。如果导线2是连接热电偶的信号线，那么这几十毫伏的干扰噪声足以淹没热电偶传感器的有用信号。

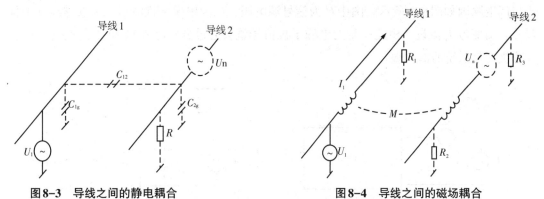

图8-3 导线之间的静电耦合　　　　　图8-4 导线之间的磁场耦合

（3）公共阻抗耦合

公共阻抗耦合发生在两个电路的电流流经一个公共阻抗时，一个电路在该阻抗上的电压降会影响到另一个电路，从而产生干扰噪声的影响。图8-5所示为一个公共电源线的阻抗耦合示意图。

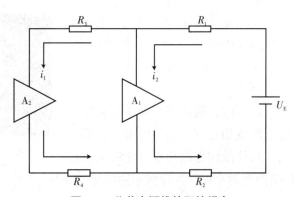

图8-5 公共电源线的阻抗耦合

在一块印制电路板上，运算放大器 A_1 和 A_2 是两个独立的回路，但都接入一个公共电源，电源回流线的等效电阻 R_1 和 R_2 是两个回路的公共阻抗。当回路电流 i_1 变化时，在 R_1 和 R_2 上产生的电压降变化就会影响到另一个回路电流 i_2；反之，也是如此。

8.2 硬件抗干扰措施

了解了干扰的来源与传播途径，就可以采取相应的抗干扰措施。在硬件抗干扰措施中，除了按照干扰的3种主要作用方式——串模、共模及长线传输干扰——来分别考虑外，还要从布线、电源、接地等方面考虑。

8.2.1 串模干扰的抑制

串模干扰是指叠加在测信号上的干扰噪声，即干扰源串联在信号源回路中。其表现形式与产生原因如图8-6所示。图中U_s为信号源电压，U_n为串模干扰电压，邻近导线（干扰线）有交变电I_a流过，由此产生的电磁干扰信号就会通过分布电容C_1和C_2的耦合，引至计算机控制系统的输入端。

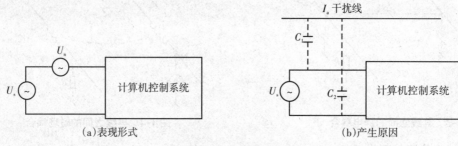

图8-6　串模干扰

对串模干扰的抑制较为困难，因为干扰U_n直接与信号U_s串联。目前，常采用双绞线与滤波器两种措施。

（1）双绞线做信号引线

双绞线由两根互相绝缘的导线扭绞缠绕组成，为了增强抗干扰能力，可在双绞线的外面加金属编织物或护套，形成屏蔽双绞线，图8-7给出了带有屏蔽护套的多股双绞线实物图。

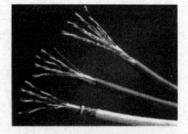

图8-7　双绞线示意图

采用双绞线作信号线的目的，就是因为外界电磁场会在双绞线相邻的小环路上形成相反方向的感应电势，从而互相抵消减弱干扰作用。双绞线相邻的扭绞处之间为双绞线的节距，双绞线不同节距会对串模干扰起到不同的抑制效果：节距越小，干扰的衰减比越大，抑制干扰的屏蔽效果越好，如表8-1所列。

表8-1　　　　　　　　　　　　双绞线节距对串模干扰的抑制效果

节距/mm	干扰衰减比	屏蔽效果/dB
25	141：1	43
50	112：1	41

续表8-1

节距/mm	干扰衰减比	屏蔽效果/dB
75	71：1	37
100	14：1	23
平行线	1：1	0

双绞线可用来传输模拟信号和数字信号，用于点对点连接和多点连接应用场合，传输距离为几千米，数据传输速率可达2MBit/s。

（2）引入滤波电路

采用硬件滤波器抑制串模干扰是一种常用的方法。根据串模干扰频率与被测信号频率的分布特性，可以选用具有低通、高通、带通等滤波器。其中，如果干扰频率比被测信号频率高，则选用低通滤波器；如果干扰频率比被测信号频率低，则选用高通滤波器；当干扰频率落在被测信号频率的两侧时，则需用带通滤波器。一般采用电阻R、电容C、电感L等无源元件构成滤波器，图8-8（a）所示为在模拟量输入通道中引入的一个无源二级阻容低通滤波器，但它的缺点是对有用信号也会有较大的衰减。为了把增益与频率特性结合起来，对于小信号可以采取以反馈放大器为基础的有源滤波器，它不仅可以达到滤波效果，而且能够提高信号的增益，如图8-8（b）所示。

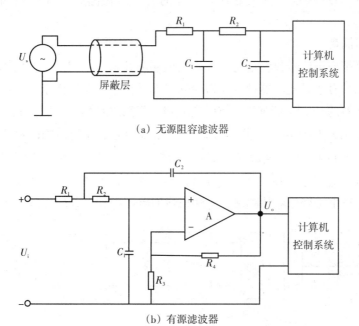

（a）无源阻容滤波器

（b）有源滤波器

图8-8 滤波电路

8.2.2 共模干扰的抑制

共模干扰是指计算机控制系统输入通道中信号放大器两个输入端上共有的干扰电压，既可以是直流电压，也可以是交流电压，其幅值达几伏甚至更高，这取决于现场产生干扰的环境条件和计算机等设备的接地情况。其表现形式与产生原因如图8-9所示。

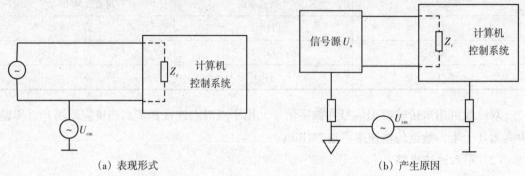

（a）表现形式 　　　　　（b）产生原因

图8-9　共模干扰

在计算机控制系统中，一般都用较长的导线把现场中的传感器或执行器引入至计算机系统的输入通道或输出通道中，这类信号传输线通常长达几十米以至上百米，这样，现场信号的参考接地点与计算机系统输入或输出通道的参考接地点之间存在一个电位差 U_{cm}。这个 U_{cm} 是加在放大器输入端上共有的干扰电压，故称为共模干扰电压。

既然共模干扰产生的原因是不同"地"之间存在的电压，以及模拟信号系统对地的漏阻抗，那么，共模干扰电压的抑制就应当是有效地隔离两个地之间的电联系，以及采用被测信号的双端差动输入方式。具体的有变压器隔离、光电隔离与浮地屏蔽3种措施。

（1）变压器隔离

利用变压器把现场信号源的地与计算机的地隔离开来，也就是把"模拟地"与"数字地"断开。被测信号通过变压器耦合获得通路，而共模干扰电压由于不成回路而得到有效的抑制。需要注意的是，隔离前和隔离后应分别采用两组互相独立的电源，以切断两部分的地线联系，如图8-10所示。被测信号 U_s 经双绞线引到输入通道中的放大器，放大后的直流信号 U_{s1} 先通过调制器变换成交流信号，经隔离变压器T由原边传输到副边，再用解调器将它变换为直流信号，并对其进行 A/D 转换。这样，被测信号通过变压器的耦合获得通路，而共模电压由于变压器的隔离，无法形成回路而得到有效的抑制。

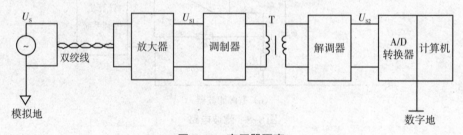

图8-10　变压器隔离

（2）光电隔离

光电耦合隔离器是目前计算机控制系统中最常用的一种抗干扰方法。利用光耦隔离器的开关特性，可传送数字信号而隔离电磁干扰，即在数字信号通道中进行隔离。光耦隔离器不仅把开关状态送至主机数据口，而且实现了外部与计算机的完全电隔离；光耦隔离器不仅把CPU的控制数据信号输出到外部的继电器，而且能实现计算机与外部的完全电隔离。

其实，在模拟量输入/输出通道中，也主要应用这种数字信号通道的隔离方法，即在A/D转换器与CPU或CPU与D/A转换器的数字信号之间插入光耦隔离器，以进行数据信号和控制信号的耦合传送，如图8-11所示。图8-11（a）所示是在A/D转换器与CPU接口之间8根数据线上都各插接一个光耦隔离器［图8-11（a）中只画出了一个］，不仅照样无误地传送数字信号，而且实现了A/D转换器及其模拟量输入通道与计算机的完全电隔离；图8-11（b）所示是在CPU与D/A转换器接口之间8根数据线上各插接一个光耦隔离器［图8-11（b）中也只画出了一个］，不仅照样无误地传送数字信号，而且实现了计算机与D/A转换器及其模拟量输出通道的完全电隔离。

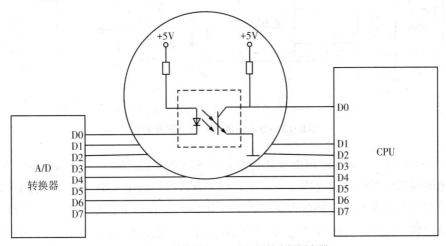

（a）在A/D转换器与CPU之间插接光耦隔离器

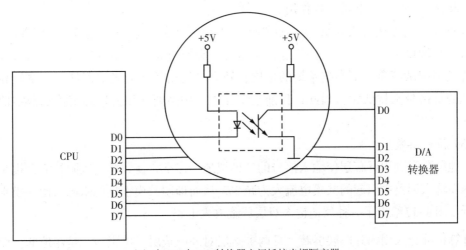

（b）在CPU与D/A转换器之间插接光耦隔离器

图8-11　光耦隔离器的数字信号隔离

利用光耦隔离器的线性放大区，也可传送模拟信号而隔离电磁干扰，即在模拟信号通道中进行隔离。例如，在现场传感器与 A/D 转换器或 D/A 转换器与现场执行器之间的模拟信号的线性传送，如图 8-12 所示。

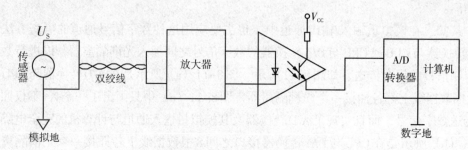

（a）在传感器与 A/D 转换器之间插接光耦隔离器

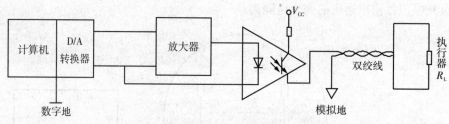

（b）在 D/A 转换器与执行器之间插接光耦隔离器

图 8-12　光耦隔离器的模拟信号隔离

在图 8-12（a）中输入通道的现场传感器与 A/D 转换器之间，光耦隔离器一方面把放大器输出的模拟信号线性地光耦（或放大）到 A/D 转换器的输入端，另一方面又切断了现场模拟地与计算机数字地之间的联系，起到了很好的抗共模干扰作用。在图 8-12（b）中输出通道的 D/A 转换器与执行器之间，光耦隔离器一方面把放大器输出的模拟信号线性地光耦（或放大）输出到现场执行器，另一方面又切断了计算机数字地与现场模拟地之间的联系，起到了很好的抗共模干扰作用。

这两种隔离方法各有优缺点。模拟信号隔离方法的优点是使用少量的光耦，成本低；缺点是调试困难，如果光耦挑选得不合适，会影响系统的精度。而数字信号隔离方法的优点是调试简单，不影响系统的精度；缺点是使用较多的光耦器件，成本较高。但因光耦的价格越来越低廉，因此，目前在实际工程中主要使用光耦隔离器的数字信号隔离方法。

（3）浮地屏蔽

浮地屏蔽是利用屏蔽层使输入信号的"模拟地"浮空，使共模输入阻抗大为提高，共模电压在输入回路中引起的共模电流大为减少，从而抑制共模干扰的来源，使共模干扰降至很低。图 8-13 给出了一种浮地输入双层屏蔽放大电路。

计算机部分采用内外两层屏蔽，且内屏蔽层对外屏蔽层（机壳地）是浮地的，而内层与信号源及信号线屏蔽层是在信号端单点接地的，被测信号到控制系统中的放大器采用双端差动输入方式。在图 8-13 中，Z_{s1}，Z_{s2} 为信号源内阻及信号引线电阻，Z_{s3} 为信号线的屏蔽电阻，它们至多只有十几欧姆，Z_{c1}、Z_{c2} 为放大器输入端对内屏蔽层的漏阻抗，为

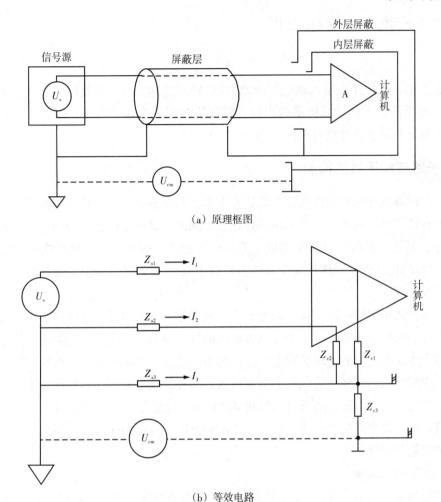

（a）原理框图

（b）等效电路

图8-13　浮地输入双层屏蔽放大电路

内屏蔽层与外屏蔽层之间的漏阻抗。在工程设计中，Z_{c1}、Z_{c2}、Z_{s3} 应达到数十兆欧以上，这样，模拟地与数字地之间的共模电压 U_{cm} 就不会直接引入放大器，而是先经 Z_{s3} 和 Z_{c3} 产生共模电流 I_3。由于 I_3 很小，故 Z_{s3} 在其上的压降也很小，可以把它看成一个受到抑制的新的共模干扰源 U_{n1}，即

$$U_{n1} = U_{s3} = U_{cm}\frac{Z_{s3}}{Z_{s3} + Z_{s3}}$$

因为 $Z_{c3} \gg Z_{s3}$，所以

$$U_{n1} \approx U_{cm}\frac{Z_{s3}}{Z_{c3}}$$

而 U_{n1} 又通过 Z_{s1}、Z_{c1} 和 Z_{s2}、Z_{c2} 分别形成两个回路，分别产生共模电流 I_1 和 I_2，并在 U_{s1} 和 U_{s2} 上产生干扰电压，这时放大器输入端间所受到的共模电压的影响 U_{n2} 即为 U_{s1} 和 U_{s2} 之差值，即

$$U_{n2} = U_{s1} - U_{s2} = U_{n1}\left(\frac{Z_{s1}}{Z_{s1} + Z_{c1}} - \frac{Z_{s2}}{Z_{s2} - Z_{c2}}\right) = U_{cm}\frac{Z_{s3}}{Z_{c3}}\left(\frac{Z_{s1}}{Z_{s1} + Z_{c1}}\right)$$

因为 $Z_{c1} \gg Z_{s1}$，$Z_{c2} \gg Z_{s2}$，所以

$$U_{n2} \approx U_{cm} \frac{Z_{s3}}{Z_{c3}} \left(\frac{Z_{s1}}{Z_{c1}} - \frac{Z_{s2}}{Z_{c2}} \right)$$

由此可见，这种浮地输入双层屏蔽放大电路的共模电压 U_{cm} 经过两次抑制，大约衰减到 $1/10^6$，余下的进入到计算机系统内的共模电压在理论上几乎为零。因此，这种浮地屏蔽系统对抑制共模干扰是很有效的。

8.2.3　长线传输干扰的抑制

由生产现场到计算机的连线往往长达几十米，甚至数百米，即使在中央控制室内，各种连线也有几米到十几米。对于采用高速集成电路的计算机来说，长线的"长"是一个相对的概念，是否"长线"取决于集成电路的运算速度。例如，对于纳秒级的数字电路来说，1m左右的连线就应当作长线来看待；而对于10μs级的电路来说，几米长的连线才需要当作长线处理。

信号在长线中传输，除了会受到外界干扰和引起信号延迟外，还可能会产生波反射现象。当信号在长线中传输时，由于受到传输线的分布电容和分布电感的影响，信号会在传输线内部产生正向前进的电压波和电流波，称为入射波。如果传输线的终端阻抗与传输线的阻抗不匹配，入射波到达终端时会引起反射；同样，反射波到达传输线始端时，如果始端阻抗不匹配，又会引起新的反射。如此多次反射，使信号波形严重地畸变。

显然，采用终端阻抗匹配或始端阻抗匹配的方法，可以消除长线传输中的波反射或者把它抑制到最低限度。

（1）波阻抗的测量

为了进行阻抗匹配，必须事先知道信号传输线的波阻抗 R_p，波阻抗 R_p 的测量如图8-14所示。图8-14中的信号传输线为双绞线，在传输线始端通过与非门加入标准信号，用示波器观察门A的输出波形，调节传输线终端的可变电阻 R，当门A输出的波形不畸变时，即传输线的波阻抗与终端阻抗完全匹配，反射波完全消失，这时的 R 值就是该传输线的波阻抗，即 $R_p = R$。

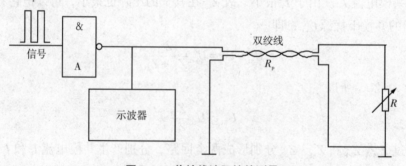

图8-14　传输线波阻抗的测量

为了避免外界干扰的影响，在计算机中，常常采用双绞线和同轴电缆作为信号线。双绞线的波阻抗一般为 $100 \sim 200\Omega$，绞花越密，波阻抗越低。同轴电缆的波阻抗在 $50 \sim 100\Omega$。根据传输线的基本理论，无损耗导线的波阻化为

$$R_{\mathrm{p}} = \sqrt{\frac{L_0}{C_0}}$$

式中， L_0——单位长度的电感，H；

　　　 C_0——单位长度的电容，F。

（2）终端阻抗匹配

最简单的终端阻抗匹配方法如图8-15（a）所示。如果传输线的波阻抗是R_P，那么当$R = R_P$时，便实现了终端匹配，消除了波反射。此时，终端波形和始端波形的形状一致，只是时间上迟后。由于终端电阻变低，则加大负载，使波形的高电平下降，从而降低了高电平的抗干扰能力，但对波形的低电平没有影响。

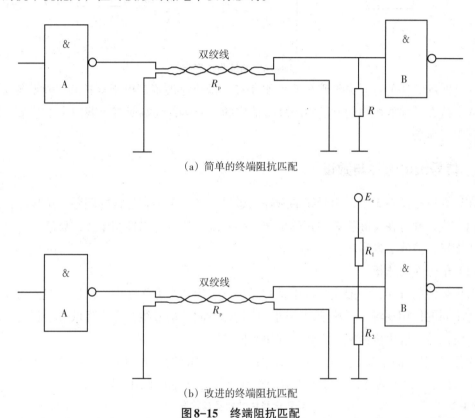

（a）简单的终端阻抗匹配

（b）改进的终端阻抗匹配

图8-15　终端阻抗匹配

为了克服上述匹配方法的缺点，可采用图8-15（b）所示的终端匹配方法。其等效电阻

$$R = \frac{R_1 R_2}{R_1 + R_2}$$

适当调整R_1和R_2的数值，可使$R = R_{\mathrm{p}}$。这种匹配方法也能消除波反射，优点是波形的高电平下降较少，缺点是低电平抬高，从而降低了低电平的抗干扰能力。为了同时兼顾高电平和低电平两种情况，可选取$R_1 = R_2 = R_{\mathrm{p}}$，此时等效电阻$R = R_{\mathrm{p}}$。在实践中，宁可使高电平降低得稍多一些，而让低电平抬高得少一些，可通过适当选取电阻R_1和R_{p}，并使$R_1 > R_2$来达到此目的。当然，还要保证等效电阻$R = R_{\mathrm{p}}$。

（3）始端阻抗匹配

在传输线始端串入电阻 R，如图 8-16 所示，也能基本上消除反射，达到改善波形的目的。一般选择始端匹配电阻

$$R = R_p - R_{sc}$$

式中，R_{sc}——门 A 输出低电平时的输出阻抗。

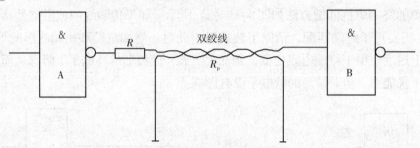

图 8-16　始端阻抗匹配

这种匹配方法的优点是波形的高电平不变，缺点是波形低电平会抬高。这是终端门 B 的输入电流在始端匹配电阻 R 上的压降所造成的。显然，终端所带负载门个数越多，低电平抬高得越显著。

8.2.4　信号线的选择与敷设

在计算机控制系统中，信号线的选择与敷设也是一个不容忽视的问题。如果能合理地选择信号线，并且在实际施工中正确地敷设信号线，那么可以抑制干扰；反之，将会给系统引入干扰，造成不良影响。

（1）信号线的选择

对信号线的选择，一般应从抗干扰和经济、实用几个方面考虑，而抗干扰能力应放在首位。不同的使用现场，干扰情况不同，应选择不同的信号线。在不降低抗干扰能力的条件下，应该尽量选用价钱便宜、敷设方便的信号线。

①信号线类型的选择。在精度要求高、干扰严重的场合，应当采用屏蔽信号线。表8-2 列出了几种常用的屏蔽信号线的结构类型及其对干扰的抑制效果。

表 8-2　　　　　　　　　　　　　　　　　　屏蔽信号线性能及其效果

屏蔽结构	干扰衰减比	屏蔽效果 / dB	备注
铜网（密度 85%）	103：1	40.3	电缆的可烧性好，适合近距离使用
铜带叠卷（密度 90%）	376：1	51.5	带有焊药，易接地，通用性好
铝聚酯树脂带叠卷	6610：1	76.4	应使用电缆沟，抗干扰效果好

有屏蔽层的塑料电缆是按照抗干扰原理设计的，几十对信号在同一电缆中也不会互相干扰。屏蔽双绞线与屏蔽电缆相比，性能稍差，但波阻抗高、体积小、可挠性好、装配焊接方便，特别适用于互补信号的传输。双绞线之间的串模干扰小，价格低廉，是计算机实时控制系统常用的传输介质。

②信号线粗细的选择。从信号线价格、强度及施工方便等因素出发，信号线的截面积在 $2mm^2$ 以下为宜，一般采用 $1.55mm^2$ 和 $1.0mm^2$ 两种。采用多股线电缆较好，其优点是

可挠性好，适宜于电缆沟有拐角和狭窄的地方。

（2）信号线敷设

选择了合适的信号线，还必须合理地敷设。否则，不仅达不到抗干扰的效果，反而会引进干扰。信号线的敷设要注意以下事项。

① 模拟信号线与数字信号线不能合用同一根电缆，要绝对避免信号线与电源线合用同一根电缆。

② 屏蔽信号线的屏蔽层要一端接地，同时要避免多点接地。

③ 信号线敷设要尽量远离干扰源，如避免敷设在大容量变压器、电动机等电器设备附近。如果有条件，应将信号线单独穿管配线，在电缆沟内从上到下依次架设信号电缆、直流电源电缆、交流低压电缆、交流高压电缆。表8-3所列为信号线和交流电力线之间的最小间距，供布线时参考。

表8-3　　　　　　　　　　　信号线和交流电力线之间的最小间距

电力线容量		信号线和交流电力线之间的最小间距/cm
信号线电压/V	交流电力线电压/V	
125	10	12
250	50	18
440	200	24
5000	800	48

④ 信号电缆与电源电缆必须分开，并尽量避免平行敷设。如果现场条件有限，信号电缆与电源电缆不得不敷设在一起，则应满足以下条件。

• 电缆沟内要设置隔板，且使隔板与大地连接，如图8-17（a）所示。

• 电缆沟内用电缆架或在沟底自由敷设时，信号电缆与电源电缆间距一般应在15cm以上，如图8-17（b）和（c）所示；如果电源电缆无屏蔽，且为交流电压220V、电流10A时，两者间距应在60cm以上。

• 电源电缆使用屏蔽罩，如图8-17（d）/

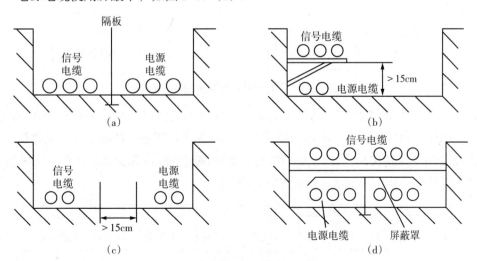

图8-17　信号线敷设

8.2.5 电源系统的抗干扰

计算机控制系统一般是由交流电网供电，电网电压与频率的波动将直接影响控制系统的可靠性与稳定性。实践表明，电源的干扰是计算机控制系统的一个主要干扰，抑制这种干扰的主要措施有以下几个方面。

（1）交流电源系统

理想的交流电应该是50Hz的正弦波。但事实上，负载的变动，如电动机、电焊机、鼓风机等电器设备的启停，甚至日光灯的开关，都可能造成电源电压的波动，严重时，会使电源正弦波上出现尖峰脉冲，如图8-18所示。这种尖峰脉冲的幅值可达几十伏甚至几千伏，持续时间也可达几毫秒之久，容易造成计算机"死机"，甚至损坏硬件，对于系统的威胁极大。在硬件上，可以采用以下方法加以解决。

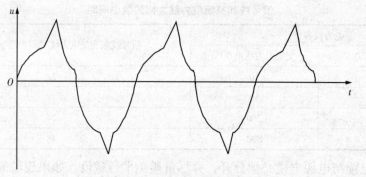

图8-18　交流电源正弦波上的尖峰脉冲

① 选用供电比较稳定的进线电源。计算机控制系统的电源进线要尽量选用比较稳定的交流电源线，至少不要将控制系统接到负载变化大、晶闸管设备多或者有高频设备的电源上。

② 利用干扰抑制器消除尖峰干扰。干扰抑制器使用简单，利用干扰抑制器消除尖峰干扰的电路如图8-19所示。干扰抑制器是一种无源四端网络，目前已有产品出售。

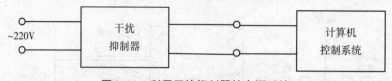

图8-19　利用干扰抑制器的电源系统

③ 采用交流稳压器稳定电网电压。计算机控制的交流供电系统一般如图8-20所示。图中交流稳压器用以抑制电网电压的波动，提高计算机控制系统的稳定性，交流稳压器能把输出波形畸变控制在5%以内，还可以对负载短路起到限流保护作用。低通滤波器能滤除电网中混杂的高频干扰信号，保证50Hz波通过。

图8-20　一般交流供电系统

④ 利用不间断电源（UPS）保证不间断供电。电网瞬间断电或电压突然下降等掉电事件会使计算机系统陷入混乱状态，是可能产生严重事故的恶性干扰。对于要求更高的计算机控制系统，可以采用不间断电源（UPS）向系统供电，如图8-21所示。在正常情况下，由交流电网通过交流稳压器、切换开关、直流稳压器供电至计算机系统；同时交流电网也给电池组充电。所有的UPS设备都装有一个或一组电池和传感器，并且也包括交流稳压设备。如果交流供电中断，系统中的断电传感器检测到断电后，就会通过控制器将供电通路在极短的时间内（3ms）切换到电池组，从而保证计算机控制系统不因停电而中断。这里，逆变器能把电池直流电压逆变到正常电压频率和幅度的交流电压，具有稳压和稳频的双重功能，提高了供电质量。

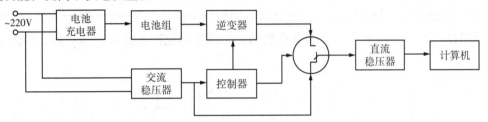

图8-21 不间断电源（UPS）供电系统

⑤ 掉电保护电路。对于没有使用UPS的计算机控制系统，为了防止掉电后RAM中的信息丢失，可以采用镍电池对RAM数据进行掉电保护。图8-22是一种某计算机系统64KB存储板所使用的掉电保护电路。当系统电源正常工作时，由外部电源+5V供电，A点电平高于备用电池（3V）电压，VD_2截止，存储器由主电源（+5V）供电。系统掉电时，A点电位低于备用电池电压，VD_1截止，VD_2导通，由备用电池向RAM供电。当系统恢复供电时，VD_1重新导通，VD_2截止，又恢复主电源供电。

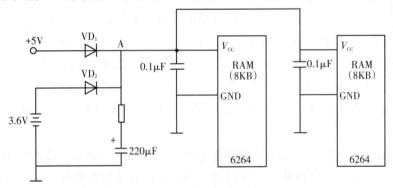

图8-22 掉电保护电路

对于没有采用镍电池进行掉电保护的一些控制系统，至少应设置电源监控电路，即硬件掉电检测电路。在掉电电压下降到CPU最低工作电压之前，应能提出中断申请（提前时间为几百微秒到数毫秒），使系统能及时对掉电作出保护反应——在掉电中断子程序中，首先进行现场保护，对当时的重要参数、中间结果以及输入、输出状态作出妥善处理，并在片内RAM中设置掉电标志。当电源恢复正常时，CPU重新复位，复位后，应首先检查是否有掉电标记。如果没有，按照一般开机程序执行，即首先初始化系统；如果有掉电标记，则说明本次复位是掉电保护之后的复位，不应将系统初始化，而应按照掉电中断子程序相反的方式恢复现场，以一种合理的安全方式使系统继续工作。上电时，电压超过 4.5V 后，经过约 200ms 的稳定时间后，RESET 信号由高电平变为低电平；掉电时，当电源电压低于 4.5V 时，RESET 信号立即变为高电平，使 CPU 响应中断申请，并转入掉电中断子程序，进行现场保护。

（2）直流电源系统

在自行研制的计算机控制系统中，无论是模拟电路，还是数字电路，都需要低压直流供电。为了进一步抑制来自电源方面的干扰，一般在直流电源侧也要采用相应的抗干扰措施。

① 交流电源变压器的屏蔽。把高压交流变成低压直流的简单方法是用交流电源变压器。因此，对电源变压器设置合理的静电屏蔽和电磁屏蔽就是一种十分有效的抗干扰措施，通常将电源变压器的一次、二次绕组分别加以屏蔽，一次绕组屏蔽层与铁芯同时接地，如图 8-23（a）所示。在要求更高的场合，可采用层间也加屏蔽的结构，如图 8-23（b）所示。

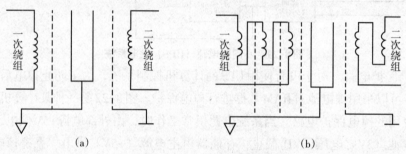

（a）   （b）

图 8-23   电源变压器的屏蔽

② 采用直流开关电源。直流开关电源是一种脉宽调制型电源，由于脉冲频率高达 20kHz，所以甩掉了传统的工频变压器，具有体积小、重量轻、效率高（大于 70%）、电网电压变化范围大［(−20% ~ 10%)×220V］、电网电压变化时不会输出过电压或欠电压、输出电压保持时间长等优点。开关电源初级、次级之间具有较好的隔离，对于交流电网上的高频脉冲干扰有较强的隔离能力。

现在已有许多直流开关电源产品，一般都有几个独立的电源，如 ±5V、±12V、±24V 等。

③ 采用 DC-DC 变换器。如果系统供电电网波动较大，或者对直流电源的精度要求较高，就可以采用 DC-DC 变换器，它可以将一种电压的直流电源变换成另一种电压的直流电源，有升压型或降压型或升压/降压型。DC-DC 变换器具有体积小、性能价格比高、输入电压范围大、输出电压稳定（有的还可调）、环境温度范围广等一系列优点。

显然，采用 DC-DC 变换器，可以方便地实现电池供电，从而制造便携式或手持式计算机测控装置。

④ 为每块电路板设置独立的直流电源。当一台计算机测控系统有几块功能电路板时，为了防止板与板之间相互干扰，可以对每块板的直流电源采取分散独立的供电环境。在每块板上装一块或几块三端稳压集成块（7805、7905、7812，7912 等），组成稳压电源，每个功能板单独对电压过载进行保护，不会因为某个稳压块出现故障而使整个系统遭

到破坏，而且减少了公共阻抗的相互耦合，大大提高了供电的可靠性，也有利于电源散热。

⑤ 集成电路块的加 V_{cc} 旁路电容。集成电路的开关高速动作时，会产生噪声，因此，无论电源装置提供的电压多么稳定，V_{cc} 和 GND 端也会产生噪声。为了降低集成电路的开关噪声，在印制线路板上的每一块 IC 上都接入高频特性好的旁路电容，将开关电流经过的线路局限在板内一个极小的范围内。旁路电容可以采用 $0.01 \sim 0.1\mu F$ 陶瓷电容器，旁路电容器的引线要短而且紧靠需要旁路的集成器件的 V_{cc} 或 GND 端，否则毫无意义。

8.2.6 接地系统的抗干扰

广义的接地包含两方面的意思，即接实地和接虚地。接实地指的是与大地连接，接虚地指的是与电位基准点连接。当这个基准点与大地电气绝缘时，则称为浮地连接。正确合理的接地技术对计算机控制系统极为重要。接地的目的有两个：一是保证控制系统稳定可靠地运行，防止地环路引起干扰，常称为工作接地；二是避免操作人员因设备的绝缘损坏或下降遭受触电危险和保证设备安全，这称为保护接地。本节主要讨论工作接地技术。

在计算机控制系统中，大致有以下几种地线：模拟地、数字地、信号地、系统地、交流地和保护地。

模拟地作为传感器、变送器、放大器、A/D 转换器和 D/A 转换器中模拟电路的零电位。模拟信号有精度要求，它的信号比较小，而且与生产现场连接。有时，为区别远距离传感器的弱信号地与主机的模拟地的关系，把传感器的地又叫作信号地。

数字地作为计算机各种数字电路的零电位，应该与模拟地分开，避免模拟信号受数字脉冲的干扰。

系统地是上述几种地的最终回流点，直接与大地相连，作为基准零电位。

交流地是计算机交流供电的动力线地或称零线，它的零电位很不稳定。在交流地上任意两点之间往往就有几伏乃至几十伏的电位差存在。另外，交流地也容易带来各种干扰。因此，交流地绝不允许与上述几种地相连，而且交流电源变压器的绝缘性能要好，绝对避免漏电现象。

保护地也叫安全地、机壳地或屏蔽地，目的是使设备机壳与大地等电位，以避免机壳带电，影响人身及设备安全。

以上地线如何处理，是接地还是浮地？是一点接地还是多点接地？这些是实时控制系统设计、安装、调试中的重要问题。

（1）单点接地与多点接地

由接地理论分析，低频电路应单点接地，这主要是避免形成产生干扰的地环路；高频电路应该就近多点接地，这主要是避免"长线传输"引入干扰。一般来说，当频率低于 1MHz 时，采用单点接地方式为好；当频率高于 10MHz 时，采用多点接地方式为好；而在 $1 \sim 10MHz$ 之间，如果采用单点接地，其地线长度不得超过波长的 1/20，否则应采用多点接地方式。在工业控制系统中，信号频率大多小于 1MHz，所以通常采用单点接地方式，如图8-24所示。

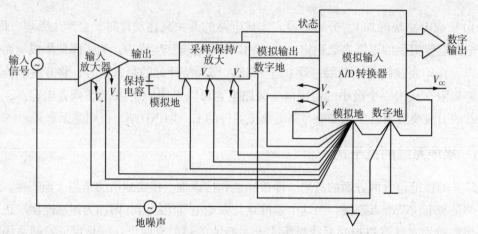

图8-24　单点接地方式

（2）分别回流法单点接地

在计算机控制系统中，各种"地"一般应采用分别回流法单点接地。模拟地、数字地、安全地的分别回流法如图8-25所示。汇流条由多层铜导体构成，截面呈矩形，各层之间有绝缘层。采用多层汇流条，以减少自感，可减少干扰的窜入途径。在稍考究的系统中，分别使用横向汇流条及纵向汇流条，机柜内各层机架之间分别设置汇流条，以最大限度地减小公共阻抗的影响。在空间，将数字地汇流条与模拟地汇流条间隔开，以避免通过汇流条间电容产生耦合。安全地（机壳地）始终与模拟地和数字地隔离开。这些"地"之间只是在最后才汇聚于一点，而且常常通过铜接地板交汇，然后用截面积不小于30mm^{2}的多股软铜线焊接在接地板上，深埋地下。

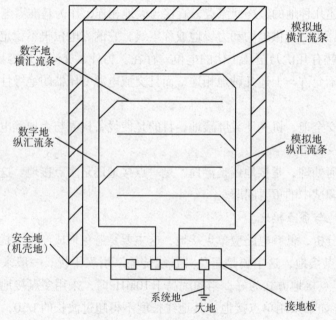

图8-25　单点回流法接地方式

（3）输入系统的接地

在计算机控制输入系统中，传感器、变送器和放大器通常采用屏蔽罩，而信号的传送往往使用屏蔽线。对于屏蔽层的接地要慎重，也应遵守单点接地原则。输入信号源有接地和浮地两种情况，接地电路也有两种情况。在图8-26（a）中，信号源端接地，而接收端放大器浮地，则屏蔽层应在信号源端接地（A点）。而图8-26（b）却相反，信号源浮地，接收端接地，则屏蔽层应在接收端接地（B点）。这样，单点接地是为了避免在屏蔽层与地之间的回路电流，从而通过屏蔽层与信号线间的电容产生对信号线的干扰。一般输入信号比较小，而模拟信号又容易接受干扰。因此，对输入系统的接地和屏蔽应格外重视。

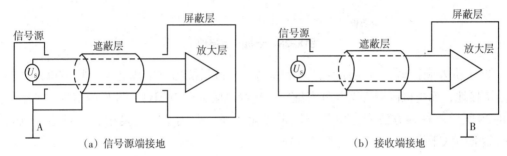

（a）信号源端接地　　　　　　　　　　　　　（b）接收端接地

图8-26　输入系统接地模式

高增益放大器常常用金属罩屏蔽起来，但屏蔽罩的接地也要合理，否则将引起干扰。放大器与屏蔽罩间存在寄生电容，如图8-27（a）所示。由图8-27（b）的等效电路可以看出，寄生电容 C_1 和 C_2 使放大器的输出端到输入端有一反馈通路，如不将此反馈消除，放大器可能产生振荡。解决的办法是将屏蔽罩接到放大器的公共端，如图8-27（c）所示。这样，便将寄生电容短路了，从而消除了反馈通路。

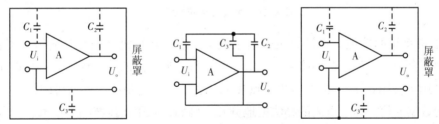

图8-27　放大器公共端接屏蔽罩

（4）印制电路板的地线分布

设计印制电路板应遵守下列原则，以免系统内部地线产生干扰。

① TTL、CMOS器件的地线要呈辐射状，不能形成环形。

② 印制电路板上的地线要根据通过的电流大小决定其宽度，不要小于3mm，在可能的情况下，地线越宽越好。

③ 旁路电容的地线不能长，应尽量缩短。

④ 大电流的零电位地线应尽量宽，而且必须与小信号的地分开。

（5）主机系统的接地

计算机本身接地，同样是为了防止干扰，提高可靠性。下面介绍3种主机接地方式。

① 全机一点接地。计算机控制系统的主机架内采用图8-25所示的分别回流法接地方式。主机地与外部设备地的连接采用一点接地，如图8-28所示。为了避免多点接地，各机柜用绝缘板垫起来。这种接地方式安全可靠，有一定的抗干扰能力，一般接地电阻选为4~10Ω，接地电阻越小越好，但接地电阻越小，接地极的施工就越困难。

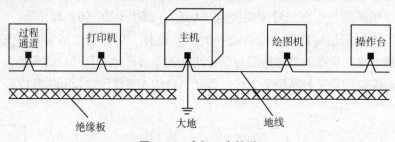

图8-28　全机一点接地

② 主机外壳接地，机芯浮空。为了提高计算机系统的抗干扰能力，将主机外壳作为屏蔽罩接地，而把机内器件架与外壳绝缘，绝缘电阻大于50MΩ，即机内信号地浮空，如图8-29所示。这种方法安全可靠、抗干扰能力强，但制造工艺复杂，一旦绝缘电阻降低，就会引入干扰。

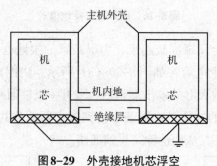

图8-29　外壳接地机芯浮空

③ 多机系统的接地。在计算机网络系统中，多台计算机之间相互通信，资源共享。如果接地不合理，将使整个网络系统无法正常工作。近距离的几台计算机安装在同一机房内，可采用类似图8-28那样的多机一点接地方法。对于远距离的计算机网络，多台计算机之间的数据通信，通过隔离的办法把地分开。例如，采用变压器隔离技术、光电隔离技术或无线通信技术。

8.3　软件抗干扰措施

介绍了这么多的硬件电路抗干扰措施，再来看看软件上有哪些好的措施。

首先是在控制系统的输入/输出通道中，采用某种计算方法，对通道的信号进行数字处理，以削弱或滤除干扰噪声。这是一种廉价而有效的软件程序滤波，在控制系统中被广泛采用。

对于那些可能穿过通道而进入CPU的干扰，可采取指令冗余、软件陷阱和程序运行监视等措施来使CPU恢复正常工作。

8.3.1 指令冗余技术

当计算机系统受到外界干扰时，破坏了CPU正常的工作时序，可能造成程序计数器PC的值发生改变，跳转到随机的程序存储区。当程序跑飞到某一单字节指令上，程序便自动纳入正轨；当程序跑飞到某一双字节指令上，有可能落到其操作数上，则CPU会误将操作数当成操作码执行；当程序跑飞到三字节指令上，因为它有两个操作数，出错的概率会更大。

为了解决这一问题，可在程序中人为地插入一些空操作指令NOP或将有效的单字节指令重复书写，此即指令冗余技术。由于空操作指令为单字节指令，且对计算机的工作状态无任何影响，这样，就会使失控的程序在遇到该指令后，能够调整其PC值至正确的轨道，使后续的指令得以正确的执行。

但不能在程序中加入太多的冗余指令，以免降低程序正常运行的效率。一般是在对程序流向起决定作用的指令之前和影响系统工作状态的重要指令之前插入两三条NOP指令，还可以每隔一定数目的指令插入NOP指令，以保证跑飞的程序迅速纳入正确轨道。

指令冗余技术可以减少程序出现错误跳转的次数，但不能保证在失控期间不干坏事，更不能保证程序纳入正常轨道后就太平无事了。解决这个问题还必须采用软件容错技术，使系统的误动作减少，并消灭重大误动作。

8.3.2 软件陷阱技术

指令冗余使跑飞的程序安定下来是有条件的。首先，跑飞的程序必须落到程序区，其次，必须执行到冗余指令。当跑飞的程序落到非程序区（如EPROM中未使用的空间、程序中的数据表格区）时，对此情况采取的措施就是设立软件陷阱。

软件陷阱就是在非程序区设置拦截措施，使程序进入陷阱，即通过一条引导指令，强行将跑飞的程序引向一个指定的地址，在那里有一段专门对程序出错进行处理的程序。如果把这段程序的入口标号称为ERROR，软件陷阱即为一条JMP ERROR指令。为加强其捕捉效果，一般还在它前面加上两条NOP指令，因此，真正的软件陷阱是由3条指令构成的：

NOP

NOP

JMP ERROR

软件陷阱安排在以下4种地方：未使用的中断向量区、未使用的大片ROM空间、程序中的数据表格区和程序区中一些指令串中间的断裂点处。

由于软件陷阱都被安排在正常程序执行不到的地方，故不影响程序的执行效率，在当前EPROM容量不成问题的条件下，还应多多安插软件陷阱指令。

8.4 程序运行监视系统

工业现场难免会出现瞬间的尖峰高能脉冲干扰，可能会长驱直入地作用到CPU芯片上，使正在执行的程序跑飞到一个临时构成的死循环中，这时候的指令冗余和软件陷阱技术也无能为力，系统将完全瘫痪。此时，必须强制系统复位，摆脱死循环。由于操作者不可能一直监视系统，因此，需要一个独立于CPU之外的监视系统，在程序陷入死循环时，能及时发现并自动复位系统，这就是看守大门作用的程序运行监视系统，国外称为"Watchdog Timer"，即看门狗定时器或看门狗。

8.4.1 Watchdog Timer工作原理

为了保证程序运行监视系统的可靠性，监视系统中必须包括一定的硬件部分，且应完全独立于CPU之外，但又要与CPU时时刻刻保持联系。因此，程序运行监视系统是硬件电路与软件程序的巧妙结合。图8-30给出了Watchdog Timer的工作原理。

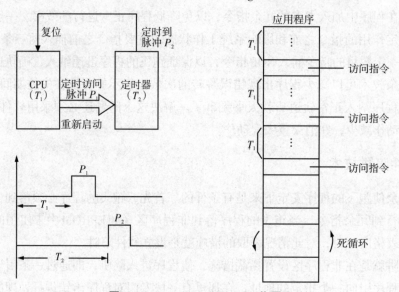

图8-30　Watchdog Timer工作原理

CPU可设计成由程序确定的定时器1，看门狗被设计成另一个定时器2，它的计时启动将因CPU的定时访问脉冲 P_1 的到来而重新开始，定时器2的定时到脉冲 P_2 连到CPU的复位端。两个定时周期必须是 $T_1 < T_2$，T_1 就是CPU定时访问定时器2的周期，也就是在CPU执行的应用程序中每隔 T_1 时间安插一条访问指令。

在正常情况下，CPU每隔 T_1 时间便会定时访问定时器2，从而使定时2重新开始计时，不会产生溢出脉冲 P_2；一旦CPU受到干扰，陷入死循环，便不能及时访问定时器2，那么定时器2会在时间到达时产生定时溢出脉冲 P_2，从而引起CPU的复位，自动恢复系统的正常运行程序。

8.4.2 Watchdog Timer实现方法

以前的Watchdog Timer硬件部分由单稳电路或自带脉冲源的计数器构成，一是电路有些复杂，二是可靠性有些问题。美国Xicor公司生产的X5045芯片，集看门狗、电源监测、EEP-ROM、上电复位4种功能为一体，使用该器件，将大大简化系统的结构，并提高系统的性能。

如图 8-31 所示，X5045 只有 8 根引脚，具体说明如下。

SCK：串行时钟。

SO：串行输出，时钟 SCK 的下降沿同步输出数据。

SI：串行输入，时钟 SCK 的上升沿锁存数据。

CS：片选信号，低电平时 X5045 工作，变为高电平时，将使看门狗定时器重新开始计时。

WP：写保护，低电平时，写操作被禁止；高电平时，所有功能正常。

RESET：复位，高电平有效。用于电源检测和看门狗超时输出。

V_{ss}：地。

V_{cc}：电源电压。

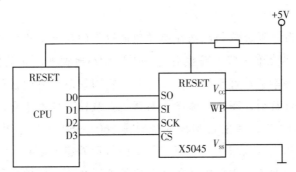

图 8-31 X5054 与 CPU 的接口电路

它与 CPU 的接口电路很简单，X5045 的信号线 SO、SI、SCK、$\overline{CS}$ 与 CPU 的数据线 D_0 ~ D_3 相连，用软件控制引脚的读（SO）、写（SI）及选通（$\overline{CS}$）。X5045 的引脚 RESET 与 CPU 的复位端 RESET 相连，利用访问程序造成引脚上的信号变化，就算访问了一次 X5045。

当 CPU 正常工作时，每隔一定时间（小于 X5045 的定时时间）运行一次这个访问程序，X5045 就不会产生溢出脉冲。一旦 CPU 陷入死循环，不再执行该程序，也即不对 X5045 进行访问，则 X5045 就会在 RESET 端输出宽度为 100 ~ 400ms 的正脉冲，足以使 CPU 复位。

这里，X5045 中的看门狗对 CPU 提供了完全独立的保护系统，它提供了 3 种定时时间：200ms、600ms 和 1.4s，可以用于编程选择。

思考题

8-1 干扰的作用途径是什么？

8-2 什么是共模干扰和串模干扰？如何抑制？

8-3 数字滤波与模拟滤波相比有什么特点？

8-4 常用的数字滤波方法有几种？它们各有什么特点？

8-5 算术平均值滤波、加权平均值滤波以及滑动平均滤波三者的区别是什么？

8-6 计算机控制系统的常用接地方法是什么？

8-7 微机常用的直流稳压电源由哪几部分组成？各部分的作用是什么？

第9章 计算机控制系统设计与实现

【本章重点】
- 计算机控制系统设计原则与步骤；
- 计算机控制系统的硬件实现与软件实现；
- 计算机控制系统实际应用。

【课程思政】

中国高铁展示了改革开放以来我国在交通领域取得的巨大变化，增强青年学子对中国梦的憧憬。我国是世界上唯一实现高铁时速350千米/小时商业运营的国家，"坐着高铁看中国"已经成为老百姓享受美好生活的真实写照。我国铁路自主创新取得重大成果，总体技术水平迈入世界先进行列，高速、高原、高寒、重载铁路技术达到世界领先水平，智能高铁技术全面实现自主化，目前已形成涵盖时速160~350千米/小时速度等级的"复兴号"系列动车组车型体系。从"依样画葫芦"到引领世界高铁发展，在这一征途中，中国的无数科学家、工程师开拓求索，筚路蓝缕，凭借着不屈不挠的意志和变不可能为可能的勇气，努力学习技术并积极开拓未知领域，这才有了今天的伟大成就。

计算机控制系统设计涉及的内容相当广泛，它是综合运用各种知识的过程，不仅需要计算机控制理论、电子技术等方面的知识，而且需要系统设计人员具有一定的生产工艺方面的知识。本章讲述计算机控制系统设计原则和一般步骤，并介绍几个具有代表性的设计实例。

9.1 系统设计原则与步骤

尽管计算机控制的生产过程多种多样，且系统的设计方案和具体技术指标千变万化，但在计算机控制系统设计与实现过程中，设计原则与步骤基本相同。

9.1.1 系统设计原则

（1）安全可靠

工业控制计算机不同于一般用于科学计算或管理的计算机，它的工作环境比较恶劣，周围各种干扰随时在威胁着它的正常运行，并且所担当的控制重任又不允许它发生异常现象，因为一旦控制系统出现故障，轻者影响生产，重者造成事故，后果不堪设想。因此，在设计过程中，需要把安全可靠放在首位。

首先要选用高性能的工业控制计算机，保证在恶劣的工业环境下仍能正常运行；其次是设计可靠的控制方案，并具有各种安全保护措施，比如报警、事故预测、事故处理和不间断电源等。

为了应对计算机故障，还需要设计后备装置。对于一般的控制回路，选用手动操作为后备；对于重要的控制回路，选用常规控制仪表作为后备。这样，一旦计算机出现故障，就把后备装置切换到控制回路中去，维持生产过程的正常运行。对于特殊的控制对象，设计两台控制机，互为备用地执行任务，称为双机系统。

双机系统的工作方式一般分为备份工作方式和双工工作方式两种。在备份工作方式中，一台作为主机投入系统运行；另一台作为备份机处于通电工作状态，作为系统的热备份机。当主机出现故障时，专用程序切换装置便自动地把备份机切入系统运行，承担起主机的任务，而故障被排除后的原主机则转为备份机，处于待命状态。在双工工作方式中，两台主机并行工作，同步执行一个任务，并比较两机执行结果，如果相同，则表明正常工作；否则重复执行，再校验两机结果，以排除随机故障干扰。若经过几次重复执行与校验，两机结果仍然不同，则启动故障诊断程序，将其中一台故障机切离系统，让另一台主机继续执行。

（2）操作维护方便

操作方便表现在操作简单、直观形象和便于掌握，且不强求操作工要掌握计算机知识才能操作。也就是说，既要体现操作的先进性，又要兼顾原有的操作习惯。例如，操作工已经习惯了闭环比例积分微分控制器的面板操作，那么就设计成回路操作显示板，或在CRT画面上设计成回路操作显示画面。

维修方便体现在易于查找故障、易于排除故障，采用标准的功能模块式结构，便于更换故障模块，并在功能模块上安装工作状态指示灯和监测点，便于维修人员检查。另外，配置诊断程序，用来查找故障。

（3）实时性强

工业控制机的实时性表现在对内部和外部事件能及时地响应，并做出相应的处理，不丢失信息、不延误操作。计算机处理的事件一般分为两类：一类是定时事件，如数据的定时采集、运算控制等；另一类是随机事件，如事故、报警等。对于定时事件，系统设置时钟，保证定时处理；对于随机事件，系统设置中断，并根据故障的轻重缓急，预先分配中断级别，一旦事故发生，保证优先处理紧急故障。

（4）通用性好

计算机控制的对象千变万化，工业控制计算机的研制开发需要一定的投资和周期。一般来说，不可能为一台装置或一个生产过程研制一台专用计算机。尽管对象多种多样，但从控制功能来分析归类，仍然有共性。比如，过程控制对象的输入、输出信号统一为 $0\sim10\,mA$（DC）或 $4\sim20\,mA$（DC），可以采用单回路、串级、前馈等常规闭环比例积分微分控制。因此，系统设计时，应考虑能适应各种不同设备和各种不同控制对象，并采用积木式结构，按照控制要求，灵活构成系统。这就要求系统的通用性要好，能灵活扩充。

工业控制机的通用灵活性体现在两个方面：一是硬件模块设计采用标准总线结构（如

PC总线），配置各种通用的功能模块，以便在扩充功能时，只需增加功能模块就能实现；二是软件模块或控制算法采用标准模块结构，用户使用时不需要二次开发，只需按照要求选择各种功能模块，灵活地进行控制系统组态。

（5）经济效益高

计算机控制应该带来高的经济效益，系统设计时，要考虑性能价格比，要有市场竞争意识。经济效益表现在两个方面：一是系统设计的性能价格比要尽可能高；二是投入产出比要尽可能低。

9.1.2 系统设计步骤

计算机控制系统的设计虽然随着被控对象、控制方式和系统规模的变化而有所差异，但系统设计的基本内容和主要步骤大致相同，系统工程项目的研制可分为以下4个阶段。

（1）**工程项目与控制任务的确定阶段**

工程项目与控制任务确定，一般由甲乙双方共同工作来完成。所谓甲方，就是任务的委托方，甲方有时是直接用户，有时是本单位的上级主管部门，有时也可能是中介单位；乙方是系统工程项目的承接方。国际上，习惯称甲方为"买方"，称乙方为"卖方"。在一个计算机控制系统工程的研制过程中，对甲乙双方的关系及工作内容有所了解是很有必要的。

① 甲方提出任务委托书。在委托乙方承接系统工程项目前，甲方一定要提供正式的书面任务委托书。该委托书一定要有明确的系统技术性能指标要求，还要包含经费、计划进度和合作方式等内容。

② 乙方研究任务委托书。乙方在接到任务委托书后，要认真阅读，并逐条进行研究。含混不清、认识上有分歧和需要补充或删节的地方要逐条标出，拟订出需要进一步弄清的问题及修改意见。

③ 双方对委托书进行确认性修改。在乙方对委托书进行了认真研究之后，双方应就委托书的确认或修改事宜进行协商和讨论。为避免因行业和专业不同所带来的局限性，在讨论时，应有各方面有经验的人员参加。经过确认或修改过的委托书中不应有含义不清的词汇和条款，而且双方的任务和技术界限必须划分清楚。

④ 乙方初步进行系统总体方案设计。由于任务和经费没有落实，所以这时总体方案设计只能是粗线条的。在条件允许的情况下，应多做几个方案，以便比较。这些方案应在粗线条的前提下，尽量详细，把握的尺度是能清楚地反映出3大关键问题：技术难点、经费概算和工期。

⑤ 乙方进行方案可行性论证。方案可行性论证的目的是要估计承接该项任务的把握性，并为签订合同后的设计工作打下基础。论证的主要内容是：技术可行性、经费可行性和进度可行性。特别需要指出，对控制项目，尤其是对可测性和可控性应给予充分重视。

⑥ 签订合同书。合同书是双方达成一致意见的结果，也是双方合作的依据和凭证。合同书（或协议）包含如下内容：经过双方修改和认可的甲方"任务委托书"的全部内容，双方的任务划分和各自应承担的责任，合作方式，付款方式，进度和计划安排，验收

方式及条件，成果归属及违约的解决办法。

（2）工程项目的设计阶段

工程项目设计阶段主要包括以下内容。

① 组建项目研制小组。在签订了合同或协议后，系统研制进入设计阶段。为了完成系统设计，应首先把项目组确定下来。这个项目组应由懂得计算机硬件、软件和有控制经验的技术人员组成，还要明确分工，以便相互协调地合作。

② 系统总体方案设计。它包括系统结构、组成方式、硬件和软件的功能划分、控制策略和控制算法的确定等。系统总体方案设计要经过多次的协调和反复，最后才能形成合理的总体设计方案。总体方案要形成硬件和软件的方块图，并建立说明文档。

③ 方案论证与评审。它是对系统设计方案的把关和最终裁定。评审后，确定的方案是进行具体设计和工程实施的依据，因此，应邀请有关专家、主管领导及甲方代表参加。评审后，应重新修改总体方案，评审过的方案设计应该作为正式文件存档，原则上不应再作大的改动。

④ 硬件和软件的分别细化设计。此步骤只能在总体方案评审后进行，如果进行得太早，会造成资源浪费和返工。所谓细化设计，就是将方块图中的方块划到最底层，然后进行底层块内的结构细化设计。对于硬件设计来说，就是选购模块和设计制作专用模块；对于软件设计来说，就是将一个个模块编写成一条条程序。

⑤ 硬件和软件的分别调试。实际上，硬件和软件设计中都需边设计、边调试、边修改，往往要经过几个反复过程才能完成。

⑥ 系统组装。硬件细化设计和软件细化设计后，分别进行调试，之后就可以进行系统组装。组装是离线仿真和调试阶段的前提与必要条件。

（3）离线仿真和调试阶段

离线仿真和调试阶段流程如图9-1所示。所谓离线仿真和调试，是指在实验室而不是在工业现场进行的仿真和调试。离线仿真和调试试验后，还要进行烤机运行。烤机的目的是要在连续不停机的运行中发现问题和解决问题。

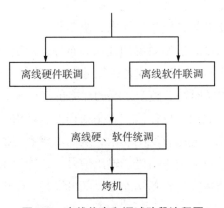

图9-1 离线仿真和调试阶段流程图

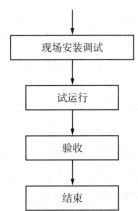

图9-2 在线调试和验收流程

（4）在线调试和运行阶段

系统离线仿真和调试后，便可进行在线调试和运行。在线调试和运行就是将系统和生产过程连接在一起，进行现场调试和运行。尽管离线仿真和调试工作非常认真、仔细，现场调试和运行仍可能出现问题，因此，必须认真分析并加以解决。系统运行正常后，可以再试运行一段时间，即可组织验收。验收是系统项目最终完成的标志，应由甲方主持、乙方参加，双方协同办理。验收完毕，应形成验收文件存档。整个流程见图9-2。

9.2 系统的工程设计与实现

一个计算机控制系统工程项目，在研制过程中，应该经过哪些步骤，应该怎样有条不紊地保证研制工作顺利进行，这是需要认真考虑的。如果步骤不清，或者每一步需要做什么不明确，就有可能引起研制过程中的混乱，甚至返工。本节详细地介绍计算机控制系统工程项目的设计步骤，实际系统工程项目的设计与实现应按照此步骤进行。本节就系统的工程设计与实现的具体问题作进一步的讨论，这些具体问题对实际工作有重要的指导意义。在进行系统设计之前，首先应该调查、分析被控对象及其工作过程，熟悉其工艺流程，并根据实际应用中存在的问题，提出具体的控制要求，确定所设计的系统应该完成的任务。最后，采用工艺图、时序图、控制流程等，描述控制过程和控制任务，确定系统应该达到的性能指标，从而形成设计任务说明书，并经使用方确认，作为整个控制系统设计的依据。

9.2.1 系统总体方案设计

设计一个性能优良的计算机控制系统，要注重对实际问题的调查。通过对生产过程的深入了解、分析，以及对工作过程和环境的熟悉，才能确定系统的控制任务，提出切实可行的系统总体设计方案。一般设计人员在调查、分析被控对象后，已经形成系统控制的基本思路或初步方案。一旦确定了控制任务，就应依据设计任务书的技术要求和已经做出的初步方案，开展系统的总体设计。下面介绍总体设计的具体内容。

（1）确定系统的性质和结构

依据合同书（或协议书）的技术要求，确定系统的性质，是数据采集处理系统，还是对象控制系统。如果是对象控制系统，还应根据系统性能指标要求，决定是采用开环控制还是采用闭环控制。根据控制要求、任务的复杂度、控制对象的地域分布等，确定整个系统是采用直接数字控制（DDC）、计算机监督控制（SCC），或者采用分布式控制，并划分各层次应该实现的功能。同时，综合考虑系统的实时性、整个系统的性能价格比等。

总体设计的方法是"黑箱"设计法。所谓"黑箱"设计法，就是根据控制要求，将完成控制任务所需的各功能单元、模块和控制对象，采用方块图表示，从而形成系统的总体框图。在这种总体框图上，只能体现各单元与模块的输入信号、输出信号、功能要求和它们之间的逻辑关系，而不知道"黑箱"的具体结构实现；各功能单元既可以是一个软件模块，也可以采用硬件电路实现。

（2）确定系统的构成方式

控制方案确定后，就可进一步确定系统的构成方式，即进行控制装置机型的选择。目前，用于工业控制的计算机装置有多种可供选择，如单片机、可编程控制器、IPC、DCS、FCS等。

在以模拟量为主的中小规模的过程控制环境下，一般应优先选择总线式IPC来构成系统；在以数字量为主的中小规模的运动控制环境下，一般优先选择PLC来构成系统。IPC或PLC具有系列化、模块化、标准化和开放式系统结构，有利于系统设计者在系统设计时，根据要求，任意选择，像搭积木般地组建系统。这种方式能够提高系统研制和开发速度，提高系统的技术水平和性能，增加可靠性。

当系统规模较小、控制回路较少时，可以采用单片机系列；对于系统规模较大、自动化水平要求高、集控制与管理于一体的系统，可选用DCS、FCS等。

(3) 现场设备选择

现场设备选择主要包含传感器、变送器和执行机构的选择。这些装置的选择是正确控制精度的重要因素之一。根据被控对象的特点，确定执行机构采用什么方案，比如是采用电机驱动、液压驱动，还是采用其他方式驱动，应对多种方案进行比较，综合考虑工作环境、性能、价格等因素，择优选用。

(4) 确定控制策略和控制算法

一般来说，在硬件系统确定后，计算机控制系统的控制效果的优劣，主要取决于采用的控制策略和控制算法是否合适。很多控制算法的选择与系统的数学模型有关，因此，建立系统的数学模型是非常必要的。

所谓数学模型，就是系统动态特性的数学表达式，它反映了系统输入、内部状态和输出之间的逻辑与数量关系，为系统的分析、综合或设计提供了依据。确定数学模型，既可以根据过程进行的机理和生产设备的具体结构，通过对物料平衡和能量平衡等关系的分析、计算予以推导计算；也可以采用现场实验测量的方法，如飞升曲线法、临界比例度法、伪随机信号法（即统计相关法）等。系统模型确定之后，即可确定控制算法。

每个特定的控制对象均有其特定的控制要求和规律，必须选择与之相适应的控制策略和控制算法；否则，就会导致系统的品质不好，甚至会出现系统不稳定、控制失败的现象。对于一般简单的生产过程，可采用PI、PID控制；对于工况复杂、工艺要求高的生产过程，可以选用比值控制、前馈控制、串级控制、自适应控制等控制策略；对于快速随动系统，可以选用最小拍无差的直接设计算法；对于具有纯滞后的对象，最好选用大林算法或Smith纯滞后补偿算法；对于随机系统，应选用随机控制算法；对于具有时变、非线性特性的控制对象，以及难以建立数学模型的控制对象，可以采用模糊控制、学习控制等智能控制算法。

(5) 硬件、软件功能的划分

在计算机控制系统中，一些功能既可以由硬件实现，也可以由软件实现，故系统设计时，要综合考虑硬件和软件功能的划分，以决定哪些功能由硬件实现、哪些功能由软件来完成。一般地，采用硬件实现时，速度比较快，可以节省CPU的大量时间，但系统比较复杂，灵活性差，价格也比较高；采用软件实现比较灵活、价格便宜，但要占用CPU更多的时间。所以，一般在CPU时间允许的情况下，尽量采用软件实现。如果系统控制回路较多、CPU任务较重，或某些软件设计比较困难，则可以考虑采用硬件完成。

（6）其他方面的考虑

在总体方案中，还应考虑人-机联系方式问题，系统的机柜或机箱的结构、抗干扰等方面的问题。

（7）系统总体方案

总体设计后，将形成系统的总体方案。总体方案确认后，要形成文件，建立总体方案文档。系统总体文件包括系统的主要功能、技术指标、原理性方框图及文字说明。

① 控制策略和控制算法，如PID控制、大林算法、Smith补偿控制、最优控制、前馈控制、解耦控制、模糊控制和最优控制等；

② 系统的硬件结构及配置，主要的软件功能、结构及框图；

③ 方案比较和选择；

④ 保证性能指标要求的技术措施；

⑤ 抗干扰和可靠性设计；

⑥ 机柜或机箱的结构设计；

⑦ 经费和进度计划的安排。

对所提出的总体设计方案要进行合理性、经济性、可靠性及可行性论证。论证通过后，便可形成作为系统设计依据的系统总体方案图和设计任务书，以指导具体的系统设计。

9.2.2 硬件的工程设计与实现

采用总线式工业控制机进行系统的硬件设计，可以解决工业控制中的众多问题。总线式工业控制机高度模块化，且具有插板结构，因此，采用组合方式，能够大大简化计算机控制系统的设计。采用总线式工业控制机，只需简单地更换几块模块，就可以很方便地变成另外一种功能的控制系统。

（1）选择系统的总线和主机机型

① 选择系统的总线。系统采用总线结构，具有很多优点：采用总线可以简化硬件设计，用户可以根据需要，直接选用符合总线标准的功能模块，而不必考虑模块插件之间的匹配问题，使系统硬件设计大大简化；系统可扩性好，仅需将按照总线标准研制的新的功能模块插在总线槽中；系统更新性好，一旦出现新的微处理器、存储器芯片接口电路，只要将这些新的芯片按照总线标准研制成各类插件，即可取代原来的模块而升级更新系统。

• 内总线选择。常用的工业控制机内总线有两种，即PC总线和STD总线。根据需要，选择其中的一种，一般常选用PC总线进行系统设计，即选用PC总线工业控制机。

• 外总线选择。根据计算机控制系统的基本类型，如果采用分级控制系统等，必然有通信的问题。外总线就是计算机与计算机之间、计算机与智能仪器或智能外设之间进行通信的总线，它包括并行通信总线（IEEE-488）和串行通信总线（RS232C）。另外，还有可以用来进行远距离通信、多站点互联的通信总线RS422和RS485。具体选择哪一种，要根据通信的速率、距离、系统拓扑结构、通信协议等要求来综合分析，才能确定。但需要说明的是，RS422和RS485总线在工业控制机的主机中没有现成的接口装置，必须另外选择相应的通信接口板。

② 选择主机机型。在总线式工业控制机中，有许多机型，都因采用的CPU不同而不同。以PC总线工业控制机为例，其CPU有8088、80286、80386、80486、Pentium（586）等多种型号，内存、硬盘、主频、显示卡、CRT显示器也有多种规格。设计人员可以根据要求，合理地进行选型。

（2）选择输入输出通道模块

一个典型的计算机控制系统，除了工业控制机的主机以外，还必须有各种I/O通道模块，其中包括数字量I/O（即DI/DO）、模拟量I/O（AI/AO）等模块。

① 数字量（开关量）输入输出（DI/DO）模块。PC总线的并行I/O接口模块多种多样，通常可分为TTL电平的DI/DO和带光电隔离的DI/DO。通常和工业控制机共地装置的接口可以采用TTL电平，而其他装置与工业控制机之间则采用光电隔离。对于大容量的DI/DO系统，往往选用大容量的TTL电平的DI/DO板，而将光电隔离及驱动功能安排在工业控制机总线之外的非总线模块上，如继电器板（包括固态继电器板）等。

② 模拟量输入输出（AI/AO）模块。AI/AO模块包括A/D、D/A板及信号调理电路等。AI模块输入可能是0~5 V、1~10 V、0~10 mA、4~20 mA，以及热电偶、热电阻和各种变送器的信号。AO模块输出可能是0~5 V、1~10 V、0~10 mA、4~20 mA等信号。选择AI/AO模块时，必须注意分辨率、转换速度、量程范围等技术指标。

系统中的输入输出模块可以按照需要进行组合，不管哪种类型的系统，其模块的选择与组合均由生产过程的输入参数和输出控制通道的种类与数量来确定。

（3）选择变送器和执行机构

① 选择变送器。变送器是这样一种仪表，它能将被测变量（如温度、压力、物位、流量、电压、电流等）转换为可远传的统一标准信号（0~10 mA、4~20 mA等），且输出信号与被测变量有一定的连续关系。在控制系统中，其输出信号被送至工业控制机进行处理，实现数据采集。

DDZ-II型变送器输出的是4~20 mA信号，供电电源为24 V（DC），且采用二线制。DDZ-EI型比DDZ-II型变送器性能好，使用方便。DDZ-S系列变送器是在总结DDZ-IE型变送器的基础上，吸取了国外同类变送器的先进技术，采用模拟技术与数字技术相结合，从而开发出的新一代变送器。现场总线仪表也将被推广应用。

常用的变送器有温度变送器、压力变送器、液位变送器、差压变送器、流量变送器和各种电量变送器等。系统设计人员可以根据被测参数的种类、量程、被测对象的介质类型和环境来选择变送器的具体型号。

② 选择执行机构。执行机构是控制系统中必不可少的组成部分，它的作用是接收计算机发出的控制信号，并把它转换成调整机构的动作，使生产过程按照预先规定的要求正常运行。

执行机构分为气动、电动和液压3种类型。气动执行机构的特点是结构简单、价格低、防火防爆；电动执行机构的特点是体积小、种类多、使用方便；液压执行机构的特点是推力大、精度高。常用的执行机构为气动和电动两种。

另外，还有各种有触点和无触点开关，也是执行机构，实现开关动作。电磁阀作为一种开关阀，在工业中也得到了广泛的应用。

在系统中，选择气动调节阀、电动调节阀、电磁阀、有触点和无触点开关之中的哪一种，要根据系统的要求来确定。如果要实现连续、精确的控制目的，必须选用气动或电动调节阀；对要求不高的控制系统，可以选用电磁阀。

9.2.3 软件的工程设计与实现

用工业控制机来组建计算机控制系统，不仅能减小系统硬件设计工作量，而且能减少系统软件设计工作量。一般工业控制机配有实时操作系统或实时监控程序，各种控制、运行软件、组态软件等，可使系统设计者在最短的周期内开发出目标系统软件。

当然，并不是所有的工业控制机都能给系统设计带来上述方便，有些工业控制机只能提供硬件设计的方便，而应用软件需要自行开发；若从选择单片机入手来研制控制系统，系统的全部硬件、软件均需自行开发研制。自行开发控制软件时，应首先画出程序总体流程图和各功能模块流程图，然后选择程序设计语言，最后编制程序。程序编制应先模块后整体，具体设计内容为以下几个方面。

（1）编程语言选择

在软件设计前，首先应针对具体的控制要求，选择合适的编程语言。

① 汇编语言。它是面向具体微处理器的，使用它，能够具体描述控制运算和处理的过程，紧凑地使用内存，对内存和地址空间的分配比较清楚，能够充分发挥硬件的性能，所编软件运算速度快、实时性好，所以，主要用于过程信号的检测、控制计算和控制输出的处理。与高级语言相比，汇编语言编程效率低、移植性差，一般不用于系统界面设计和系统管理功能的设计中。

② 高级语言。采用高级语言编程的优点是编程效率高，不必了解计算机的指令系统和内存分配等问题，其计算公式与数学公式相近。其缺点是：编制的源程序经过编译后，可执行的目标代码比完成同样功能的汇编语言的目标代码长得多，一方面占用内存量增多，另一方面使得执行时间增加很多，往往难以满足实时性的要求。高级语言一般用于系统界面和管理功能的设计。针对汇编语言和高级语言的优缺点，可以用混合语言编程，即系统的界面和管理功能等采用高级语言编程，而实时性要求高的控制功能则采用汇编语言编程。一般汇编语言实现的控制功能模块由高级语言调用，从而兼顾了实时性和复杂界面等的实现方便性的要求。许多高级语言，如C语言、BASIC语言等，均提供与汇编语言的接口。

③ 组态软件。它是一种针对控制系统设计的面向问题的高级语言，它为用户提供了众多的功能模块，包括：控制算法模块（多为PID），运算模块（四则运算、开方、最大值/最小值选择、一阶惯性、超前滞后、工程量变换、上下限报警等数十种），计数/计时模块，逻辑运算模块，输入模块，输出模块，打印模块，CRT显示模块等。系统设计根据控制要求，选择所需的模块，就能生成系统控制软件，因而软件设计工作量大为减小。常用的组态软件有In-touch、FIX、WinCC、King View组态王、MCGS、力控等。

（2）**数据类型和数据结构规划**

在系统总体方案设计中，系统的各个模块之间有着各种因果关系，互相之间要进行各种信息传递。如数据处理模块和数据采集模块之间的关系，数据采集模块的输出信息就是数据处理模块的输入信息。同样，数据处理模块和显示模块、打印模块之间也有这种产销关系。各模块之间的关系体现在它们的接口条件上，即输入条件和输出结果上。为了避免产销脱节现象，必须严格规定好各个接口条件，即各接口参数的数据结构和数据类型。

根据数据类型，可以分为逻辑型和数值型，但通常将逻辑型数据归到软件标志中去考虑。数值型可以分为定点数和浮点数。定点数有直观、编程简单、运算速度快的优点，其缺点是表示的数值动态范围小、容易溢出。浮点数则相反，数值动态范围大、相对精度稳定、不易溢出，但编程复杂、运算速度低。

若某参数是一系列有序数据的集合（如采样信号序列），则不只有数据类型问题，还有一个数据存放格式问题，即数据结构问题。

（3）**资源分配**

完成数据类型和数据结构的规划后，便可以开始分配系统资源。系统资源包括ROM、RAM、定时器/计数器、中断源、I/O地址等。ROM资源用来存放程序和表格，I/O地址、定时器/计数器、中断源在任务分析时已经分配好了。因此，资源分配的主要工作是RAM资源的分配，RAM资源规划好后，应列出一张RAM资源的详细分配清单，作为编程依据。

（4）**实时控制软件设计**

① 数据采集及数据处理程序。数据采集程序主要包括模拟量和数字量多路信号的采样、输入变换、存储等。数据处理程序主要包括数字滤波程序、线性化处理和非线性补偿、标度变换程序、超限报警程序等。

② 控制算法程序。它主要实现控制规律的计算，产生控制量。其中，包括数字PID控制算法、大林算法、Smith补偿控制算法、最少拍控制算法、串级控制算法、前馈控制算法、解耦控制算法、模糊控制算法和最优控制算法等。实际实现时，可以选择合适的一种或几种控制算法来实现控制。

③ 控制量输出程序。它实现对控制量的处理（上下限和变化率处理）、控制量的变换及输出，驱动执行机构或各种电气开关。控制量也包括模拟量和开关量输出两种。模拟控制量由D/A转换模块输出，一般为标准的0～10 mA（DC）或4～20 mA（DC）信号，该信号驱动执行机构，如各种调节阀。开关量控制信号驱动各种电气开关。

④ 实时时钟和中断处理程序。实时时钟是计算机控制系统一切与时间有关过程的运行基础。时钟有两种，即绝对时钟与相对时钟。绝对时钟与当地的时间同步，有年、月、日、时、分、秒等功能。相对时钟与当地的时间无关，一般只要时、分、秒就可以，在某些场合要精确到0.1秒甚至毫秒。

在计算机控制系统中，有很多任务是按照时间来安排的，即有固定的作息时间。这些任务的触发和撤销由系统时钟来控制，不用操作者直接干预，这在很多无人值班的场合尤其必要。实时任务有两类：第一类是周期性的，如每天固定时间启动、固定时间撤销的任务，它的重复周期是一天；第二类是临时性任务，操作者预定好启动和撤销时间后，由系统时钟来执行，但仅一次有效。作为一般情况，假设系统中有几个实时任务，每个任务都有自己的启动和撤销时刻。在系统中，建立两张表格：一张是任务启动时刻表，另一张是任务撤销时刻表，表格按照作业顺序编号安排。为使任务启动和撤销及时准确，这一过程应安排在时钟中断子程序来完成。定时中断服务程序在完成时钟调整后，开始扫描启动时刻表和撤销时刻表，当表中某项和当前时刻完全相同时，通过查表位置指针，就可以决定对应作业的编号，通过编号，就可以启动或撤销相应的任务。

许多实时任务（如采样周期、定时显示打印、定时数据处理等）都必须利用实时时钟来实现，并由实时中断服务程序去执行相应的动作或处理动作状态标志等。

另外，事故报警、掉电检测及处理、重要的事件处理等功能的实现也常常使用中断技术，以便计算机能对事件作出及时处理。事件处理采用中断服务程序和相应的硬件电路来完成。

⑤ 数据管理程序。它用于生产管理，主要包括画面显示、变化趋势分析、报警记录、统计报表打印输出等。

⑥ 数据通信程序。它主要完成计算机与计算机之间、计算机与智能设备之间的信息传递和交换。这个功能主要在集散控制系统、分级计算机控制系统、工业网络等系统中实现。

9.2.4 系统的调试与运行

系统的调试与运行，分为离线仿真与调试阶段、在线调试与运行阶段。离线仿真与调试阶段一般在实验室或非工业现场进行，在线调试与运行阶段是在生产过程工业现场进行。离线仿真与调试阶段是基础，是检查硬件和软件的整体性能，为现场投运做准备；现场投运是对全系统的实际考验与检查。系统调试的内容很丰富，碰到的问题千变万化，解决的方法也多种多样，并没有统一的模式。

（1）离线仿真和调试

① 硬件调试。对于各种标准功能模块，按照说明书检查主要功能。比如主机板（CPU板）上RAM区的读写功能、ROM区的读出功能、复位电路、时钟电路等的正确性调试。

在调试A/D和D/A模块之前，必须准备好信号源、数字电压表、电流表等。对于这两种模块，首先检查信号的零点和满量程，然后分挡检查。比如满量程的25%、50%、75%、100%，并且上行和下行来回调试，以便检查线性度是否合乎要求。如有多路开关板，应测试各通路是否正确切换。

利用开关量输入和输出程序来检查开关量输入（DI）和开关量输出（DO）模块。测试时，可往输入端加开关量信号，检查读入状态的正确性；可在输出端检查（用万用表）输出状态的正确性。

硬件调试还包括现场仪表和执行机构。如压力变送器、差压变送器、流量变送器、温度变送器、电动或气动调节阀等。这些仪表在安装之前，必须按照说明书要求校验完毕。

对于分级计算机控制系统和集散控制系统，还要调试通信功能，验证数据传输的正确性。

② 软件调试。它的顺序是子程序、功能模块和主程序。有些程序的调试比较简单，利用开发装置（或仿真器）和计算机提供的调试程序就可以进行调试。程序设计一般采用汇编语言和高级语言混合编程。对于处理速度和实时性要求高的部分（如数据采集、时钟、中断、控制输出等），用汇编语言编程；对于处理速度和实时性要求不高的部分（如数据处理、变换、图形、显示、打印、统计报表等），用高级语言编程。

一般地，与过程输入输出通道无关的程序，都可用开发机（仿真器）的调试程序进行调试。有时，为了能调试某些程序，可能要编写临时性的辅助程序。

系统控制模块调试，可以分为开环和闭环两种情况进行。开环调试是检查它的阶跃响应特性，闭环调试是检查它的反馈控制功能。

一旦所有的子程序和功能模块调试完毕，就可以用主程序将它们连接在一起，进行整体调试。当然，有人会问，既然所有模块都能单独工作，为什么还要检查它们连接在一起能否正常工作呢？这是因为，把它们连接在一起可能会产生不同软件层之间的交叉错误，一个模块的隐含错误对自身可能无影响，却会妨碍另一个模块的正常工作；单个模块允许的误差，多个模块连起来可能放大到不可容忍的程度等。所以，有必要进行整体调试。

整体调试的方法是自底向上逐步扩大。首先按照分支，将模块组合起来，以形成模块子集。调试完各模块子集，再将部分模块子集连接起来，进行局部调试。最后进行全局调试。这样，经过子集、局部和全局三步调试，就完成了整体调试工作。整体调试是对模块之间连接关系的检查。有时，为了配合整体调试，在调试的各阶段，编制了必要的临时性辅助程序，调试完成后应删去。通过整体调试，能够把设计中存在的问题和隐含的缺陷暴露出来，从而基本上消除编程上的错误，为以后的仿真调试和在线调试及运行打下良好的基础。

③ 系统仿真。在硬件和软件分别联调后，并不意味着系统的设计和离线调试已经结束。为此，必须再进行全系统的硬件、软件统调。这次统调试验就是通常所说的"系统仿真"（也称为模拟调试）。所谓系统仿真，就是应用相似原理和类比关系来研究事物，也就是用模型来代替实际生产过程（即被控对象）进行实验和研究。系统仿真有以下3种类型：全物理仿真（或称在模拟环境条件下的全实物仿真）、半物理仿真（或称硬件闭路动态试验）、数字仿真（或称计算机仿真）。

系统仿真尽量采用全物理或半物理仿真。试验条件或工作状态越接近真实，其效果就越好。对于纯数据采集系统，一般可做到全物理仿真；而对于控制系统，要做到全物理仿真，几乎是不可能的。这是因为，人们不可能将实际生产过程（被控对象）搬到自己的实验室或研究室中，因此，控制系统只能做离线半物理仿真。被控对象可用实验模型代替。不经过系统仿真和各种试验，试图在生产现场调试中一举成功的想法是不实际的，往往会被现场联调工作的现实所否定。

在系统仿真的基础上，进行长时间的运行考验（称为考机），并根据实际运行环境的要求，进行特殊运行条件的考验。例如，高温和低温剧变运行试验、振动和抗电磁干扰试验、电源电压剧变和掉电试验等。

（2）在线调试和运行

在上述调试过程中，尽管工作很仔细、检查很严格，但仍然没有经受实践的考验。因此，在现场进行在线调试和运行过程中，设计人员与用户要密切配合，在实际运行前，制定一系列的调试计划、实施方案、安全措施、分工合作细则等。现场调试与运行过程是从小到大、从易到难、从手动到自动、从简单回路到复杂回路逐步过渡。为了做到有把握，现场安装及在线调试前，先要进行下列检查。

① 检测元件、变送器、显示仪表、调节阀等必须经过校验，保证精确度要求。作为检查，可进行一些现场校验。

② 各种接线和导管必须经过检查，保证连接正确。例如，孔板的上下引压导管要与差压变送器的正负压输入端极性一致；热电偶的正负端要与相应的补偿导线相连接，并与温度变送器的正负输入端极性一致等。除了极性不得接反以外，对号位置都不应接错。

③ 对在流量中采用隔离液的系统，要在清洗好引压导管以后，灌入隔离液（封液）。

④ 检查调节阀能否正确工作。旁路阀及上下游截断阀关闭或打开，要保证正确。

⑤ 检查系统的干扰情况和接地情况，如果不符合要求，应采取措施。

⑥ 对安全防护措施也要检查。

经过检查并已经安装正确后，即可进行系统的投运和参数的整定。投入运行时，应先切入手动；等系统运行接近于给定位时，再切入自动，并进行参数的整定。

在现场调试过程中，往往会出现错综复杂、时隐时现的奇怪现象，一时难以找到问题的根源。这时，计算机控制系统的设计者们要认真地共同分析，每个人都不要轻易地怀疑别人所做的工作，以免掩盖问题的根源所在。

9.3 电热油炉温度单片机控制系统设计

9.3.1 控制任务与工艺要求

（1）系统概述

有机载体加热技术是采用有机载体作为传热介质，完成热能转换、传递，从而获得最佳用热工艺的新技术。电热油炉是电升温有机载体供热设备，可为化工、塑料、橡胶等行业用热过程提供稳定的低压高温热源。它的供热原理是以电热升温，采用导热油作为传热介质，导热油以强制液相循环方式，在闭路系统中，以低压、高温状态运行，将热能不断输送给用热设备，即加热——循环——再加热——再循环。其工程流程图如图9-3所示。

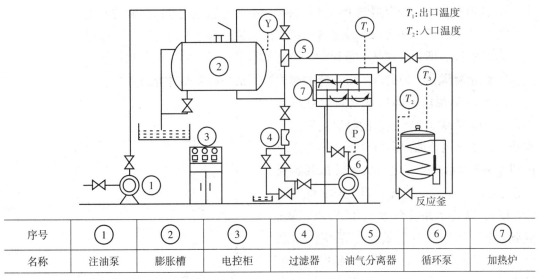

序号	①	②	③	④	⑤	⑥	⑦
名称	注油泵	膨胀槽	电控柜	过滤器	油气分离器	循环泵	加热炉

图9-3　电热油炉的应用工程流程

电热油炉基本上由4部分组成：加热炉、循环系统、膨胀槽及电控柜。加热炉结构采用列管式换热形式，把电热元件直接埋入流动的导热油中，完成换热过程损失非常小。电热元件采用三相Y形接法，其电路原理图如图9-4所示。循环泵不运转，电热元件不通电。

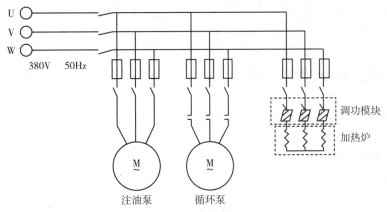

图9-4　电热油炉主电路原理

（2）系统的技术指标

设定出口温度、实际测量的出口温度、入口温度。数码管显示，控制循环泵的运行控制二路交流接触器、一路固态继电器、九段温度曲线、给定设置温度范围（$0 \sim 300 ℃$）、供电电压（三相交流380V）、功率（5.6kW）。

（3）工艺要求

电热油炉主要控制参数是导热油的温度，必须保证稳定、均匀、柔和加热与高精度的温度控制，并且能在较低的压力（小于0.45 MPa）下运行，才能保证生产过程正常、安全地进行，提高产品的质量。电热油炉要求在一定的条件下保持恒温，不能随着电源电压波动或用热对象而变化；或者要求根据工艺条件，按照某个指定的升温或保温规律而变化等。因此，对导热油温度不仅要不断地测量，而且要求进行精确控制。电热油炉温度控制根据工艺要求不同而有所变化，但大体上可以归纳为下面几个过程：

① 自由升温段，即根据电阻炉自身条件，不对升温速度进行控制的升温过程；

② 恒速升温段，即要求炉温上升的速度按照某一斜率Δ_1进行的升温过程；

③ 保温段，即要求在某一过程中，炉温基本保持不变的保温过程；

④ 恒速降温段，即要求炉温下降的速度按照某一斜率Δ_2进行的降温过程；

⑤ 自然降温段，即根据电阻炉自身条件，不对降温速度进行控制的降温过程。在本例中，要求电热油炉出口导热油的温度应按照图9-5所示规律变化，从室温T_{00}开始到a点为自由升温段，温度一旦到达a点（即T_a温度），就进入系统调节，直到b点。从b点到c点为保温段，要始终在系统控制之下，以保证所需要的炉内温度的精度。加工结束，即由c点到d点为自然降温段。保温段时间为50～100min。

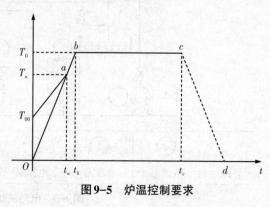

图9-5 炉温控制要求

炉温变化曲线要求参数如下：

① 过渡过程时间t_a，即从升温开始到进入保温段的时间，$t_a < 100\text{min}$；

② 超调量σ_p，即升温过程的温度最大值T_m与保温值T_0之差与保温值之比：

$$\sigma_p = \frac{T_m - T_0}{T_0} \leqslant 10\%$$

③ 静态误差，即当温度进入保温段后的实际温度值T与保温值T_0之差的绝对值：

$$e_v = |T - T_0| \leqslant 2℃$$

④ 温度的变化范围为20～220℃，保温值为200℃。

9.3.2 硬件系统设计

（1）系统基本工作原理

电热油炉温度自动控制系统采用AT89S52单片机作为控制器，扩展了数码管显示、键盘、报警及A/D转换电路等，其系统框图如图9-6所示。

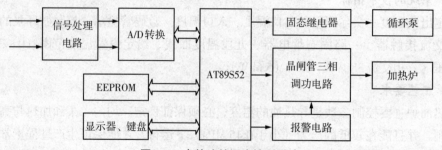

图9-6 电热油炉温度控制系统

控制系统采用钴电阻测量加热炉导热油的入口温度和出口温度，经A/D转换后，送入单片机，与给定温度比较，其偏差经PID运算后，输出，控制晶闸管三相调功模块导通或断开时间来控制电热元件的通电时间，并由此来控制导热油的加热温度。

控制系统控制固态继电器（SSR）的通断控制循环泵的运转。循环泵不运转，加热炉不能通电加热。

（2）单片机的选择

选择AT89S52单片机作为控制系统的核心，AT89S52内部有8KB的程序储存器，256B的数据储存器，因而无须再扩展储存器，使系统大大简化。AT89S52主要完成温度的采集、控制、显示和报警等功能。

（3）数据储存器扩展

设定的温度曲线需要长期保存，扩展一片串行EEPROM AT24C256来保存设定的温度曲线。

（4）传感器的选择

目前，在温度测量领域内，除了广泛使用热电偶外，电阻温度计也得到了广泛的应用，尤其是在工业生产中，-120～500℃范围内的温度测量常常使用电阻温度计。本例中采用铂电阻来测量温度，其分度号为BA，电阻的初值为 $R_{t0} = 100.00\Omega$，温度每升高1℃，铂电阻的阻值约增加0.39Ω。其测量放大线路如图9-7所示。

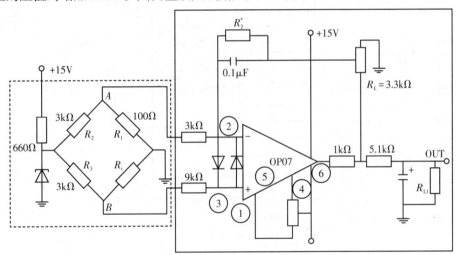

图9-7 铂电阻及信号放大电路

图9-7所示测量部分是一个不平衡电桥，铂电阻 R_t 与固定电阻 R_1，R_2，R_3 组成不平衡电桥的4个桥臂。为了保证测温的精度，采用两次稳压。在温度为0℃时，铂电阻的阻值 $R_{t0} = R_1$，电桥平衡，对角线 A 和 B 两点没有电压差；当温度变化时，铂电阻的阻值变为 R_t，其变化值与温度成正比，电桥不平衡，使对角线 A 和 B 两点有电压差，此电压差送到运算放大器的输入端，经过放大后，送到A/D转换芯片。

改变 R_2^* 和 R_L 的数值，可以得到不同的放大系数。本放大器整定值如表9-1所列。

表9-1 放大器整定值

温度/℃	R/Ω	放大器输出/V
0.00	100.00	0.00
64.5	125.16	1.25

续表9-1

温度/℃	R_t/Ω	放大器输出/V
128	149.84	2.50
192	174.04	3.75
256	197.76	5.00

（5）A/D转换器的选择与接口设计

模拟量采样电路如图9-8所示。模拟量输入采用TLC0834串行A/D转换芯片完成，串行芯片占用单片机口线较少，由于温度变化缓慢，所以转换速度完全可以满足要求。

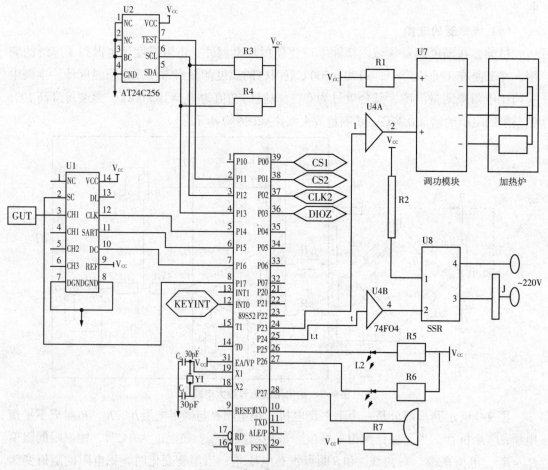

图9-8　模拟量采样电路原理

（6）显示器、键盘接口设计

温度的设定与测量结果通过键盘和数码管显示电路完成。键盘显示电路由ZLG7289A芯片完成。ZLG7289A是广州周立功单片机发展有限公司自行设计的具有SPI串行接口功能的可同时驱动8位共阴式数码管或64只独立LED的智能显示驱动芯片，该芯片同时可连接多达64键的键盘矩阵，单片即可完成LED显示、键盘接口的全部功能。不需要的按键可以不接。ZLG7289A内部含有译码器，可直接接受BCD码或16进制码，并同时具有两种译码方式。此外，还具有多种控制指令，如消隐、闪烁、左移、右移、段寻址等。

ZLG7289A具有片选信号，可以方便地实现多于8位的显示或多于64键的键盘接口。系统中扩展了两片ZLG7289A驱动12位数码管，用来显示导热油出口温度的给定值、出口温度和入口温度的测量值。键盘由16个键组成。其中，0～9数字键用于各种参数的设定；6个功能键分别是油泵启动键、油泵停止键、加热启动键、加热停止键、设置键、修改键。键盘显示电路如图9-9所示。

（7）执行器选择

选择交流接触器控制循环泵，晶闸管三相调功模块控制加热元件。三相调功模块内部含有晶闸管主电路、过零触发及控制电路和强弱电隔离电路，并有1个5引脚的控制插口，由单片机控制其导通或断开的时间，完成对电热元件的加热，达到温度控制的目的。电路原理图如图9-8所示。

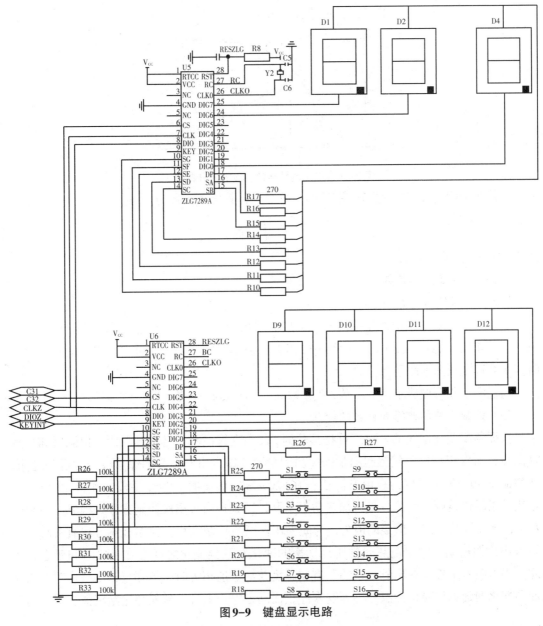

图9-9 键盘显示电路

（8）报警电路与状态显示电路

报警电路由蜂鸣器和发光二极管组成，当系统中温度超限时，灯光报警。

9.3.3 数学模型与控制算法

（1）数学模型建立

为了使系统获得较好的性能指标（如静态误差、超调量、过渡过程时间、上升时间和稳定裕量等），首先要了解被控对象的特性，并用以作为设计自动控制系统的依据。电热油炉温度控制采用数字PID调节规律。为了确定PID的参数，采用飞升曲线法来确定电热油炉温度控制的传递函数。

电热油炉出口温度的飞升曲线如图9-10所示。

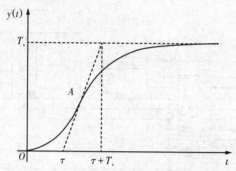

图9-10　电热油炉出口温度的飞升曲线

由图9-10可知，系统是带纯滞后的一阶对象，其传递函数为

$$W(s) = \frac{Ke^{-\tau s}}{T_s + 1}$$

式中，K——放大系数；

T_s——对象时间常数；

τ——对象滞后时间。

一阶对象参数的求取对于一阶对象的放大倍数K，可由输出稳态值和输入阶跃信号幅值的比值求得。输出从起始值达到0.632倍稳态值的时间为对象时间常数T_s。而对象滞后时间τ可直接从图中测量。

通过测量飞升曲线求得的参数：$T_s = 72\text{min}$，$\tau = 8\text{min}$，$K = 330$。

（2）控制规律的选择和参数的计算

根据温度变化曲线的要求，可将其分为3段来进行控制：自由升温段、保温段和自然降温段；而真正需要电气控制的是前面两个阶段，即自由升温段和保温段。为避免过冲，从室温到80%额定温度为自由升温段；在±20%额定温度时，为保温段。在自由升温段，希望升温越快越好，因此总是将加热功率全开，得到自由升温段控制方程。当温度$T<80\%$ T_0时，已经较接近需要保温的值T_0，为此采用保温段控制方程。保温控制方法有多种，如果采用比例控制，由于电热元件所加功率的变化和油温变化之间存在一段时间延迟，因此，当以温差来控制输出时，系统只有在温度与给定值相等时，才停止输出。这时，由于油温变化的延迟性质，油温并不因输入停止而马上停止上升，从而超过给定值。滞后时间

越大，超过给定值也越大。油温上升到一定程度后才开始下降，并下降到小于给定值时，系统才重新输出。同样，由于油温变化滞后于输出，它将继续下降，从而造成温度上下波动，即所谓的振荡。考虑到滞后的影响，调节规律必须加入微分因素，即PD调节。有了PD调节，系统输出不仅取决于温差的大小，还取决于温差的变化速率。当油温从自由升温段进入保温段时，油温还小于给定值，但温度变化较大，因而系统可以提前减少或停止输出，使油温不至于出现过大的超调。在降温过程中，也是如此。这样，就改善了油温调节的动态品质。积分作用可以提高温度控制的静态精度，适当选择积分作用，则可以在不影响动态性能的情况下，提高温度控制的精度。所以，保温段控制最好采用PID控制方法。

① PID算法和参数选定。连续系统PID校正的控制量可以表示为

$$P = K_P\left[e(t) + T_D\frac{\mathrm{d}e(t)}{\mathrm{d}t} + \frac{1}{T_1}\int_0^t e(t)\mathrm{d}t\right]$$

$$e(t) = y(t) - r(t)$$

采用离散算法，可以表示为

$$P(k) = P(K-1) + K_P\left\{[e(k) - e(k-1)] + \frac{T}{T_1}e(k) + \frac{T_D}{T}[e(k) - 2e(k-1) + e(k-2)]\right\}$$

式中，T——采样周期；

$\quad T_D$——微分时间；

$\quad K_P$——比例系数；

$\quad T_1$——积分时间。

在本系统中，将用到的实际算法为

$$\begin{cases} P(k) = P(k-1) + Ae(k) - Be(k-1) + Ce(t-2) \\ e(k) = y(k) - r(k) \end{cases}$$

式中，

$$A = K_P\left(1 + \frac{T}{T_1} + \frac{T_D}{T}\right), \quad B = K_P\left(1 + \frac{2T_{TD}}{T}\right), \quad C = K_P\frac{T_D}{T}$$

初始值可以取

$$e(k-1) = 0, \quad e(k-2) = 0$$

程序中选用的实际参数为

$$T_D = 0.5\tau = 4 \text{ min}$$

$$T = \frac{1}{8}\tau = 1 \text{ min}$$

$$T_1 = 2\tau = 16 \text{ min}$$

$$K_P = 1.2\frac{T_g}{K\tau} = \frac{1.2 \times 72}{330 \times 8} = 0.0327$$

$$A = 0.0327 \times 5 = 0.1635$$

$$B = 0.0327 \times 9 = 0.294$$

$$C = 0.0327 \times 4 = 0.131$$

② 数字控制器的实现。根据上述连续系统原理设计出来的模拟调节器，经离散化后，变成适合于计算机计算的差分方程。根据差分方程，可以设计程序流程图，进行程序设计。

9.3.4 软件设计

软件设计采用C51语言，模块化结构设计，包括初始化程序、主程序、A/D转换和数据采集程序、中值滤波程序、PID控制算法程序、键盘显示程序等。主程序如下。

```
CS1      BIT    P0.0
CS2      BIT    P0.1
CLKZ     BIT    P0.2
DIOZ     BIT    P0.3
CLK      BIT    P1.4
DI       BIT    P1.6
CS       BITP1.7
KEY      BIT    P3.2
KEY _ ZT  BIT   00H
BIT _CNT  DATA  30H
DELAY1   DATA   31H
DECIMAL  DATA   32H
REC_BUF  DATA   33H
SEND_BUF  DATA  34H
ORG   0000H
              JMP    MAIN
ORG   0003H
AJMP   READ_KEY
ORG   000BH
ORG   0013H


           MAIN:
              SETB    CS
              SETB    DIO            ;延时25ms
              CALL    DELAY
              MOV    SEND_BUF, #10100100B
              CALL    SEND_7289
              SETB    CS            ;初始化7289
```

...

```
                END
; ***********************
; 参数1显示子程序
; ***********************
DISPLAY1：                                   ; 显示数字子程序
                MOV   SEND_BUF，#80H        ; 最低位数码管显示
CALL   SEND_7289
                MOV    SEND_BUF，DAT0；
                CALL    SEND_7289
                SETB    CS1
MOV    SEND_BUF，#81H                         ; 次低位数码管显示
                CALL    SEND_7289
                MOV    SEND_BUF，DAT1；
CALL   SEND_7289
                SETB    CS1
                RET
; ***************************************
READ_KEY：                                   ; 键盘中断子程序
     MOV      SEND_BUF，#00010101B
     CALL       SEND
     CALL       RECEIVE
     SETB       CS1
     SETB       KEY_ZT                        ; 设置有按键标志
     RET                                      ; 读取键值到REC_BUF中
; *********************************************
; 由ZLG7289A接收一字节数据，高位在前
; *********************************************
RECEIVE：
     MOV      BIT_CNT，#8
     SETB      DAT
     CALL      LONG_DELAY
RECEIVE_LP：
     SETB      CLKZ
     CALL      SHORT_DELAY
     MOV       C，DIOZ
     MOV       A，REC_BUF
```

```
        RLC         A
        MOV         REC_BUF, A
        CLR         CLKZ
        CALL        SHORT_DELAY
        DJNZ        BIT_CNT, RECEIVE_LP
        CLR         DIOZ
        RET
```

; **
; 显示子程序发送一字节到7289
; **

```
        SEND_7289:
                MOV     BIT_CNT, #8
                CLR     CS1
                CALL    LONG_DELAY
        SEND_LP:
                MOV     A, SEND_BUF
                RLC     A
                MOV     SEND_BUF, A
                MOV     DIOZ, C
                NOP
                NOP
                SETB    CLKZ
                CALL    SHORT_DELAY
CLR     CLKZ
                CALL    SHORT_DELAY
                DJNZ    BIT_CNT, SEND_LP
                CLR     DIOZ
                RET
        LONG_DELAY:             ; 50US
                MOV     R6, #50
                DJNZ    R6, $
                RET
        SHORT_DELAY:            ; 10US
                MOV     R6, #10
                DJNZ    R6, $
                RET
```

; **

```
PID:
MOV    22H, #0
MOV    23H, #0
MOV    24H, 5CH
MOV    25H, 5DH              ; LOAD   E(N)
MOV    26H, 5EH
MOV    27H, 5FH              ; LOAD   E(N-1)
MOV    A, 24H
JNP    ACC.7, F_IS_P         ; E(N)为正跳转
MOV    22H, #0FEH            ; E(N)为负
MOV    23H, #0FFH            ; 扩展符号位
 F_IS_P:
MOV    R0, #25H
MOV    R1, #27H
LCALL  SR01T0_4BYTE         ; E(n) -E(n-1)
MOV    R0, #25H
MOV    R1, #27H
LCALL  SR01T0_4BYTE         ; -E(n-1)
MOV    R0, #25H
MOV    R1, #61H ; E（n-2）
LCALL  AR01T0_4BYTE         ; +E(n-2)
MOV    R0, #22H
MOV    R1, #42H             ; D
LCALL  IMUL                 ; 有符号乘法子程序
                            ; KD［E(n)-2E(n-1)+E(n-2)］
                            ; IN 22，23，24，25
; ********************************
   MOV    2CH, #0
MOV    2DH, #0
MOV    2EH, 5CH
MOV    2FH, 5DH             ; LOAD   E(n)
MOV    A, 2EH
JNP    ACC.7, C_IS_P
MOV    2CH, #0FFH
MOV    2DH, #0FFH
C_IS_P:
     MOV    R0, #2CH         ; 2C, 2D, 2E, 2F*2A, 2b
```

```
        MOV      R1, #64H          ; KI
        LCALL    IMUL              ; KI [E(n)]
        MOV      A, 2FH            ; 22, 23, 24, 25+2C, 2D, 2E, 2F
        ADD      A, 25H
        MOV      2BH, A
        MOV      A, 2EH
        ADDC     A, 24H
        MOV      2AH, A
        MOV      A, 2DH
        ADDC     A, 23H
        MOV      29H, A
        MOV      A, 2CH
        ADDC     A, 22H
        MOV      28H, A            ; KI [E(n)]+KD[E(n)-2E(n-1)+E(n-2)]
IN 68, 69, 6A, 6B
        MOV      R0, #28H
        LCALL    IDIV              ; 有符号除法子程序/1024
                                   ; IN 28, 29, 2A, 2B
   ; ***********************************
            MOV      2FH, 5DH
            MOV      2EH, 5CH      ; LOAD  E(n)
            MOV      2DH, #0
            MOV      2CH, #0
            MOV      A, 2EH
            JNB      ACC.7, S_IS_P
            MOV      2CH, #0FFH
            MOV      2DH, #0FFH

    S_IS_P:
            MOV      R0, #2FH
            MOV      R1, #5FH      ; E(N-1)
LCALL   SR01T0_4BYTE              ; E(n)-E(n-1)
            MOV      A, 2FH        ; 2C, 2D, 2E, 2F+28, 29, 2A, 2B
            ADD      A, 2BH        ; IN 28, 29, 2A, 2B
            MOV      2BH, A
            MOV      A, 2EH
            ADDC     A, 2AH
            MOV      2AH, A
```

```
        MOV       A, 2DH
        ADDC      A, 29H
        MOV       29H, A
        MOV       A, 2CH
        ADDC      A, 28H
        MOV       28H, A          ; A+B+C  IN 28, 29, 2A, 2B
        MOV       R0, #28H
        MOV       R1, #3Eh        ; KP
        LCALL     IMUL            ; KP* （A+B+C）
        MOV       R0, #28H
        LCALL     IDIV            ; /1024
        MOV       A, 2AH
        JNZ       NOT_SET1
        MOV       A, 2BH
        JNZ       NOT_SET1
        MOV       2AH, #0
        MOV       2BH, #1
NOT_SET1:
        MOV       R0, #15H
        MOV       R1, #2BH
        LCALL     AR01T0 OUTZH    ; 计算PID输出值并进行格式转换
        RET
; *******************************
; 有符号乘法子程序
; *******************************
;
IMUL：
…
RET
; *******************************
; 多字节除法子程序
; *******************************
IDIV：
…
RET
; *******************************
; 多字节加法子程序
; *******************************
;
```

```
AR01T0_4BYTE:
…
RET
;  ********************************
;  多字节减法子程序
;  ********************************
SR01T0_4BYTE:
…
RET


;  *****************************
;  TLC0834转换子程序
;  *****************************
ADCONV:
        CLR     CLK         ; 清时钟
        CLR     DI
        SETB    CS          ; 置片选为高
        CLR     CS          ; 置片选为低
        SETB    DI          ; 1  StatrBit
        SETB    CLK
        CLR     CLK
        SETB    DI          ; 1
        SETB    CLK
        CLR     CLK
        CLR     DI          ; 0
        SETB    CLK
        CLR     CLK
        CLR     DI          ; 0选择CHO，单端输入
        SETB    CLK
        CLR     CLK
SETB    CLK
        CLR     CLK         ; 由输出状态改为输入状态
        SETB    DI
        LCALL   ADREAD
        RET
;  *****************************
;  TLC0834读取采样数据子程序
```

```
;  ******************************
ALOPO:                          ; 读取转换结果
    MOV  C, DI
    RLC   A                     ; 累加器A左移，将结果逐位移入A中
    SETB    CLK
    CLR     CLK
    DJNZ    RO, ADLOPO
    MOV     RO, #07H
ADLOP1:
    SETB    CLK
    CLR     CLK
    DJNZ    RO, ADLOP1
    SETB    CLK
     CLR    CLK
    SETB    CLK
    CLR     CLK
    SETB    CS                  ; 置片选信号位高
    RET                         ; 结束一次转换
```

9.4   工控机应用实例——仿真转台控制系统设计

9.4.1   系统概述

三轴仿真转台是一种高精度的多功能仿真设备，是各种飞行控制系统进行地面仿真的关键设备。它可以按照要求，模拟飞行器飞行时的航向角、俯仰角、横滚角，实时模拟飞行器在空中的飞行姿态，提供物理仿真和综合测试平台。

本系统的三轴仿真转台要求3个方位轴均具有精确定位、速率控制、正弦摆动等功能，实时显示三方位的角度值，并可通过串行通信口接收上位机的控制命令。根据系统要求，按照实现的功能，划分为上位监控机、下位机控制柜、功放驱动柜、转台台体4部分。功放部分由内环电机驱动控制、中环电机驱动控制、外环电机驱动控制等组成。转台台体部分可分为内环轴、中环轴、外环轴，分别用X轴、Y轴、Z轴表示。

三轴仿真转台由工业控制计算机、测角电路、功率放大、驱动电机、被控对象构成闭环控制系统，如图9-11所示。由测角电路部分测得当前的精确角位置数据，传送到工控机，由工控机对角度数据进行处理，采用适当的控制算法，得到控制量，通过D/A转换，变成模拟量，输出到驱动电机，驱动被控对象，实现闭环控制。

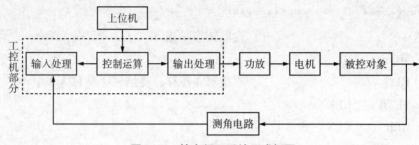

图9-11　转台闭环系统组成框图

9.4.2　硬件设计

转台控制系统的硬件组成部分包括控制器、驱动执行机构、反馈环节及被控对象等。控制器部分采用抗干扰性强的工控机，驱动执行机构采用无刷直流力矩电机，反馈环节测角部分选用感应同步器，系统实现全数字控制，控制算法由软件实现。

（1）工控机主机选择

控制器部分以IPC610工控机为控制核心。工业机箱选择IPC-610-H-02-S4U高14槽上架式机箱。其主要特点如下：

① 4U高支持14槽背板；

② 配置300WATXPFCPS/2电源；

③ 前端可安装3个半高磁盘驱动器，一个3.5"FDD和一个内置3.5"磁盘驱动器；

④ 前置USB/PS2接口；

⑤ 前置系统状态监测模块；

⑥ 能抗冲击、振荡，并且能在高温下稳定工作；

⑦ 支持ATX母板和400WPFC电源。

（2）主机板选择

选择PCA-6187全长型主机板。PCA-6187采用Intel 865G芯片组，支持Intel Socket478 Pentium 4/Celeron处理器，支持400/533/800前端总线，由于支持双通道DDR400内存，因此，提供更高的内存带宽。除了支持IDE界面外，PCA-6187还支持SATA界面，可以有更高的磁盘性能表现，更细的、更长的线缆，便于布线。其他特点包括内建高性能VGA显示卡、双千兆以太网接口、双通道Ultm160 SCSI界面、6个USB2.0端口和两个RS232串行口、一个并行口，还有软驱接口。

（3）无源底板选择

选择PCA-61UP7-0D3E型底板，其主要特点如下。

① 系统数：1。

② 槽数：4 ISA.6 PCI，3 PICMGU PCI/ISA。

③ 尺寸：315 mm × 260 mm（12.4" × 10.24"）。

④ PCI桥：Intel、21152。

⑤ 主级PCI：3槽。二级PCI：4槽。

（4）I/O 输入输出模块选择

① 数字量的输入输出部分（DI/DO）。采用 PCL-722 并行 DIO 卡，安装在工控机的总线插槽内，与计算机 ISA 总线兼容。PCL722 板卡是 144 位并行数字量输入/输出卡，卡上有 6 个 50 芯扁平电缆接口插座，每个插座的 50 芯扁平线，有 25 芯是对地信号，1 芯是电源信号，其余 24 芯是可以控制利用的信号。这 24 芯信号线又分为 3 组，每组 8 芯，依次称为 A、B、C 三个端口，一块 PCL722 共有 18 个端口，序号依次为 CN［1］.port A，CN［1］. port B，CN［1］.port C，…，CN［6］.port A，CN［6］.port B，CN［6］.port C。每个端口均可在程序中设置为输入端口或输出端口，可以对输入端口进行动态扫描，并将扫描的结果经过换算后，赋予内存中的某一变量（其值在 0～255 之间）。输出端口的状态（高低电平）可以在程序中进行控制。因此，可以对输入端口进行动态扫描，确定开关的状态（断开/闭合）；用输出端口输出控制信号，即 3 个轴控制方式命令的输出对应 PCL-722 中的 3 个通道。各扩展端口功能如表 9-2 所列。

表 9-2   PCL-722 板卡扩展端口功能表

序号	端口 A（Port A）	端口 B（Port B）	端口 C（Port C）
CN［1］	数据输入高 8 位	数据输入低 8 位	空
CN［2］	其他各数字信号		
CN［3］	输出到 Z 轴，控制命令高 8 位	输出到 Z 轴，控制命令低 8 位	Z 轴保护信号
CN［4］	输出，高 8 位	输出，低 8 位	8 位地址线
CN［5］	输出到 X 轴，控制命令高 8 位	输出到 X 轴，控制命令低 8 位	X 轴保护信号
CN［6］	输出到 Y 轴，控制命令高 8 位	输出到 Y 轴，控制命令低 8 位	Y 轴和系统的保护信号

② 模拟量的输出部分（AO）。选用 HY-6050 板卡。该板卡是一种光电隔离型的 IBM-PC XT/AT 总线兼容的通用 D/A 模块，可以直接插入与 IBM-PC XT/AT 兼容的计算机任一总线扩展槽内，构成隔离型模拟电压/电流输出及数字量输入/输出系统。HY-6050 提供 4 通道的 D/A 输出，分辨率为 12Bit。通过板上的拨码开关，可以选择模拟电压输出范围：±2.5 V、±5 V、±10 V、0～5 V、0～10 V；模拟电流输出范围：0～10 mA、4～20 mA；同时提供隔离型 8 路数字量输入和 8 路数字量输出。选用其中的 3 个通道作为三轴的相关信号模拟量的输出。在工控机中，计算所得的控制量，按照和功放之间的通信协议，送到相应的通道上。输出信号类型选为：电压型、±10 V、补码表示。

（5）传感器选择

角度的测量选用感应同步器，测量后的数据由集成的转换模块转换为数字信号，经数字量输入端口读入工控机。

（6）通信接口

上位机与工控机的通信，使用工控机本身的硬件资源 COM1 或者 COM2，命令的传输通过串行通信进行。上位机传输到工控机的命令采用串行中断方式，在中断服务程序中进行数据处理；工控机传输到上位机的数据采用查询的方式。

工控机硬件组成框图如图 9-12 所示。

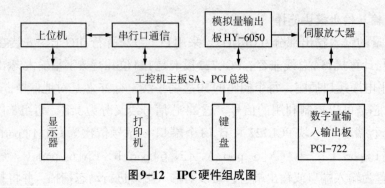

图9-12   IPC硬件组成图

9.4.3   软件设计

系统要求3个方位轴均具有精确定位、速率控制、正弦摆动等功能，实时显示三方位的角度值，并可通过串行通信口接收上位机的控制命令。根据系统的硬件设计分工，软件设计采用模块化设计方法。控制程序可分为初始化子程序、设置控制方式、控制参数子程序和中断服务子程序，如图9-13所示为控制程序流程图。

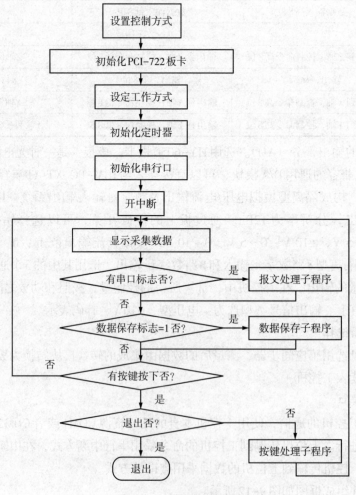

图9-13   控制程序流程图

（1）初始化子程序

初始化子程序模块主要完成各基本功能模块的初始化设置，包括以下几个子模块。

① 设置定时中断模块。包括设置定时中断的时间常数、修改中断向量指向等。

② 设置串行中断模块。设置串行通信的数据格式、通信端口，设置中断方式时的中断向量。

③ 创建文件模块。设定保存实时采集的角度数据的文件，若文件原来存在，则进行覆盖；如果不存在，则创建新文件。

④ 初始化数字量输入输出板卡（PCL-722板卡）模块。设定板卡的基地址，各个通道的工作方式，初始化各个通道的端口。

⑤ 初始化模拟量输出板卡模块。设定板卡的基地址，初始化各个通道。

（2）设置控制方式和控制参数子程序

控制方式和控制参数子程序主要应用于现场的调试与操作，是操作者与工控机进行对话的途径，使操作者可以对被控对象进行本地的调试和操作。操作者可以通过选择相应的功能选项来执行相应的功能，包括指定3个轴相应的运动方式，设定运动的初始参数、数据的处理等。控制方式和控制参数子程序流程图如图9-14所示。

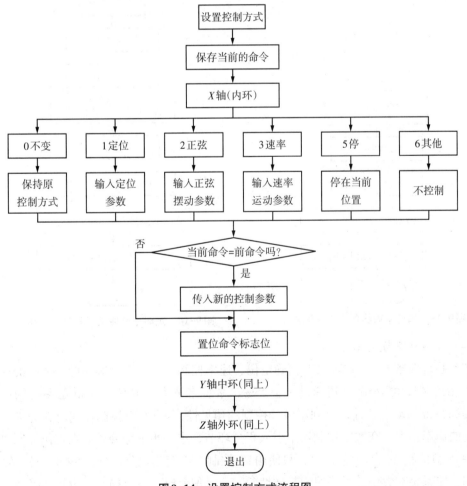

图9-14 设置控制方式流程图

（3）中断服务子程序

中断服务子程序包括如下3个子程序。

① 键盘中断处理子程序。接收键盘按键操作产生的中断，使用ROM–BIOS软中断，利用函数BIOSKEY获得按键的键值，然后进行相应的处理。规定【F1】键为重新设置控制方式和控制参数，【Esc】键为退出当前程序的运行，其他数字键对应相应的控制方式。

② 串行通信中断处理子程序。串行通信中断主要是实现工控机和上位机的串行通信。使用工控机内部的硬件资源COM1（COM2）和中断资源OxOc（OxOb）。串行通信中断处理子程序主要用来接收上位机的控制命令，进行命令格式的转换，实现远程控制功能，并可以按照协议的要求返回指定的数据。串行通信中断子程序流程图如图9-15所示。

③ 定时中断处理子程序。定时中断用于实时控制及数据采集模块。实时的数据采集、控制量的计算和输出都是在中断中完成的。定时中断通过改写系统板上的定时器通道0来实现定时中断。实现方法是：保存原中断向量；重新对定时器通道0进行编程，并设置新的中断向量，为中断服务程序入口地址；在程序退出前，恢复原中断向量。定时中断处理子程序的流程图如图9-16所示。

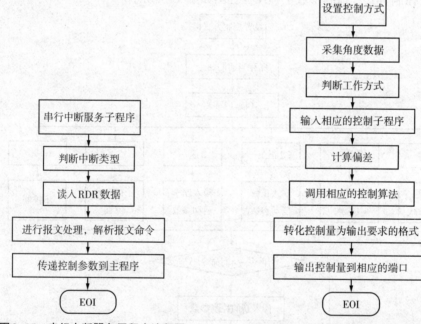

图9-15　串行中断服务子程序流程图　　图9-16　定时中断服务子程序流程图

（4）控制算法与实现

转台系统要求3个方位轴具有精确定位、速率控制、正弦摆动等功能，系统的性能指标为：相角裕度大于50°，超调量小于25%，系统带宽大于10Hz。为满足系统的性能指标，提高系统的动态特性，可利用微分控制的预见性，采用PD控制。同时，为进一步提高系统的稳态精度，在数字控制器中引入积分环节，进一步消除静差。在定位控制时，使用这种IN型控制方法；大偏差时，只使用PD控制，不使用积分控制；小偏差时，使用NI型控制，使系统在大偏差时快速无超调地归零；小偏差时，没有静差。设置切换条件进行切换控制，并设置滞环开关。这样，既保持了积分的作用，又减少了超调量，使得系统性能有较大的改善。这实际上是一种积分分离型的PID控制方法。图9-17所示为其控制程序流程图。其具体实现如下。

根据实际情况，设定一个阈值 $\varepsilon > 0$。

当偏差 $|e(k)| > \varepsilon$ 时，即偏差值 $|e(k)|$ 比较大时，采用PD控制，分离出积分作用，可以避免系统有过大的超调，同时使得系统有较快的响应。

当 $|e(k)| < \varepsilon$ 时，即偏差 $|e(k)|$ 比较小时，采用PID控制，可以提高系统的稳态性能，保证系统的控制精度。

程序的编制可采用C语言完成，下面以 X 轴为例，给出实现数据采集的相应程序。X 轴数据采集子程序流程图如图9-18所示。

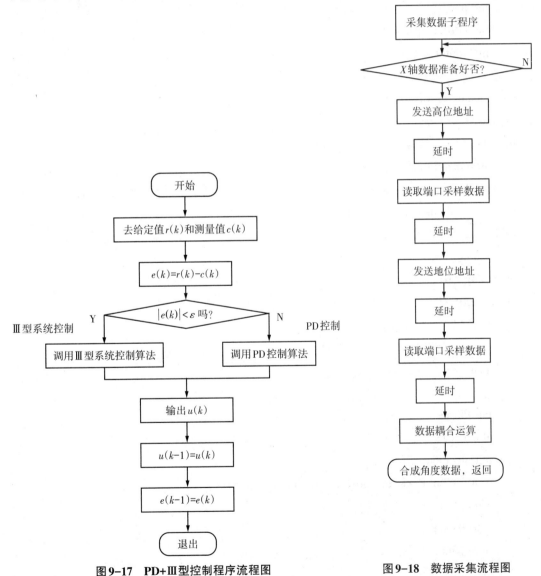

图9-17 PD+Ⅲ型控制程序流程图　　　　图9-18 数据采集流程图

```
#include<stdio.h>        /*stdio.h声明标准输入输出函数*/
#include<conio.h>        /*在命令行界面下显示彩色字体和清屏功能*/
#include<dos.h>
#include<math.h>
#include<process.h>
#define esc 0x11b
#define NUM 300
struct channel
{
    int portA;
    int portB;
    int portC;
    int config;
};
struct channel CN[6];
int base=0x2c0;
int XportC;
void initialization_772 ();
int fxdr_0 ();                          /*'0'表示总线处于读数据状态*/
void data_acquisition_x ();
void store_xini ();
void store_ ();
int x_flag=0;
int x_count=0;
long x_DATA[300][2];
/*********************************************/
void main ()
{
    int Pkey;
    clrscr ();
    initialization_722 ();
    printf ("\n Press any key to continuing......");
    getch ();
    fxdr_0 ();
    store_xini ();
    for (;;)
    {
```

```
        do
        {
                data_acquisition_x ();
                x_count++;
                if (x_count> = NUM)
                {
                        store_x ();
                        x_flag = 0;
                        x_count = 0;
                }
        } while (bioskey (1) = = 0);
        Pkey = bioskey (0);
        if (Pkey = = esc) break;
    }
    initialization_722 ();
    printf ("\n press a key to exit...\n");
    getch ();
    exit (0);
}
/***************************************************/
void data_acquisition_ ()
{
    long temp1, temp2;
    int temp_d, temp_m;
    int i, j;
    if ((inportb (CN[2].portB) & 0x02) = = 0)   /*判断X轴数据是否准备好*/
    {
        for (i = 0; i<2000; i++)
        {
            j = j/2;
        }
    }                                           /*延时*/
    outportb (CN[4].portC, 0x63);               /*输出高位数据地址*/
    for (i = 0; i<1500; i++)
    {
        j = j/3;
    }
```

```
    portA = inportb （CN[1].portA）;              /*读入高16位数据低8位：*/
    portB = inportb （CN[1].portB）;              /*读入高16位数据高8位：*/
    temp1 = （portB << 8）|portA;
    temp1 = temp1 & 0x3fff;                       /*组合成高16位数据*/
    for （i = 0; i<8000; i++）
    {
        j = i * 3/2;
    }
    outportb （CN[4].portC, 0x23）;               /*输出低位数据地址*/
    for （i = 0; i<1500; i++）
    {
        j = j/3;
    }
    portA = inportb （CN[1].portA）;              /*读入低16位数据低8位：*/
    portB = inportb （CN[1].portB）;              /*读入低16位数据高8位：*/
    temp2 = （portB<<8）|portA;
    temp2 = temp2&0x3fff;
    temp_d = temp1 * 0x0e1/0x400;
    temp_m = temp2 * 0x271/0x400;
    x_DATA [x_count[0] = tempp_d;
    x_DATA [x_count[1] = tempp_m;
    printf （"\n % 04d & 04d", temp_d, temp_m）;
}
/*******************************************************************/
void initialization-722 （）
{
    int i, j;
    base = 0x2c0;
    for （i = 1; i<7; i++）
    {
        CN[i].port.A = base+ （i-1） *4+0;
        CN[i].port.B = base+ （i-1） *4+1;
        CN[i].port.C = base+ （i-1） *4+2;
        CN[i].config = base+ （i-1） *4+3;
    }
    outportb （CN[1].config, 0x9B）;              /*as input*/
    outportb （CN[2].config, 0x9B）;              /*as input*/
```

```
    outportb (CN[3].portA, 0x00);                    /*清零*/
    outportb (CN[3].portB, 0x00);
    outportb (CN[3].portC, 0x00);
    outportb (CN[3].config, 0x80);      /*as output*/
    outportb (CN[4].portA, 0x00);
    outportb (CN[4].portB, 0x00);
    outportb (CN[4].portC, 0x00);
    outportb (CN[4].config, 0x80);       /*as output*/
    outportb (CN[5].portA, 0x00);
    outportb (CN[5].portB, 0x00);
    outportb (CN[5].portC, 0x00);
    outportb (CN[5].config, 0x80);       /*all as output*/
    outportb (CN[6].portA, 0x00);
    outportb (CN[6].portB, 0x00);
    outportb (CN[6].portC, 0x00);        /*为0xe0时, fxdr = 1, 总线上数据标志*/
    outportb (CN[6].config, 0x80);       /*all as output*/
    XportC = inportb (CN[6].portC);      /*读入总线数据方向标志*/
}
/***************************************/
int fxdr_0 ()
{
    int portC;
    portC = inportb (CN[6].portC);
    outportb (CN[6].portC, (0xdf&portC));
    return 0;
}
/***************************************/
void store_x ()
{
    int i, j;
    FILE*stream;
    long s, r, t;
    if ((stream = fopen ("d: \\cjjdx.txt", "a+")) = = NULL)
        /*test of opening file*/
    {
        fprintf (stderr, "Cannot open output file.\n");
        return 1;
```

```
        }
    for (j = 0; j<NUM; j++)
        {
            s = x_DATA[j][0];
            r = x_DATA[j][1];
            fprintf (stream, "% 041d % 041d %\n", s, r);
        }
    fclose (stream); /*close file*/
}
/****************************************************/
void store_xini ( ) /*creat file to store datas*/
{
    FILE * stream;
    if ((stream = fopen ("d: \\cjjdx.txt", "w+")) = = NULL)
                        /*test of opening file*/
        {
            fprintf (stderr, "Cannot open output file.\n");
            return 1;
        }
    fclose (stream); /*close file*/
}
```

思考题

9-1 简要说明系统设计的步骤。

9-2 常用的编程语言有哪几种？各有什么特点？

9-3 如何在应用软件设计中减少计算延时？

9-4 标度变换在工程上有什么意义？在什么情况下使用标度变换程序？

9-5 什么是系统的离线调试？系统在线调试时应检查哪些项目？

9-6 试利用工控机设计电热油炉温度控制系统。

参考文献

[1] 顾德英，罗云林，马淑华. 计算机控制技术 [M]. 3 版. 北京：北京邮电大学出版社，2012.

[2] 于海生，丁军航，潘松风，等. 微型计算机控制技术 [M]. 2 版. 北京：清华大学出版社，2012.

[3] 刘士荣，陈雪亭，黄国辉，等. 计算机控制系统 [M]. 2 版. 北京：机械工业出版社，2013.

[4] 温钢云，黄道平. 计算机控制技术 [M]. 广州：华南理工大学出版社，2001.

[5] 林敏. 计算机控制技术及工程应用 [M]. 2 版. 北京：国防工业出版社，2010.

[6] 张德江. 计算机控制系统 [M]. 北京：机械工业出版社，2010.

[7] 赖寿宏. 微型计算机控制技术 [M]. 北京：机械工业出版社，2008.

[8] 吴坚，赵英凯，黄玉清. 计算机控制系统 [M]. 武汉：武汉理工大学出版社，2002.

[9] 孙廷才，王杰，孙中健. 工业控制计算机组成原理 [M]. 北京：清华大学出版社，2001.

[10] 杨宁，赵玉刚. 集散控制系统及现场总线 [M]. 北京：北京航空航天大学出版社，2003.

[11] 李正军. 计算机控制系统 [M]. 北京：机械工业出版社，2005.

[12] 张国范，顾树生，王明顺，等. 计算机控制系统 [M]. 北京：冶金工业出版社，2004.

[13] 孙增圻，张再兴，邓志东，等. 智能控制理论与技术 [M]. 北京：清华大学出版社，1997.

[14] 蔡自兴. 智能控制 [M]. 2 版. 北京：电子工业出版社，2004.

[15] 王锦标. 计算机控制系统 [M]. 北京：清华大学出版社，2004.

[16] 翁维勤，周庆海. 过程控制系统及工程 [M]. 北京：化学工业出版社，1996.

[17] 李明学，周广兴，于海英，等. 计算机控制技术 [M]. 哈尔滨：哈尔滨工业大学出版社，2001.

[18] 席爱民. 计算机控制系统 [M]. 北京：高等教育出版社，2004.

[19] 孔峰. 微型计算机控制技术 [M]. 重庆：重庆大学出版社，2003.

[20] 郭其一. 微型计算机控制技术 [M]. 北京：科学技术出版社，2004.

[21] 戴永. 微机控制技术 [M]. 长沙：湖南大学出版社，2004.

[22] 薛弘晔. 计算机控制技术 [M]. 西安：西安电子科技大学出版社，2003.

[23] 黄忠霖. 控制系统MATLAB计算及仿真 [M]. 北京：国防工业出版社，2001.

［24］何克忠，李伟. 计算机控制系统［M］. 北京：清华大学出版社，1998.

［25］高金源. 计算机控制系统：理论、设计与实现［M］. 北京：北京航空航天大学出版社，2001.

［26］刘松强. 计算机控制系统的原理与方法［M］. 北京：科学出版社，2007.

［27］俞金寿，何衍庆. 集散控制系统原理与应用［M］. 北京：化学工业出版社，1995.

［28］李元春. 计算机控制系统［M］. 北京：高等教育出版社，2005.

［29］赵英凯. 计算机集成控制系统［M］. 北京：电子工业出版社，2007.

［30］王常力，罗安. 分布式控制系统（DCS）设计与应用实例［M］. 北京：电子工业出版社，2004.

［31］阳宪惠. 现场总线应用及其技术［M］. 北京：清华大学出版社，1999.

［32］李正军. 现场总线及其应用技术［M］. 北京：机械工业出版社，2005.

［33］邬宽明. CAN总线原理和应用系统设计［M］. 北京：北京航空航天大学出版社，1996.

［34］刘云浩. 物联网导论［M］. 北京：科学出版社，2010.

［35］田景熙. 物联网概论［M］. 南京：东南大学出版社，2010.

［36］黎连业. 计算机网络基础和网络工程［M］. 北京：人民邮电出版社，1998.